大学计算机基础及应用

Windows 10 + Office 2016

郑立华　马钦　吕春利　主编

华中科技大学出版社
http://press.hust.edu.cn
中国·武汉

内容简介

本书针对目前社会上相关教材知识体系陈旧、内容有机连接断层等问题，结合多年教学过程中积累的经验和教训，从易于理解和实用的角度出发，严格筛选、精心推敲和组织相关素材，旨在帮助读者融会贯通地理解计算机和信息基础知识，并熟练应用。

本书通过合理设计章节内容，围绕计算机和信息核心知识与技术，不仅全面系统地介绍了使用计算机需要掌握的软件、硬件知识和技术，而且知识前后呼应并有机衔接，易于读者阅读和理解。内容涉及计算机单机组成、操作系统、存储系统、计算机网络、网络安全、多媒体技术、办公软件、程序设计等诸多实用基础知识和技术，为系统、深入地理解、应用计算机、信息知识和技术提供了参考价值。

本书可作为大学计算机基础或Office办公软件高级应用等相关课程的教材，也可作为学习计算机的入门参考书。本书提供的知识涵盖了全国计算机等级考试（MS Office高级应用与设计）科目要求，对于参加该科目考试的读者来说不失为一本精良的参考教材。本书内容设计满足当前国家信息化建设对人才知识和技能的需求，适用于专科、本科师生以及需要掌握计算机技术知识的从业人员进行知识技能储备。

图书在版编目CIP数据

大学计算机基础及应用/郑立华，马钦，吕春利主编 . -- 武汉 : 华中科技大学出版社,2023.9
ISBN 978-7-5680-9479-5

Ⅰ.①大… Ⅱ.①郑…②马…③吕… Ⅲ.①电子计算机—高等学校—教材 Ⅳ.①TP3

中国国家版本馆CIP数据核字(2023)第111433号

大学计算机基础及应用
Daxue Jisuanji Jichu ji Yingyong

郑立华　马　钦　吕春利　主编

策划编辑：张　玲
责任编辑：陈元玉
封面设计：原色设计
责任监印：周治超
出版发行：华中科技大学出版社(中国·武汉)　　　　电话：(027)81321913
　　　　　武汉市东湖新技术开发区华工科技园　　　　邮编：430223
录　　排：武汉三月禾文化传播有限公司
印　　刷：武汉市首壹印务有限公司
开　　本：787mm×1092mm　1/16
印　　张：20.5
字　　数：420千字
版　　次：2023年9月第1版第1次印刷
定　　价：49.00元

本书若有印装质量问题，请向出版社营销中心调换
全国免费服务热线：400-6679-118　竭诚为您服务

前　言

进入21世纪以来，我国进一步明确了信息技术在国家信息化建设中的决定性地位，加大了对信息技术教育支持的高度和力度，为我国培养信息化人才以及在国际舞台上承担崭新的、推动世界和平发展的角色指明了方向。然而，在大学计算机基础教育中，信息技术具有知识点多、内容琐碎繁杂、难以融会贯通等特点。对于初学者来说，在入门初期很难将若干知识点自行系统地进行总结和应用，有的知识因为难以展开，所以相对较为抽象，难以把握和驾驭。另外，实践证明，融会贯通地理解计算机核心知识和技术可以引发思维方式的变革。从这个意义上来说，学习大学计算机基础并进行应用，不仅能够获得一种知识和技能，而且能提升自己的思维能力。在学习过程中，一本适宜的、系统的、深入浅出的辅导书既可以帮助读者系统、无误地掌握相关知识，又能够帮助读者驾驭计算机——人类大脑的延伸工具，迈上熟练应用计算机的台阶，打开一扇通往更前沿科学的大门。

本书遵循启发式教学的规律，注重知识点的引入，使得知识首先有一个良好的着陆点；同时通过实例等相关知识点进行清晰、透彻的讲解。教材的脉络和章节设计可让读者从知识体系的学习中不断迭代理解，引导读者慢慢地摆脱单纯学习知识点的束缚，逐渐从计算机系统和计算思维的角度思考问题和解决问题。教师在授课过程中也可以遵循这个步骤来讲解。本书很好地把握了知识学习和灵活运用的平衡，在帮助读者有效地掌握基础知识的同时，也注重读者融会贯通以及实际操作能力的培养。

本书以知识和技术体系的系统性、连贯性和透彻性作为写作的主旨，化繁为简、化深为浅，帮助读者深入理解这些知识并快速掌握计算机和信息技术的应用技能。本书以大学计算机基础核心知识为主线，剔除目前相关教材中陈旧、冗余的内容，融入现代前沿和成熟的信息技术，系统、完整地为读者呈现需要理解和掌握的计算机与信息技术知识以及应用技能，为读者后续的学习、研究和工作奠定良好的基础。全书内容精练，文字简洁易懂，逻辑清晰，语句通顺流畅，文风清新自然，各章节设计合理、实用。本书集大学计算机基础以及Office办公软件高级应用等课程教师在教学和科研一线积累的宝贵经验和教训，从知识点片段到操作说明，从重点内容的把握到难点内容的讲解，不仅精确，而且到位，便于读者理解。可以说，教师们将平时教学过程中积攒的精华均凝聚在了本书文字中，成书是集体智慧结晶。

全书共分8章，均由有若干年相关课程教学经验的一线教师倾情编写，我们的初衷就是要编写一本适合学生自学和教师讲授的优秀教材。其中第1章至第4章由郑立华教授编写；第5章和第6章由吕春利教授和郑立华教授编写；第7章由郑立华教授和马钦副教授编写；第8章由马钦副教授编写。

第1章主要介绍了信息技术的基础知识，包括计算机信息技术的概念、特征与表示类型，以及各类信息在计算机中的表示方法等，为后续章节的学习奠定基础。第2章详细介绍了计算机的组成和工作原理，计算机单机硬件系统、软件系统、指令系统，以及计算机硬件的简单故障诊断方法等内容，揭开了计算机系统的神秘面纱，为整体理解和使用计算机系统打下了坚实的基础。第3章详细介绍了操作系统的功能特征、目前使用较为广泛的

Windows操作系统及其使用，带领读者深入理解操作系统的工作原理和各流行操作系统的特征，并快速掌握Windows 10的使用方法。第4章介绍了多媒体的概念及其涉及的相关技术和国际标准等内容，帮助读者了解计算机和信息技术在多媒体领域的展现形式与发展前景。第5章介绍了计算机网络的发展历史、网络拓扑结构、网络体系结构、Internet工作原理及应用等基础性知识，并通过几个关键命令的讲解进一步加深读者对网络的认识。第6章从网络安全分析、安全策略以及相关法律等角度对信息与网络安全进行了全面而深入的诠释。第7章详尽阐述了Office 2016版本套件中的Word、Excel以及PowerPoint的使用方法，并对套件中的其他应用软件进行了介绍，帮助读者从细节到轮廓深入了解Office套件的功用，为将来使用其他版本或其他类似办公软件奠定坚实的基础。第8章讲述了软件工程、数据结构、程序设计语言、程序设计方法等基本知识，并给出一个面向对象设计的程序实例连接这些知识点，为读者后续学习程序设计铺路。

为了引导读者对知识进行总结、思考和深度记忆，每章后面都设计了思考题，思考题基本涵盖了本章主要的知识点或值得思考的知识点，这也为读者提供了自行检验学习效果的机会。本书配合计算机操作一起学习，效果更佳。

伴随本书成稿，也收获了很多成果，编写组人员齐心协力、精诚团结，克服了诸多困难，目标是奉献给读者一本精彩的教材。我们期望能将这种精神通过教材传递给读者，期待更多的人精通计算机知识，掌握计算机使用技术，为祖国的信息化事业多做贡献。在这里，对各位编写组同仁致以崇高的敬意，相信我们的努力会在读者的学习过程中得到尊重和回报。同时，编写组一致感谢华中科技大学出版社的张玲老师，她的辛勤付出是本书能顺利出版的关键。

出版一本没有错误且实用的教材是编写组成员的共识，书稿虽几经审校，但由于时间和水平有限，仍可能存在疏漏之处，敬请广大读者批评指正。读者在使用过程中若有任何疑问，可发邮件（E-mail：zhenglh@cau.edu.cn）与编者联系，我们将不胜感激！

编者
2023年3月

目　录

第1章　信息技术基础 ·· 1

1.1　计算机信息技术 ·· 1
1.2　计算机中信息的表示 ······································ 3
1.3　小结 ·· 16
思考题 ·· 16

第2章　计算机组成和工作原理 ······························ 17

2.1　计算机工作原理 ·· 17
2.2　计算机硬件系统 ·· 20
2.3　计算机软件系统 ·· 35
2.4　计算机指令系统 ·· 38
2.5　小结 ·· 39
思考题 ·· 40

第3章　计算机操作系统 ······································ 41

3.1　操作系统概述 ·· 41
3.2　Windows操作系统 ·· 47
3.3　其他常见操作系统简介 ··································· 58
3.4　小结 ·· 62
思考题 ·· 62

第4章　多媒体技术 ·· 64

4.1　多媒体及多媒体技术 ······································ 64
4.2　多媒体处理技术基础 ······································ 67
4.3　小结 ·· 73
思考题 ·· 73

第5章 计算机网络基础 ·· 75

5.1 数据通信基础 ·· 75
5.2 计算机网络概述 ·· 79
5.3 网络协议和计算机网络体系结构 ····················· 96
5.4 互联网的应用 ·· 107
5.5 小结 ··· 125
思考题 ··· 126

第6章 信息和网络安全 ·· 127

6.1 什么是信息和网络安全 ······························· 127
6.2 信息和网络安全隐患 ·································· 128
6.3 信息和网络安全策略 ·································· 129
6.4 信息安全标准与法律法规 ···························· 132
6.5 小结 ··· 137
思考题 ··· 138

第7章 常用Microsoft Office办公软件 ·························· 139

7.1 Word ··· 139
7.2 Excel ·· 181
7.3 PowerPoint ··· 232
7.4 其他Office应用软件简介 ···························· 266
7.5 小结 ··· 268
思考题 ··· 268

第8章 程序设计基础 ·· 271

8.1 软件工程概念 ·· 271
8.2 程序设计语言概述 ······································· 277
8.3 程序设计方法 ·· 284
8.4 小结 ··· 316
思考题 ··· 316

参考文献 ··· 317

参考答案 ··· 318

第1章
信息技术基础

信息技术（Information Technology，IT）是用于管理和处理信息所采用的各种技术的总称。本章将学习信息技术基础知识，这也是传感技术、计算机技术和通信技术的基础。

1.1 计算机信息技术

计算机领域的信息技术包括计算机软件、硬件以及程序设计技术，本节将言简意赅地介绍相关概念和知识。

1.1.1 信息的概念、特征与表示类型

信息是一个不断发展和变化的概念，是客观世界通过人的感官感知和头脑加工而形成的对事物的认识。信息是能被学习或接收的、有关某个目标或某个事件的知识或消息，它需要通过载体来体现。比如人们通过天气预报可以获得某地在未来一段时间的天气变化情况——信息，其载体可能是文字、音频或视频。信息具有如下显著特征。

（1）依附性。信息不是实体，它必须依附一定的媒体介质才能表现出来。

（2）价值性。信息有价值，人们可通过对信息的掌握做出合理决策。

（3）时效性。信息的有效时长是不确定的，往往随着客观事物的变化而变化。比如，2022年3月1日到3月2日的天气预报失效。

（4）共享性。信息可以多人分享。比如，全国计算机等级考试网站上提供的考试大纲可以被任何访问的人下载。

（5）可传递性。信息可借助所依附媒体的传播而被传递。信息传递的方式有很多种，比如口头语言、体语、文字、电信号等。

（6）可储存性。信息可以被储存，储存手段有很多，比如，人脑和电脑的记忆、书写、印刷、缩微、录像、拍照、录音等。

（7）可处理性。信息可通过被分析和加工处理而产生新的信息，使信息得到增值。比如，根据对比不同电商平台上笔记本的性价比和售后服务评价，做出最理智的购买决策。

信息如此不可或缺，那么它在计算机中是如何表示的呢？信息在计算机中以二进制数据的形式被计算、处理、存储和传输。也就是说，数据是信息的载体，信息在计算机中以数据的形式存在，计算机数据则可以是数字、文字、图形、图像、语言、声、光、色等有意义描述体的单一载体，也可以是它们的组合，而这种组合具体地表示了信息的内容。不同数据的具体表示方式请参见1.2节。

1.1.2　信息技术的发展和应用

人类利用机械装置来辅助计算已有几千年的历史，古希腊在公元一世纪用来预测天体位置和日食的天球仪（见图1-1）被认为是最古老的模拟计算机。第一台能够存储程序的计算机生产于1948年，而晶体管、大规模集成电路和微处理器技术的相继出现及发展，直接推动了个人计算机（PC）和信息技术的兴起。

图1-1　天球仪（Antikythera）

信息技术也常被称为信息和通信技术（Information and Communications Technology，ICT），是指用于管理和处理信息所采用的各种技术的总称，主要是应用计算机和通信技术来创建、处理、存储、检索和交换电子数据与信息。一个信息技术系统（IT系统）通常是指一个由有限数量用户操作的信息系统、通信系统或计算机系统，包括所有硬件、软件和外围设备。

信息技术研究涉及的范围非常广，包括计算机硬件与软件、网络与通信技术、应用软件开发工具等。随着计算机与互联网的日益普及，人们普遍使用计算机来生产、处理、交换与传播各种形式的信息，如书籍、商业文件、报刊、唱片、电影、电视节目、语音、图形、影像等。

1.1.3 计算机信息处理

随着计算机科学和技术的不断发展，计算机已经从早期的以"计算"为主发展成为以信息处理为主、集计算和信息处理于一体、延伸人类智慧和能力的一种工具。

信息处理是计算机应用最大的领域，它是指对信息进行采集、加工、存储、传递和输出的过程。信息采集包括对信息的感知、测量、识别、获取以及输入等；信息加工是指根据人们的特定需求对信息进行分类、计算、分析、检索、管理等综合处理；信息存储就是把待处理的信息通过存储设备进行缓冲、保存、备份等处理；信息传递是将信息从一端经信道传送到另一端，并被对方所接收的过程；信息输出就是将信息通过各种表示形式展示和发布出来。

实际上，计算机信息处理的过程与人类信息处理的过程相仿。人们对信息的处理首先也是通过感觉器官获得，然后通过大脑的智能来加工信息，再通过大脑和神经系统对信息进行传递与存储，最后通过语言、行为或其他形式发布信息。计算机则通过硬件系统和软件系统进行信息处理，其中硬件系统是所有软件系统运行的物质基础。没有配置任何软件的计算机称为裸机，裸机无法完成复杂任务。形象来表达，硬件相当于是躯体，而软件则是灵魂，因此二者缺一不可。计算机信息处理过程及其对应的相关技术如表1-1所示。

表1-1 计算机信息处理过程及其对应的相关技术

信息处理	处理内容	涉及技术
信息采集	获取文字、数值、多媒体等	传感器技术、编码技术
信息加工	数据分类、计算、分析、检索、访问、管理等	计算技术、程序设计技术
信息存储	数据组织、存储管理	存储技术、文件技术、数据库技术
信息传输	数据加密、数据传输、数据安全	网络技术、加密技术、网络安全技术
信息输出	数据表示、数据发布	接口技术、输出设备技术、数据标准

1.2 计算机中信息的表示

由于"0"和"1"可以用简单的"低电平"与"高电平"来实现，这使得计算机具有极强的抗干扰能力和可靠性，因此计算机使用二进制代码"0"和"1"来存储和处理数据。计算机数据包括数值型数据和非数值型数据两大类。其中数值型数据用于表示整数和实数之类的信息，其表示方式涉及数制、符号和小数点等问题；非数值型数据用于表示字符、声音、图形、图像、动画、影像之类的信息，其表示方式主要涉及编码约定问题。

1.2.1　进位计数制

进位计数制也称数制、计数制或计数法，是指用一组基本符号和既定规则表示数的方法。例如，星期的计数制为七进制，即7天为1个星期，第8天则为下一个星期的第1天；时、分、秒的计数制为六十进制，逢60秒就计为1分钟，逢60分钟则计为1个小时。计算机领域中常用的计数制有四种：即十进制、二进制、八进制和十六进制。在一种计数制中所使用的数码的个数称为该数制的基数，例如十进制的基数为10，二进制的基数为2。既然有不同的数制，那么在给出一个数时就必须指明它属于哪一种数制。不同数制的数可以使用下标或后缀来标识，如表1-2所示。

表1-2　不同数制的数的表示

数制	数码	计数规则	示例
十进制	0、1、2、3、4、5、6、7、8、9	逢10进1，借1当10	$(123.45)_{10}$或123.45D或123.45d
二进制	0、1	逢2进1，借1当2	$(101.01)_2$或101.01B或101.01b
八进制	0、1、2、3、4、5、6、7	逢8进1，借1当8	$(72.052)_8$或72.052O或72.052o
十六进制	0、1、2、3、4、5、6、7、8、9、A、B、C、D、E、F	逢16进1，借1当16	$(9A.0B)_{16}$或9A.0BH或9A.0Bh

注意，在十六进制数中，分别使用大写或小写字母A、B、C、D、E、F代表10、11、12、13、14、15。

在一个数中，当同一数码处于该数的不同位置时，代表不同的值，比如323.43D，位于百位、个位、百分位的3个"3"分别表示300、3、3/100，即3×10^2、3×10^0、3×10^{-2}。我们把基数的某次幂称为位权，其计算方法是，从小数点开始算，向左依次为0、1、2、3、……，向右则依次为–1、–2、–3、……。当将一个数表示为不同位置的数码与位权乘积和的多项式时，称为按位权展开。例如：

$$323.43D=3\times10^2+2\times10^1+3\times10^0+4\times10^{-1}+3\times10^{-2}$$

1.2.2　不同数制间数据的相互转换

根据任何两个有理数相等，且这两个有理数的整数部分和小数部分分别相等的原则，不同进制的数据之间可以等值转换，分述如下。

1.二进制数、八进制数、十六进制数转换为十进制数

把二进制数、八进制数、十六进制数转换为十进制数，采用按权展开的方法，即把二进制数、八进制数、十六进制数写成2、8、16的各次幂之和的形式，然后按十进制计算结果。

【例1】　把二进制数$(1011.101)_2$转换成十进制数。

解　　　　　$(1011.101)_2 =1\times2^3+0\times2^2+1\times2^1+1\times2^0+1\times2^{-1}+0\times2^{-2}+1\times2^{-3}$

$$=8+0+2+1+0.5+0+0.125$$
$$=(11.625)_{10}$$

【例2】 把十六进制数$(3AF.4C)_{16}$转换成十进制数。

解 $(3AF.4C)_{16}=3\times16^2+10\times16^1+15\times16^0+4\times16^{-1}+12\times16^{-2}$
$$=(943.296875)_{10}$$

2. 十进制数转换成非十进制数

十进制数转换成非十进制数的方法是：整数转换采用"除基取余法"，即除以基数后取每次相除所得余数，直至商为0为止，最后将这些余数逆序连接起来；小数转换采用"乘基取整法"，即乘以基数后取每次相乘所得整数，直至小数部分为0或者达到所要求的精度为止，最后将这些整数顺序连接起来。需要注意的是，十进制小数不一定能被准确地转换为二进制、八进制、十六进制小数。

【例3】 将十进制数69转换成二进制数。

解

因此，$(69)_{10}=(1000101)_2$

【例4】 将十进制小数0.6875转换成二进制小数。

解

因此，$(0.6875)_{10}=(0.1011)_2$

【例5】 将十进制数845转换成八进制数。

解

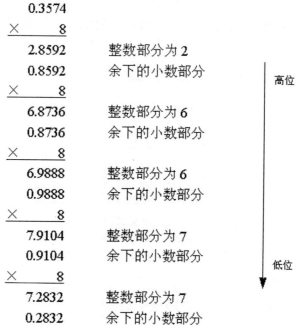

```
        8 | 845
        8 | 105        余数为 5
        8 | 13         余数为 1
        8 |  1         余数为 5
             0         余数为 1，商为 0，结束
```

低位

高位

因此，$(845)_{10}=(1515)_8$

【例6】 将十进制小数0.3574转换成八进制数。

解

```
           0.3574
        ×       8
           2.8592        整数部分为 2
           0.8592        余下的小数部分
        ×       8
           6.8736        整数部分为 6
           0.8736        余下的小数部分
        ×       8
           6.9888        整数部分为 6
           0.9888        余下的小数部分
        ×       8
           7.9104        整数部分为 7
           0.9104        余下的小数部分
        ×       8
           7.2832        整数部分为 7
           0.2832        余下的小数部分
```

高位

低位

因此，$(0.3574)_{10}=(0.26677)_8$

【例7】 将十进制数58.75转换成十六进制数。

解

```
   先转换整数部分
        16 | 58
        16 |  3        余数为 10，即 A
              0        余数为 3，商为 0，结束
   再转换小数部分
             0.75
        ×      16
            12.00        整数部分为 12，即 C
             0.00        余下的小数部分为 0，结束
```

因此，$(58.75)_{10}=(3A.C)_{16}$

以上几个例题展示了十进制数转换为二进制数、八进制数、十六进制数的基本规则。计算机能够处理的数据是二进制数据，但由于二进制数位太长，不便阅读和书写，人们也不习惯使用，所以在输入/输出时往往使用十进制或八进制和十六进制。比如，我们可以从键盘输入十进制数69，计算机会将其转换为二进制数1000101来进行处理和运算，而在终端输出时，又会将二进制数转换成满足用户需要的进制数。

3. 非十进制数之间的相互转换

二进制数转换为八进制数时按照"三位并一位"转换，而八进制数转换为二进制数时，则按照"一位拆三位"的规则转换。实际操作八进制数转换成二进制数时，将每一位八进制数直接写成对应的二进制数即可。实际操作二进制数转换成八进制数时，以小数点为界，向左或向右将每3位二进制数分成一组，若不足3位，则用0补足3位（小数点左侧高位补0，小数点右侧低位补0），最后，将每一组二进制数直接写成相应的1位八进制数。

【例8】　将八进制数$(7421.046)_8$转换成二进制数。

解

$$(\underline{7} \quad \underline{4} \quad \underline{2} \quad \underline{1} \quad . \quad \underline{0} \quad \underline{4} \quad \underline{6})_8$$
$$111 \quad 100 \quad 010 \quad 001 \quad . \quad 000 \quad 100 \quad 110$$

因此，$(7421.046)_8=(111100010001.00010011)_2$

【例9】　将$(1010111011.0010111)_2$转换为八进制数。

解

$$(\underline{001} \quad \underline{010} \quad \underline{111} \quad \underline{011} \quad . \underline{001} \quad \underline{011} \quad \underline{100})_2$$
$$1 \quad\quad 2 \quad\quad 7 \quad\quad 3 \quad\quad . 1 \quad\quad 3 \quad\quad 4$$

因此，$(1010111011.0010111)_2=(1273.134)_8$

类似地，使用"四位并一位"和"一位拆四位"的方法，可以实现二进制数与十六进制数之间的转换。

【例10】　将二进制数$(101111111010101.10111)_2$转换为十六进制数。

解

$$(\underline{0101} \quad \underline{1111} \quad \underline{1101} \quad \underline{0101} \quad . \quad \underline{1011} \quad \underline{1000})_2$$
$$5 \quad\quad F \quad\quad D \quad\quad 5 \quad . \quad B \quad\quad 8$$

因此，$(101111111010101.10111)_2=(5FD5.B8)_{16}$

【例11】　将十六进制数$(1ABC.EF1)_{16}$转换为二进制数。

解

$$(\underline{1} \quad \underline{A} \quad \underline{B} \quad \underline{C} \quad . \quad \underline{E} \quad \underline{F} \quad \underline{1})_{16}$$
$$0001 \quad 1010 \quad 1011 \quad 1100 \quad . \quad 1110 \quad 1111 \quad 0001$$

因此，$(1ABC.EF1)_{16}=(1101010111100.111011110001)_2$

由于二进制数、八进制数之间的转换与二进制数、十六进制数之间的转换简单易行，因此，八进制数、十六进制数之间的转换往往借助二进制来实现。

【例12】 将十六进制数$(1ABC.EF1)_{16}$转换为八进制数。

解

$$(\underline{1} \quad \underline{A} \quad \underline{B} \quad \underline{C} \quad . \quad \underline{E} \quad \underline{F} \quad \underline{1})_{16}$$
$$0001 \quad 1010 \quad 1011 \quad 1100 \quad . \quad 1110 \quad 1111 \quad 0001$$

$$(\underline{000}\,\underline{001}\,\underline{101}\,\underline{010}\,\underline{111}\,\underline{100} \quad . \quad \underline{111}\,\underline{011}\,\underline{110}\,\underline{001})_2$$
$$0 \quad 1 \quad 5 \quad 2 \quad 7 \quad 4 \quad . \quad 7 \quad 3 \quad 6 \quad 1$$

因此，$(1ABC.EF1)_{16}=(15274.7361)_8$。

1.2.3 计算机数据存储和运算单位

计算机中数据的最小处理单位是位（bit），用"b"表示，是指1位二进制的数码（即0或1）。数据处理和数据存储的基本单位是字节（Byte），用"B"表示，1个字节等于8个二进制位，即1 B=8 b。随着存储容量和数据处理能力的提升，数据存储单位还包括MB、GB、TB等，它们之间的换算关系如下：1 B=8 b、1 KB=2^{10}B = 1024 B、1 MB=2^{10}KB=2^{20}B=1048576 B、1 GB=2^{10}MB=2^{20}KB=2^{30}B、1 TB=2^{10}GB、1 PB=2^{10}TB、1 EB=2^{10}PB。

还有比EB更大的单位，依次是1 ZB=2^{10}EB、1 YB=2^{10}ZB、1 BB=2^{10}YB、1 NB=2^{10}BB、1 DB=2^{10}NB。

在网络传输中，数据是按位进行传输的，因此传输速率（也称带宽）通常以b计算，比如10 Mb/s，表示每秒传输10 Mb。

计算机进行数据处理和运算的单位是字（Word），由若干个字节构成，字的位数称为字长，是指CPU一次能够并行处理的二进制的位数。不同档次的机器有不同的字长。例如，一台8位机，它的1个字就等于1个字节，字长为8位。如果是一台64位机，它的1个字就由8个字节构成，字长为64位，也就是说，它的数据总线有64根，能在系统中一次传送64位数据。

1.2.4 计算机数据编码

计算机中处理的数据可分为两大类：数值数据和非数值数据。前者表示数量的多少；后者表示字符、汉字、图形、图像、声音等，又称符号数据。在计算机内，无论哪一种数据，都以二进制形式表示。为了适应人们的习惯，在使用计算机时，人们可以使用自己所熟悉的进制数或符号进行输入，而计算机将其自动转换成二进制数进行存储和处理。计算机输出计算或处理结果时又将二进制数自动转换成人们熟悉的进制数或符号，这给工作带来了极大方便。

1. 数值数据编码

1）正负数的表示

在计算机内，通常把1个二进制数的最高位定义为符号位，用"0"表示正数，"1"表示负数，其余位表示数值。我们把这种正负号数字化的机内表示形式称为机器数，而把机器外部用正、负号表示的数称为真值。例如，−127和+127的机器数分别是11111111和01111111，而它们的真值是−1111111和+1111111。

需要指出的是，机器数所表示的数的范围受到字长和数据类型的限制。

2）定点数与浮点数的表示

计算机中的数除了整数外，还有小数。如何确定小数点的位置呢？通常有两种方法：一种是规定小数点位置固定不变，称为定点数。另一种是小数点的位置不固定，可以浮动，称为浮点数。在计算机中，通常是用定点数来表示整数和纯小数，分别称为定点整数和定点小数。而对于既有整数部分、又有小数部分的数，一般用浮点数表示。

（1）定点整数。

在定点数中，当小数点的位置固定在数值位最低位的右边时，就表示一个整数。请注意，小数点并不单独占1个二进制位，而是默认在最低位的右边。定点整数又分为有符号数和无符号数两类。有符号数用最高位表示符号，"0"表示正数，"1"表示负数；无符号数则使用所有的二进制位表示数，这意味着所有的无符号数都只能是正数。如上例中的11111111，如果声明其为无符号数，则该值为+255。

（2）定点小数。

当小数点的位置固定在符号位与最高数值位之间时，就表示一个纯小数。例如，当11111111表示定点小数时，该值为−0.9921875。

（3）浮点数。

因为定点数所能表示的数的范围较小，常常不能满足实际问题的需要，所以需要使用浮点数来表示范围更大的数。在浮点数表示法中，小数点的位置是可以浮动的。

为了使所表示的浮点数既精度高、又范围大，就必须合理规定浮点数的存储格式。具体存储格式可能随着编程语言和标准版本的不同而不同，在IEEE 754标准于1985年发布之后，包括JavaScript、Java、C在内的许多编程语言在实现浮点数时，都遵循该标准。根据该标准，一个浮点数由数符s、尾数m和指数e等3部分组成，则浮点数值V定义如下：

$$V=(-1)^s \times m \times 2^e$$

由此可见，尾数m的二进制位数决定了所表示数的精度；指数e的二进制位数决定了所能表示的数的范围。IEEE 754提供了4种精度规范，其中最常用的是单精度浮点数和双精度浮点数，它们的具体规定如表1-3所示。

表1-3　单精度、双精度浮点数表示格式

类型	存储位数				指数范围	指数偏移	精度
	数符(s)	指数(e)	尾数(m)	总位数			
单精度浮点数	1位	8位	23位	32位	[-127,128]	+127	约7位有效数
双精度浮点数	1位	11位	52位	64位	[-1023,1024]	+1023	约16位有效数

以单精度浮点数为例，当表示具体的小数时，例如十进制小数-20.5，首先将该数转换为二进制格式，$(-20.5)_{10}=(10100.1)_2$，再将这个二进制数转换为以2为底的指数形式，原则是使小数点左侧为1，即-1.01001×2^4，这个过程称为规范化。规范化后，各部分分别按规则进行相应的转换：因为是负数，所以数符s=1；指数e则使用原指数4加上偏移量127，即131，再将131转换成8位二进制数10000011，即e=10000011；尾数只需提取小数点之后的部分即可，省略左侧的1，这样就可以省1位内存，即s=01001。因此-20.5的单精度浮点数格式在内存中表示为：

1	10000011	01001000000000000000000

注意：在转换过程中对指数部分的处理，原指数与偏移量相加保证了指数部分均为正值，这样就可以省去指数的符号位。这种进行偏移处理后形成的二进制数也称移码。

（4）原码、反码和补码。

虽然计算机内部使用二进制，但并不直接使用机器数对数据进行运算和处理，对于定点数，将其转换成补码来进行；对于浮点数，则使用特定的算法来实现，本书不做赘述。这里我们来看定点数的运算，以帮助读者更好地理解数值型数据的内部处理。

计算机使用定点数的补码进行运算是为了简化计算机集成电路的设计。为了得到定点数的补码，需要先计算其原码和反码。原码、反码和补码的计算方式如下。

原码：原码就是符号位加上真值的绝对值，即用最高位表示符号，其余位表示值。参考前面所介绍的二进制定点表示法。比如+38的原码是00100110，-38的原码是10100110。

反码：正数的反码是其本身。负数的反码是在其原码的基础上，符号位不变，其余各个位取反。比如+38的反码还是00100110，-38的反码是11011001。

补码：正数的补码就是其本身。负数的补码是在其原码的基础上，符号位不变，其余各位取反，最后位加1。比如+38的补码还是00100110，-38的补码是11011010。

使用补码进行定点数运算的好处显而易见：①统一了+0和-0的表示形式；②二进制数的符号位可直接参与运算，省去了识别符号位的复杂电路设计；③减法可转化为加法进行。关于二进制数据的计算可参考1.2.5节。

2. 非数值数据在计算机中的表示

这里主要介绍逻辑数据、数字字符、英文字符、汉字，以及图形图像的表示方法。

1）逻辑数据编码

计算机使用"0"表示"假"，使用"1"表示"真"。需要注意的是，对于数值型数据，所有非0值均被计算机默认视为"真"，即"1"。逻辑数据用于参与逻辑运算，具体规则请参考1.2.5节。

2）字符编码

字符是计算机处理的主要对象。字符编码就是规定用怎样的二进制码来表示英文字母（如a至z，A至Z）、数字（如0至9）及各种符号（如等号、空格等），以便使计算机能够识别、存储和处理它们。由于这些字符总数不超过256个，所以可以用1个字节来表示。计算机中使用比较广泛的字符编码是美国信息交换标准代码ASCII，ASCII已被国际标准化组织接受为国际标准，在世界范围内通用。

例如，对于大写字母"A"，查询ASCII字符代码表可知内存中其形式为"65"的二进制值；而小写字母"a"则为"97"对应的二进制值。因此，"hello"的计算机内部编码为：

同样地，数字字符的编码也可以使用ASCII字符代码表获得，称为BCD码（Binary Coded Decimal），又称二-十进制编码，即用二进制编码形式表示十进制数。例如0.6875，其对应的ASCII为：

$$\begin{array}{cccccc} 0 & . & 6 & 8 & 7 & 5 \\ 00110000 & 00101110 & 00110110 & 00111000 & 00110111 & 00110101 \end{array}$$

当然，当0.6875作为一个数值型数据参与运算时，计算机并不将其转换成以上ASCII形式，而是直接将其转换为二进制形式（定点小数或浮点数）进行处理。值得注意的是，只有当键盘输入数字字符或数字作为字符表达有意义（比如电话号码、门牌号等）时，才使用其ASCII形式。

直接使用键盘就能够输入的可见或不可见字符都在ASCII字符代码表中，这些字符在输入到内存时即被转换成其ASCII值。当输出这些字符时，通过查询操作系统的点阵字符库，从而在屏幕上打印出ASCII值所对应的字符点阵图。

3）汉字编码

因为我们使用的通常是英文键盘，因此汉字不能直接输入，需要特殊处理，汉字处理技术的关键是汉字编码问题。根据汉字处理过程中的不同需要，汉字编码可分为输入码、机内码和输出码。

（1）输入码。

输入汉字的常用方式包括手写、语音、键盘等。目前，手写输入通常要添加手写笔，语音输入需要麦克风和声卡结合使用，而键盘输入却不需要添加任何外部硬件设备，只要使用计算机的键盘即可，因此键盘输入仍是主流的输入方法。

汉字输入码是为输入汉字而对汉字进行编制的代码。由于这种编码是供计算机外部的用户使用的，故又称外码。汉字输入码种类较多，选择不同的输入码方案，则输入的方法及按键次数、输入速度均有所不同。综合起来，汉字输入码主要包括音码、形码、音形码和流水码。

音码是比较常见的编码法，通常基于汉语拼音方案，或者对汉语拼音方案进行一些变革与改良。由于数万个汉字只有一千多个发音，所以音码的重码比较高，需要用户在候选字词中选择正确的那个。常见的音码输入法包括全拼、双拼、智能ABC等。

形码是从汉字的形状出发，通常重码低、输入速度快，但是它们往往记忆量较大、用户学习时间长。常见的形码输入法包括五笔字型、太极码等。

音形码是从汉字的音和形两个角度出发，有的以音为主，有的以形为主。因为结合了汉字的两部分信息，这样重码率更加低，但是用户在输入时既要考虑音也要考虑形，考虑时间变长，所以用户学习和使用起来都相对困难。常用的音形码输入法是自然码，智能ABC也可以采用音形码输入。

流水码输入法是利用国标码作为汉字编码，每个国标码对应一个汉字或一个符号，没有重码。汉字流水码输入法的代表是区位码输入法。要记忆全部区位码是相当困难的，因此区位码输入法常用于录入特殊符号、生僻字等。

（2）机内码。

汉字机内码是计算机表示、存储和识别一个汉字的基本依据，占两个字节。由于汉字国标码会和ASCII码发生冲突，不能将国标码作为汉字在计算机中的机内码，所以国家标准规定将汉字国标码每个字节的最高位统一规定为"1"作为识别汉字代码的标志：首位是"0"即为字符，首位是"1"即为汉字，这样就形成了机内码。汉字在计算机中是用机内码来表示和处理的。

（3）输出码。

汉字输出码提供输出汉字时所需要的汉字字型，用于将机内码还原为汉字进行输出。由于汉字是由笔画组成的方字，所以对汉字来讲，不论其笔画多少，都可以放在相同大小的方框里，如用M行N列的小圆点组成的方块（称为汉字的字模点阵），这样每个汉字都可以用点阵中的一些点组成。每个点用一位二进制表示，有笔形的为1，否则为0，即可得到该汉字的字型码。全部汉字字型码的集合叫汉字字库。

需要提醒的是，ASCII码对应的字符也是使用类似的方法获得的字符字库。

当输入一个汉字时，首先通过不同的输入法输入外码，用户选定目标文字后即确定其国标码，该国标码被转换为机内码后输入内存进行存储或处理；当输出汉字时，将通过汉字内码访问汉字字库，查询到该内码对应的汉字点阵图并进行显示。

需要补充说明的是，目前使用的计算机相关平台都使用国际标准化组织推出的编码标准 ISO/IEC 10646，该标准包含已知语言的所有字符，其中收入汉字 7 万多个。GB18030——005《信息技术中文编码字符集》则是中国制订的以汉字为主并包含多种少数民族文字（如藏、蒙古、傣、彝、朝鲜、维吾尔文等）的超大型中文编码字符集强制性标准，其中收入汉字 70244 个，它包括 ISO/IEC 10646 编码集中所定义的所有汉字。

1.2.5　二进制数据的计算

计算机运算以二进制运算为基础。二进制数的运算除了有加、减、乘、除四则运算外，还可以有逻辑运算。

1. 算术运算

二进制数四则运算规则类似于十进制数四则运算。其算法规则如下。

加运算：0+0=0，0+1=1，1+0=1，1+1=10（逢2进1）；

减运算：1–1=0，1–0=1，0–0=0，0–1=1（向高位借1当2）；

乘运算：0×0=0，0×1=0，1×0=0，1×1=1；

除运算：0÷1=0，1÷1=1，除0无意义。

在计算机中，采用原码对两个异号定点数作加法运算可能产生错误，为此，使用补码加法运算来实现二进制数的加、减运算，并通过加法和位移运算实现乘、除运算。计算机加法满足$[x+y]_补=[x]_补+[y]_补$定理，以整数为例，其实现过程如下。

（1）把输入的数据转换为二进制数。

（2）把二进制数转换为补码。

（3）实现补码加法（符号位直接参加运算）。

（4）把补码形式的运算结果转换为二进制数。

（5）把二进制数转换为用户可识别的数据形式。

【例13】　计算 1001+0011 的值。

解　　　　　　　$[1001+0011]_补=[1001]_补+[0011]_补=[0\ 1100]_补$

因此，1001+0011 = + 1100

【例14】　计算 1001–1011 的值。

解　　　　　　　$1001–1011=[1001]_补+[–1011]_补=[1\ 1110]_补$

因此，1001–1011=–0010

2. 逻辑运算

二进制数1和0在逻辑上可以代表"真"与"假"。这种具有逻辑属性的变量称为逻辑变量。逻辑运算与算术运算的主要区别是：逻辑运算是按位进行的，位与位之间不像加减运算那样需要进位或借位。基本的二进制逻辑运算包括逻辑加法（OR，"或"运算）、逻辑乘法（AND，"与"运算）、逻辑否定（NOT，"非"运算）以及逻辑异或运算（XOR，"半加"运算）。

（1）逻辑加法（OR，"或"运算）。

逻辑加法通常用符号"+"、"∨"或"||"来表示，运算规则如下：

0||0=0

0||1=1

1||0=1

1||1=1

可见，逻辑加法有"或"的意义。也就是说，在给定的逻辑变量中，A或B只要有一个为1，其逻辑加的结果就为1；只有当两者都为0时，逻辑加的结果才为0。

（2）逻辑乘法（AND，"与"运算）。

逻辑乘法通常用符号"×"、"∧"、"·"或"&&"来表示，运算规则如下：

0&&0=0

0&&1=0

1&&0=0

1&&1=1

逻辑乘法有"与"的意义。它表示只有当参与运算的逻辑变量同时取值为1时，其逻辑乘积才等于1，否则均为0。

（3）逻辑否定（NOT，"非"运算）。

逻辑非运算又称逻辑否运算，使用"!"来表示，其运算规则如下：

!0=1

!1=0

（4）逻辑异或运算（XOR，"半加"运算）。

逻辑异或运算通常用符号"⊕"表示，其运算规则如下：

0⊕0=0

0⊕1=1

1⊕0=1

1⊕1=0

即两个逻辑变量相异时，结果为1；而两个逻辑变量相同时，结果为0。

【例15】 计算11001&&0的值。

解 因为在计算机运算中，所有非0的数值均视为"真"，即"1"。

因此，11001&&0=0

需要注意的是，逻辑运算要求参加运算的量均为逻辑量，并且运算的结果仍为逻辑量。逻辑量与数值量不同，一个逻辑量只能有两种取值："真"或"假"，即"1"或"0"，它们表示事物的正、反两个方面。

3. 按位逻辑运算

按位逻辑运算又称布尔"位"运算，它的运算规则与逻辑运算的类似，不同之处在于逻辑运算的最终结果为"真"或"假"，而布尔"位"运算的结果则是一个具体数据。按位逻辑运算包括按位与运算（AND，用"&"表示）、按位或运算（OR，用"|"表示）、按位求反运算（NOT，用"~"表示）以及按位异或运算（XOR，用"^"表示）。按位逻辑运算规则如表1-4所示。

表1-4 按位逻辑运算规则

按位与（&）	按位或（|）	按位求反（~）	按位异或（^）
0&0=0	0|0=0	~0=1	0^0=0
0&1=0	0|1=1	~1=0	0^1=1
1&0=0	1|0=1		1^0=1
1&1=1	1|1=1		1^1=0

【例16】 计算15&127的值。

解 首先将两个数分别转换为相同位数的二进制数，如下。

15的二进制数为：$(0000\ 1111)_2$

127的二进制数为：$(0111\ 1111)_2$

将$(0000\ 1111)_2$和$(0111\ 1111)_2$按位求与，结果为$(0000\ 1111)_2=15$

因此，15&127=15

4. 移位运算

移位运算包括左移运算（用"<<"表示）和右移运算（用">>"表示）。其功能是把运算数的各二进位全部左移或右移指定位数，左移时高位丢弃，低位补0；右移时低位丢弃，高位按系统指定方法补0或补1。

【例17】 计算7<<4的值。

解 7的二进制数为：$(0000\ 0111)_2$

左移4位后为：$(0111\ 0000)_2=102$

因此，7<<4=102

由上可以看到，左移n位相当于乘以2的n次方；右移n位就是除以2的n次方。

在计算机使用以上规则对数据进行相应的处理时，其中算术运算主要用于数学方面的数据处理；逻辑运算主要用来解决逻辑判断问题；按位逻辑运算和移位运算主要作为数学运算和逻辑运算的补充，可以帮助实现更加复杂的计算和处理功能。

1.3 小结

本章主要介绍了信息的概念以及计算机是如何表示信息的。人类社会进入21世纪以来，使用计算机处理信息已经成为我们日常工作、学习和生活必须面对的事情，因此，明白信息是什么、计算机处理的方法和过程，以及信息在计算机中到底是怎么表示的，对于21世纪的人们来说至关重要。我国在《"十四五"国家信息化规划》中对国家信息化发展作出了部署安排，为各地区、各领域信息化工作提供了重要指南，首次明确提出"开展终身数字教育"，从国家的高度确认了信息技术学习对于民生以及国家建设的重要性。

思考题

1. 试计算$(1110)_2 \times (0110)_2$的值。

2. 将956.9856转换为IEEE 754的单精度浮点数格式。

3. 思考计算机为何是采用二进制而不是采用十进制。

4. 阐述一个英文字符"A"输入和输出的过程。

5. 计算101010+11001100的值。

6. 计算10101011–10100110的值。

7. 已知A=10111110B，B=AEH，C=184D，比较A、B、C之间的大小。

第2章
计算机组成和工作原理

　　一个完整的计算机系统包括硬件系统和软件系统两大部分，其中硬件系统包括运算器、控制器、存储器、输入设备和输出设备五大部件，软件系统包括系统软件和应用软件两大类。

2.1　计算机工作原理

　　计算机工作时需要软件、硬件系统协同配合，缺一不可。硬件系统是计算机工作的物质基础，软件系统则是控制和操作计算机工作的逻辑基础。软件系统是计算机的灵魂，没有软件系统的计算机是裸机，无法充分发挥硬件的作用；而没有高性能的硬件环境支持，就生产不出高性能的软件，也无法支撑软件的高效运行。

2.1.1　计算机工作系统的组成

　　计算机工作系统的组成如图2-1所示。组成计算机硬件的主体是电子器件和电子线路；系统软件是硬件的第一层软件，其作用在于管理和调度计算机软件、硬件资源；应用软件是面向用户的软件，用来实现与用户的交互和信息的处理。

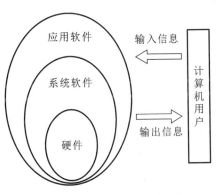

图2-1　计算机工作系统的组成

　　计算机是一台机器，它按照用户的要求接收信息、存储数据、处理数据，然后输出处理结果（文字、图片、音频、视频等）。硬件是计算机赖以工作的实体，包括显示器、键盘、鼠标、硬盘、CPU、主板等；软件则是按需求使用计算机的工具，系统软件包括Windows、Android、编程软件、工具软件等，应用程序包括Office、微信、浏览器等。

2.1.2　计算机发展简史

从元器件来说，计算机发展大致经历了以下四个时代。

第一代计算机为电子管计算机（1946—1957年）。第一台电子计算机ENIAC于1946年诞生于美国宾夕法尼亚大学，是为了计算弹道曲线而设计的。它由18000个电子管组成，占地170 m²，运算速度达5000次/秒。第一代计算机的突出特点是，使用电子管作为基本器件，运算速度达每秒数千次甚至每秒数万次，没有随机存储介质，体积庞大，功耗高，可靠性低。

第二代计算机为晶体管计算机（1958—1964年）。与第一代计算机相比，第二代计算机采用晶体管元件，使用磁芯和磁鼓作存储器，体积缩小，功耗降低，运算速度达每秒数十万次，最高可达每秒300万次。

第三代计算机称为中小规模集成电路计算机（1965—1971年）。其主要元件为中小规模集成电路，采用了更好的半导体内存，运算速度可达每秒1000万次浮点运算。

第四代计算机为大规模和超大规模集成电路计算机（1972—至今）。其集成度高、体积缩小、性能提高，实现了并行处理，程序设计自动化，出现了客户机/服务器结构模式，运算速度达每秒万亿次。

目前，人类在光子计算机、量子计算机、生物计算机等方面均有技术突破，但尚未形成商业化产品。计算机今后的发展趋势是：①巨型化，为了满足尖端科学技术的需要，应发展高速度、大存储容量和功能强大的超级计算机；②网络化；③人工智能化；④多媒体化；⑤微型化。

计算机按字长可分为8位机、16位机、32位机、64位机等，从规模和性能指标方面又可将计算机分为巨型计算机、大型计算机、中型计算机、小型计算机、微型计算机几类。随着网络技术和移动技术的发展，智能移动设备和嵌入式设备等微小型智能设备也成为计算机发展的方向之一。

由于计算机具有运算速度快、计算精确度高、记忆和逻辑判断功能、自动控制能力、可靠性高、通用性强等优势，将继续在科学计算、数据处理、自动控制和过程控制、计算机辅助设计和辅助教学、人工智能、多媒体技术、移动计算、边缘计算、物联网等应用领域发挥巨大作用。

2.1.3　计算机工作原理

现在使用的计算机属于冯·诺依曼型计算机，其基本组成结构是由美籍匈牙利数学家冯·诺依曼等人在1945年提出的，其三个要素分别为：计算机内部信息采用二进制表示；计算机工作方法采用存储程序控制；计算机硬件系统由五大部件组成。冯·诺依曼型计算机结构示意图如图2-2所示。

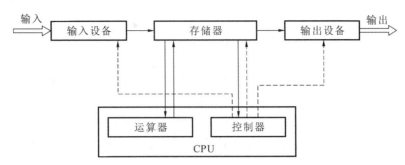

图2-2 冯·诺依曼型计算机结构示意图

图2-2中的实线为数据线,虚线为控制线和反馈线。所谓存储程序控制是指将编写好的程序(由一系列指令组成)和数据存入内存储器,当计算机工作时,自动地逐条取出指令并执行指令。冯·诺依曼型计算机的工作原理的核心即为存储程序控制,由五大部件协同实施,其中各部件的具体功能如下。

控制器是整个计算机的中枢神经,其功能是对程序规定的控制信息进行解释,根据其要求进行控制,调度程序、数据、地址,协调计算机的各部分工作以及内存与外设的访问等。它一般由指令寄存器、状态寄存器、指令译码器、时序电路和控制电路组成,其具体功能是从内存中依次取出指令,产生控制信号,向其他部件发出指令,指挥整个运算过程。

运算器又称算术逻辑单元(Arithmetic Logic Unit,ALU),是进行算术、逻辑运算的部件。运算器的主要作用是对数据执行各种算术运算和逻辑运算,对数据进行加工处理。

存储器是计算机记忆或暂存数据的部件,其功能是存储程序、数据和各种信号、命令等信息,并在需要时提供这些信息。存储器分为内存储器(简称内存或主存)、外存储器(简称外存或辅存,如硬盘)。

输入设备是重要的人机接口,其作用是将程序、原始数据、文字、字符、控制命令或现场采集的数据等信息输入计算机,并将它们变为计算机能识别的二进制存入内存中。常用的输入设备有键盘、鼠标、扫描仪、光笔等。

输出设备是输出计算机处理结果的设备,它把计算机的中间结果或最后结果、机内的各种数据符号及文字或各种控制信号等信息输出来。常用的输出设备有显示器、打印机、绘图仪等。

简言之,要让计算机完成某一任务,首先要编写相应的程序(软件),再通过键盘等输入设备把该程序输入计算机的存储器中,随后控制器将从存储器中读出该程序并指挥其他部件一起协同执行该程序,直至该程序执行完毕。

2.2　计算机硬件系统

如前所述，计算机硬件系统主要包括五大部件，如图 2-3 所示。

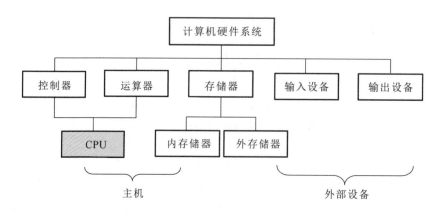

图2-3　计算机硬件系统的组成

其中存储器还可细分为内存储器和外存储器。控制器、运算器及相关寄存器组合在一起称为 CPU（Central Processing Unit，中央处理器）；CPU 与内存储器一起称为主机；外存储器、输入设备和输出设备一起称为外部设备。在微型计算机中，以上各个组成部分通过主板和总线组织在一起，形成一个有机整体。计算机主机的内部结构如图 2-4 所示。

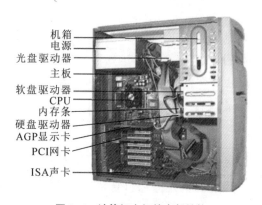

图2-4　计算机主机的内部结构

2.2.1　CPU

CPU 即中央处理器，是对数据进行处理并对处理过程进行控制的部件。CPU 由运算器、控制器和寄存器组成：运算器负责完成算术运算和逻辑运算；寄存器用于临时保存将要被运算器处理的数据和处理后的结果；控制器则负责从存储器读取指令，并对指令进行分析，然后按照指令的要求指挥各部件协同工作。可见，微机的性能首先取决于 CPU。

超大规模集成电路技术和制作工艺的发展，使得 CPU 可被集成在一个半导体芯片上，称为微处理器（Microprocessor）。微处理器的主要生产厂家有 Intel 公司、AMD 公司等。评价一款 CPU 的性能，主要观察以下几个方面的特点。

1. 主频

主频是指 CPU 内核的工作频率，也就是 CPU 的时钟频率，它决定了 CPU 每秒钟可以有多少个指令周期。主频越高，CPU 的运算速度也就越快。需要说明的是，主频并不等于 CPU 一秒钟执行的指令条数，因为一条指令的执行可能需要多个指令周期。目前主流机型的主频为 3.5 GHz~4.0 GHz。

2. 字长

字长是指 CPU 一次能够处理的数据的二进制位数。字长的大小直接反映计算机的数据处理能力，字长越长，运算速度就越快。目前主流的 CPU 字长为 64 位。

3. 指令集

指令集就是某款 CPU 能够识别的指令集合。由于各微处理器都有特定的指令集，为某款 CPU 的计算机设计的程序在另一款 CPU 的计算机上可能无法运行。因此，微处理器制造商在推出新产品时，往往需要向下兼容旧款 CPU，这样运行在旧款 CPU 上的程序不用修改就能直接在新款的 CPU 上运行。目前 64 位处理器的指令集包括 Intel 的 X86-64 指令集和 AMD 的 AMD64 指令集。

当然，要综合评价一款 CPU 的性能，不能只局限于以上三个指标，因为 CPU 的速度还受地址总线宽度、数据总线宽度、外频和内部缓存等因素的影响。

2.2.2　主板

主板也称系统板或母板，是微机中主要的、一般也是最大的一块电路板。一个典型的计算机主板结构如图 2-5 所示。

主板的主要功能有三个：一是提供插接 CPU、内存条和各种功能卡的插槽；二是为各种常用的外部设备，如键盘、鼠标、显示器、打印机、扫描仪、硬盘和 U 盘等提供通用接口；三是为安装或集成在主板上的部件和设备提供电源与通信线路。主板由芯片、插槽和对外接口三个主要部分组成。

1. 芯片部分

除 CPU 外，主板是影响整个微型机系统性能的第二大因素。主板的性能取决于其采用的控制芯片组的性能，通常包含南桥芯片和北桥芯片，有的主板芯片也包含一块或三块芯片。北桥芯片负责 CPU、内存、显卡之间的通信。南桥芯片负责控制主板上的各种接口（如串口、USB）、PCI 总线（插接电视卡、网卡、声卡等）、IDE（接硬盘、光驱）以及主板上的其他芯片（如集成声卡、集成RAID卡、集成网卡等）之间的通信。南北桥之间通过南北桥总线进行数据交换。

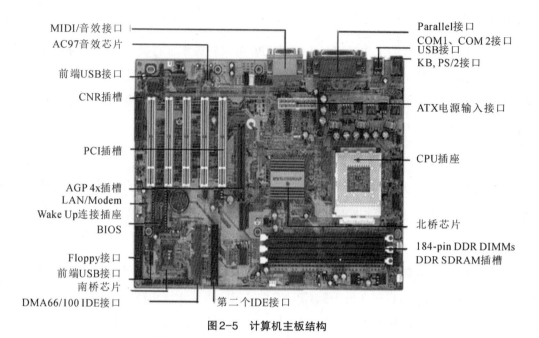

图2-5　计算机主板结构

BIOS（Basic Input/Output System，基本输入/输出系统）芯片是固化在主板上的ROM（Read Only Memory，只读存储器）芯片中的程序，也称ROM-BIOS，它为计算机提供最基本、最直接的硬件控制功能。BIOS芯片中存储着微机的基本输入/输出程序、系统设置信息、开机自检程序和系统启动自举程序。有些主板的BIOS还具有电源管理、CPU参数调整、系统监控和病毒防护等功能。目前主板上的BIOS芯片采用快闪只读存储器（Flash ROM），可以电擦除，因此可以更新BIOS的内容，升级比较方便。

CMOS（Complementary Metal Oxide Semiconductor，互补金属氧化物半导体）芯片是可读/写RAM（Random Access Memory，随机存储器）芯片，用来存储系统硬件配置和一些用户设定的参数，如计算机是从硬盘启动还是从USB盘启动等。注意，它只能存储系统参数，需用BIOS中的系统设置程序来设置CMOS中的参数。如果这些参数丢失，那么系统将不能正常启动，必须对其重新进行设置。设置时，需要在系统启动时按设置键（通常是Del键），进入BIOS设置窗口，在窗口内进行CMOS的设置。CMOS开机时由系统电源供电，关机后则依靠主板上的电池供电，因此，即使关机，CMOS中的数据也不会丢失。

2. 插槽部分

总线插槽是主板与外界扩展卡联系的桥梁，任何外界的扩展卡（如显示卡、声卡、网卡等）都要安装在插槽上才能正常工作。通过更换这些插卡，可以对微机的相应子系统进行局部升级，以提高系统配置的灵活性。总线插槽包括ISA/EISA插槽（已淘汰）、PCI插槽、AGP插槽、PCIExpress插槽。

内存插槽用来安装内存条，其结构和内存条的结构相关，因此更换或加插内存条时，要注意内存条与内存插槽的匹配。常用的内存型号有SDRAM、VCM、DDR、Rambus等。

PCI（Peripheral Component Interconnect，外围器件互联）插槽用来安装声卡、网卡、视频采集卡、多功能卡等设备。PCI是在1992年制定的一种局部并行总线标准，由于PCI带宽有限，需要高速工作的设备（如千兆网卡），因此往往采用PCIExpress总线标准。

AGP（Accelerated Graphics Port，加速图形接口）插槽用于安装显卡。AGP是从PCI标准上建立起来的，主要对图形显示进行优化，目前已经逐渐被淘汰，取而代之的是使用PCIExpress总线接口来满足越来越高的图像处理需求。

PCIExpress插槽是目前使用最广泛的通用接口，又称PCI-E接口。PCI-E接口将PCI及AGP使用的并行数据传输方式更改为串行传输方式，串行传输的优势是传输速度可以更快，缺点是容易出现数据损失，不过这个缺陷在不断进步的新技术面前已经不是什么问题。目前，不仅独立显卡，其他诸如网卡、声卡、视频采集卡等设备也通过PCI-E标准来使用。

3. 对外接口部分

主板上的对外接口部分用于安装外部设备，包括硬盘接口、COM接口、USB接口等。

硬盘接口可以分为IDE（Integrated Device Electronics，集成设备电路）接口和SATA（Serial Advanced Technology Attachment，串行高级技术附件）接口。在型号老些的主板上，一般集成两个IDE接口，可以插接两个IDE硬盘。新型主板采用SATA接口作为硬盘驱动器接口，提高了硬盘的读/写速度。

USB接口是现在比较流行的接口，可以接键盘、鼠标和打印机等设备，最多可以支持127台外部设备。USB接口支持热拔插，真正做到了即插即用。USB 2.0的传输速率为480 Mb/s，USB 3.0的传输速率为5 Gb/s。

随着USB接口的普及，主板上有些接口逐渐被淘汰，取而代之的是USB接口，这样的接口包括：用于连接PS/2接口键盘和鼠标的PS/2接口、用来连接打印机或扫描仪的LPT并行接口、用于连接MIDI设备的MIDI接口、用于连接软盘驱动器的FDC接口、用于连接Modem和串行打印机等串行设备的COM接口等。

除了以上接口外，主板上还有用于连接微机面板上的指示灯或按钮的面板接脚，包括连接机箱上的电源开关按钮的Power BT接脚、连接机箱上的重新启动按钮的Reset接脚、连接机箱上的电源指示灯的Power LED接脚、连接机箱上的硬盘指示灯的HDD LED接脚、连接机箱上的喇叭的Speaker接脚等。此外，主板上还有为时钟和CMOS存储器提供电源的电池。

另外，采用哪种主板结构也影响整个微型机系统的性能和档次。所谓主板结构就是根据主板上各元器件的布局排列方式、尺寸大小、形状、所使用的电源规格等制定出的通用标准，所有主板厂商都必须遵循。主板结构分为 AT、Baby-AT、ATX、Micro ATX（MATX）、LPX、NLX、Flex ATX、E-ATX、W-ATX、ITX 以及 BTX 等结构。其中，ATX 是市场上最常见的主板结构，扩展插槽较多，大多数主板都采用此结构；AT 和 Baby-AT 已被淘汰；MATX 是 ATX 结构的简化版，就是常说的"小板"，扩展插槽较少，多用于品牌机并配备小型机箱；ITX 是最小号的主板；而 LPX、NLX、Flex ATX 则是 ATX 的变种，多见于国外的品牌机；E-ATX 和 W-ATX 多用于服务器/工作站主板；BTX 则是 Intel 公司制定的新一代主板结构，尚未流行便被放弃。

2.2.3 微机存储系统和存储器

1. 微机存储系统

为实现可靠而高效的信息存取，现代微机一般采用寄存器、高速缓存、主存、外存的多级存储体系结构来提供读/写信息的功能，一个典型的微机存储系统呈金字塔型，如图 2-6 所示。越顶端则越靠近 CPU，存储器的速度越快、容量越小、每位的价格也越高。采用这种组织方式能较好地解决存储容量、速度以及成本之间的矛盾，从下到上提供速度由慢到快、容量由大到小的多级层次存储器，构成性价比较高的存储系统。

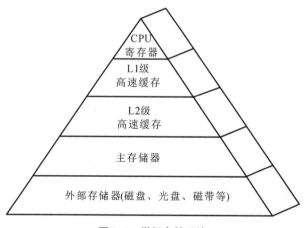

图 2-6　微机存储系统

寄存器是 CPU 内部的元件，用来暂时存放参与运算的数据和运算结果，其读/写速度跟 CPU 的运行速度基本匹配，但造价昂贵，因此数量很少。微机中用于存储数据的主要部件叫存储器，分为内部存储器和外部存储器，分别简称为内存和外存。内存又分为主存储器和高速缓冲存储器，分别简称为主存和高速缓存（Cache）。高速缓存的容量比主存小但读/写速度快，高速缓存往往直接集成在 CPU 内部，它大大缓解了主存的工作速度与 CPU 的工作速度不匹配的矛盾。当 CPU 访问程序和数据时，首先从寄存器中查找，查找到则直接执行；如果寄存器里没有要用的数据，就按一级 Cache、二级 Cache、主存、外存的顺序逐级向下查找，找到则逐级写入上一级存储部件中，最终写入寄存器，供 CPU 直接使用。

2. 存储器

存储器包括内存和外存。内存是信息和程序指令的存储区域，其特点是关机后其中的数据会丢失（ROM 除外）。外存则作为内存的辅助设备，用于永久保存数据。能够和 CPU 直接交换信息的是内存，如果没有内存，程序就不能输入计算机中，因而也就无法被执行；如果没有外存，输入的程序及相应的数据与各种信息就不能被长期保存，下次用到该程序时还得重新输入。

1）内存

内存分为 RAM（随机存储器）和 ROM（只读存储器）两类。ROM 工作时只能从中读出信息而无法向其写入信息，又称固定存储器，信息一旦写入就固定下来，即使切断电源，信息也不会丢失。ROM 分为早期通过掩模工艺一次性制造的 Mask ROM（掩膜只读存储器）、PROM（可编程只读存储器）、EPROM（可擦可编程只读存储器）、EEPROM（带电可擦可编程只读存储器）、Flash ROM（闪存）。其中 Flash ROM 是 EEPROM 的改进产品，因其具有存储容量大、性价比高等优势，目前已逐渐取代了 EEPROM，广泛用于主板 BIOS 中的 ROM 芯片，同时，它还用于 U 盘、MP3 等需要大容量且断电不丢失数据的设备。

RAM 的特点则是在掉电之后数据就丢失，它分为 SRAM（静态随机存储器）和 DRAM（动态随机存储器）。SRAM 是一种具有静止存取功能的内存，不需要刷新电路即能保存其内部存储的数据，它的读/写速度快，但价格昂贵，一般只在速度要求苛刻的地方使用，譬如 CPU 的一级缓存、二级缓存、三级缓存等。DRAM 工作时需要每隔一段时间（<1 ms）就刷新充电一次，否则内部的数据会消失，其读/写速度比 SRAM 的慢，但价格便宜，体积小，且比 ROM 的速度快，一般的计算机内存都使用 DRAM。市场上 DRAM 有很多种，常见的包括 FPRAM/FastPage、EDORAM、SDRAM、DDR RAM、RDRAM、SGRAM 以及 WRAM 等。其中 SDRAM 为同步动态随机存储器，而 DDR RAM 则是改进型的 SDRAM，称为双倍率 SDRAM，是目前计算机中用得最多的内存，在很多高端的显卡上也配备了高速 DDR RAM，以提高带宽，大幅提高了 3D 加速卡的像素渲染能力。

内存的主要性能指标包括内存速度和内存容量。内存速度是指内存芯片中数据的输入/输出速度，一般用存取一次数据的时间来衡量，时间越短，速度就越快。如 SDRAM 内存速度可达到 7 ns，而更快的存储器多用在显卡的显存上，可达到 2.8 ns。内存条容量的大小有多种规格，如 168 线的 SDRAM 内存容量可达 16 MB、32 MB、64 MB、128 MB 等，由集成内存芯片的容量和数量确定：

内存条容量=内存芯片的数量×内存芯片的容量

微机内存容量=内存条容量×内存条数量

2）外存

与内存相比，外存的特点是容量大、价格低、能长期保存信息，并且掉电信息不丢失，但是存取速度慢，因此一般用于存放暂时不用的程序和数据。计算机工作时，内存和外存之间常常需要频繁地交换信息。外存主要包括软盘存储器（软盘）、机械硬盘存储器（机械硬盘）、固态硬盘存储器（固态硬盘）、U盘存储器（U盘）、光盘存储器（光盘）等。由于软盘已不是现代微机的标准配置，需要了解的读者请参考百度百科，这里仅介绍其他外存设备。

（1）机械硬盘。

机械硬盘（Hard Disk Drive，HDD）一般使用IBM公司的温彻斯特技术制造，该技术将硬盘与硬盘驱动器封装在一起，也称温盘。其主要特点是，密封、固定并高速旋转的镀磁盘片，磁头沿盘片径向移动，磁头悬浮在高速转动的盘片上方而不与盘片直接接触。一个硬盘可以有多张盘片，所有盘片按同心轴方式固定在同一轴上，每片磁盘都装有读/写磁头，在控制器的统一控制下沿着磁盘表面径向同步移动。每张盘片都按磁道、扇区来组织数据的存取。由于硬盘有多个记录面，不同记录面的同一磁道称为柱面。硬盘的主要性能指标包括容量、转速、传输速率、平均访问时间和硬盘缓存。

通常所说的容量是指机械硬盘的总容量，以GB或TB为单位计量。目前机械硬盘的最大容量为16 TB。计算总容量的公式如下：

硬盘的存储容量=磁头数×柱面数×每磁道扇区数×每扇区字节数

转速是指机械硬盘盘片每分钟转动的圈数，单位是RPM（每分钟旋转次数）。转速是决定硬盘内部数据传输率的决定因素之一，它的快慢在很大程度上决定了硬盘的工作速度，同时也是区别硬盘档次的重要指标。目前一般的硬盘转速为5400 RPM和7200 RPM，最高可达10000 RPM甚至以上。

传输速率是指硬盘读/写数据的速度，单位为兆字节每秒（MB/s），传输速率的性能与硬盘转速以及盘片存储密度有直接的关系。

平均访问时间是指机械硬盘磁头移动到指定磁道的指定扇区所需要的时间，单位为毫秒（ms），它是平均寻道时间和平均等待时间之和。平均寻道时间是指硬盘磁头移动到要访问的数据所在磁道时所用的时间，目前硬盘的平均寻道时间为8～12 ms。平均等待时间是指磁头处于目标磁道后，等待目标扇区旋转至磁头下方的平均时间，大概是盘片旋转一周所需时间的一半，一般在4 ms以下。平均访问时间越短，硬盘的读/写能力就越高。

硬盘缓存是为了弥补硬盘访问速度慢而在硬盘上添加的高速缓冲存储器，微机系统和硬盘的数据交换通过硬盘的缓存进行，目前不同制造工艺硬盘的缓存一般为64 MB（垂直式硬盘）和256 MB（叠瓦式硬盘）。

（2）固态硬盘。

固态硬盘（Solid State Drive，SSD）简称固盘，是用固态电子存储芯片阵列制成的硬盘。固态硬盘的存储介质分为两种，一种采用闪存作为存储介质，另外一种采用 DRAM 作为存储介质。基于闪存的固态硬盘是目前的主流产品，其内部主体是一块印刷电路板，其上最主要的部件是控制芯片、缓存芯片（部分低端固态硬盘没有缓存芯片）和闪存芯片阵列。控制芯片的主要作用是合理调配数据在各个闪存芯片上的存储及对外接口，缓存芯片辅助控制芯片进行数据处理，闪存芯片阵列用于存储数据。固态硬盘的接口、功能及使用方法与普通硬盘的相同。相对于普通硬盘，固态硬盘的优势在于：读/写速度快、防震动抗摔碰性能好、无噪音、更轻便；固态硬盘的缺点是价格比较高、可擦写次数有限制、硬盘损坏后数据难以恢复。固盘没有寻道操作，其主要性能指标包括容量、读/写速度、IOPS（Input/Output Operations Per Second）和架构类型。

固盘的读/写速度比机械硬盘的快很多，使用 SATA（Serial Advanced Technology Attachment）接口的固盘读取速度约为 500 MB/s，而使用 NVMe（Non-Volatile Memory Express）接口的固盘则可达 7000 MB/s。

IOPS 可以视为是每秒的读/写次数，常用随机存取及循序访问时的 IOPS 来代表硬盘性能。循序访问是访问存储设备中相邻位置的数据，一般和较大的数据区块访问有关；随机存取是访问存储设备中非相邻位置的数据，一般访问的数据区块比较少。现在主流的固盘，其随机存取 IOPS 已达 90 KB 以上，即每秒最高能读或写 90000 个 4 KB 的文件，而机械硬盘的随机存取 IOPS 则为 5 KB 左右。

架构类型又称闪存颗粒，是指制作固盘选择的工艺方法，目前主要包括单层单元（Single Level Cell，SLC）、多层单元（Multi Level Cell，MLC）、三层单元（Triple Level Cell，TLC）和四层单元（Quad-level cells，QLC）。架构类型决定了固盘的存储容量、可擦写次数以及价格。SLC 的可擦写次数为 10 万次，但容量小；MLC 容量翻倍，可擦写次数 1 万次；TLC 容量变为三倍，可擦写次数只有 500~1000 次；使用 NAND 技术的 QLC 容量比 TLC 的容量高出 33%，可擦写次数达到 1000 次，成本也更低。

（3）U 盘。

U 盘是 USB（Universal Serial Bus，通用串行总线）盘的简称，通过 USB 接口与计算机相连。USB 具有传输速度快、存储容量大、体积小、价格低、支持热插拔和连接灵活等优点，现在已经发展到 3.0 版本，成为目前个人计算机的标准扩展接口，可连接鼠标、键盘、打印机、扫描仪、摄像头、U 盘、手机、数码相机、移动硬盘、外置软驱、外置光驱、USB 网卡和 ADSL 调制解调器等几乎所有的外部设备。

U 盘和 SSD（Solid State Disk，固态硬盘）都采用闪存技术，它们的工作原理基本一致，都有主控和闪存颗粒。所不同的是，U 盘的主控通常只控制一两颗闪存颗粒，主控算法也不同，因此性能也比较弱，且没有缓存，同时大多数U盘的主控不具备磨损均衡技术，因此使用寿命较低。U盘的性能指标主要包括存储容量、读/写速度、数据传输率等，请参考固态硬盘的相关内容，这里不再赘述。

闪存（Flash EPROM）技术不只用于SSD和U盘的生产，这种快可擦可编程芯片目前包括NOR和NAND两种结构。NOR结构主要用于程序存储和执行，适用于手机和个人数字助理等设备；NAND结构主要用于数据存储，适用于制作各种闪存卡和U盘等。除SSD和U盘外，目前闪存技术还广泛用于电子设备的各种闪存卡、智慧卡、记忆棒、xD图像卡、多媒体卡和安全数字卡等存储设备。

（4）光盘。

光盘是利用激光原理进行读、写的设备。制作光盘时，在其螺旋形的光道上用激光刻出凹坑代表"1"，空白代表"0"。读取数据时，用激光去照射旋转的光盘片，根据从凹坑和非凹坑处得到的反射光来判断是"0"还是"1"。光盘分为只读光盘和可擦写光盘，只读光盘只能从中读出数据，但不能改变其内容，如CD-ROM、DVD-ROM等；可擦写光盘则可供用户写入内容，如CD-RW、DVD-RAM等。光盘也可以根据结构的不同而分为CD/VCD、DVD、蓝光光盘等几种类型，它们的主要结构原理一致，但厚度、用料、制作工艺有所不同，用于读取和烧录数据的激光也不同，因此CD/VCD的容量只有700 MB左右，单面单层的DVD则可达4.7 GB，而蓝光光盘更是可达25 GB。一般的CD只用于保存音频信息，VCD、DVD和蓝光光盘则主要用于保存音频/视频数据。

光盘要有光盘驱动器（光驱）与之配合才能使用，光驱是一个结合光学、机械及电子技术的设备，用于完成对其中光盘的读/写操作。光驱的性能指标包括数据传输率、平均访问时间和缓存容量。

数据传输率是指光驱在1 s内所能读取的最大数据量。所谓的"X速"光驱就是指其数据传输率，单速光驱的数据传输率为150 KB/s，二倍速光驱的数据传输率为300 KB/s，目前的主流光驱已超过了72倍速。

光驱的平均访问时间又称平均寻道时间，是指光驱的激光头从原来的位置移动到指定的数据扇区并把该扇区上的第一块数据读入高速缓存所用的时间。常用光驱的平均访问时间小于100 ms。

光驱的缓存是光驱内部的数据存储器，主要用于存放读出的数据。常用光驱的缓存容量为128 KB。

不同的光盘需要与之匹配的光驱才能读取其中的数据，但一般向下兼容。比如，普通的光驱不能读DVD光盘，但DVD驱动器却可完全兼容VCD、CD-ROM和CD-R，蓝光光驱则可向下兼容DVD、VCD、CD等。需要提醒的是，在目前微机上，光驱已不再是标准配置，此时可使用USB接口的光驱替代。

以上所述外存均属于微机的外部设备，因其特殊性及与存储系统的紧密联系，在本节中对其进行了综合阐述，其他外部设备将在第2.2.4节中介绍。

2.2.4　外部设备

外部设备是计算机系统中输入设备、输出设备、外存储器的统称，简称外设。外设是计算机系统中的重要组成部分，起到信息传输、转入和存储的作用，扩充了计算机系统及其功能。由于外存已在上面进行了详细阐述，这里只介绍输入设备和输出设备。

1. 输入设备

输入设备是向计算机输入程序、数据和图片等数据的设备，常用的输入设备有键盘、鼠标、扫描仪、跟踪球和触摸屏等。

1）键盘

键盘是比较常用、主要的输入设备，通过键盘可以将英文字母、汉字、数字和标点符号等输入到计算机中，也可以输入命令来控制计算机的运行。

键盘的款式有很多种，我们通常使用的键盘有101键、105键和108键等。无论采用哪一种键盘，它的功能和键位排列基本分为功能键区、打字键区、编辑键区、数字键区（也称小键盘）和指示灯区五个区域。

正确地掌握键盘的操作可以减小输入的错误以及降低疲劳，端坐在计算机前面，手肘贴身躯，手腕平直，十个手指稍微弯曲放在基本键上，调整好坐姿，身体保持平直放松腰背不要弯曲。输入时准确快速地敲击按键，输入完成以后手指就返回基本键位。图2-7所示为标准的键盘操作指法，每个手指控制一个特定的区域。通过反复练习，即可达到盲打水平。

图2-7　标准的键盘操作指法

2) 鼠标

鼠标的使用给人们操作各种图形界面软件带来了极大方便，减轻了记忆各种操作命令的烦扰，是微型机常用的输入设备。

鼠标按工作原理可分为机械式鼠标和光电式鼠标。机械式鼠标内有一个实心橡皮球，当鼠标移动时，橡皮球滚动，通过相应装置将移动的信号传送给计算机。光电式鼠标的内部有红外光发射和接收装置，它利用光的反射来确定鼠标的移动，是目前比较常用的一种鼠标。

鼠标按与微机连接的方式可分为有线鼠标和无线鼠标，其中无线鼠标目前有蓝牙鼠标和2.4 G无线鼠标两种，蓝牙鼠标不用接收器就能连接到计算机，2.4 G无线鼠标则需要接收器。有线鼠标按接口类型又可细分为串行鼠标、PS/2鼠标、总线鼠标、USB鼠标（多为光电鼠标）四种，目前主要使用的是USB鼠标。

鼠标上一般有两个按键，默认设定左键用作确定操作、右键用作弹出菜单等特殊功能，可按需要修改该默认设定。目前流行的滚轮鼠标是在原有两键鼠标的基础上增加了一个滚轮键，它具有特殊的滑动和放大功能，手指轻轻滑动滚轮就可以使页面上下翻动，对于翻页比较多的操作比较有效。

3) 扫描仪

扫描仪通过专用的扫描程序将图片、图纸、文字等信息输入计算机，这样我们就可以使用一些图形图像处理软件或文字识别软件对扫描结果进行各种编辑及后期加工处理。

扫描仪的种类很多，按工作方式可分为手持式、台式和滚筒式三种；按扫描图像的类别，又可分为黑白扫描仪和彩色扫描仪。

4) 跟踪球

跟踪球的功能类似于鼠标，常被附加在或内置于键盘上，特别是笔记本的键盘上。其优点是比鼠标需要的桌面空间小，用手指触摸跟踪球就可完成相应的鼠标操作。

5) 触摸屏

触摸屏是一种用手指或笔触及屏幕上所显示的选项来完成指定操作的人机交互式输入设备。触摸屏由三个部分组成，一是传感器，把人手或笔触及的地方检测出来；二是控制卡，触及信号经过模数转换器形成位置数据，经接口送入计算机；三是驱动程序，即相应的管理软件。触摸屏除了作为平板电脑的主要输入设备外，还广泛应用于手机、自动售票机、银行自动存取款机、交通信息查询机等设备上。

除以上介绍的输入设备外，常用的还有数码相机、数码摄像头、语音识别器、光笔和游戏操纵杆等输入设备，这里不再赘述。

2. 输出设备

输出设备用于输出计算机处理信息结果的设备，常用的输出设备有显示器、打印机、

3D 打印机和绘图仪等。

1）显示器

显示器用来显示字符和图形图像信息，是计算机标配的输出设备。常用的显示器有阴极射线管（Cathode Ray Tube，CRT）显示器和液晶显示器（Liquid Crystal Display，LCD）。

CRT 显示器工作时，使用电子枪发射高速电子，经过垂直和水平的偏转线圈控制高速电子的偏转角度，最后高速电子击打屏幕上的荧光物质使其发光，通过电压来调节电子束的功率，就会在屏幕上形成明暗不同的光点以显示各种图形和文字。彩色屏幕上的每一个像素点都由红、绿、蓝三种涂料组合而成，由三束电子束分别激活这三种颜色的荧光涂料，以不同强度的电子束调节三种颜色的明暗程度就可得到所需的颜色。

LCD 是在两片平行的玻璃当中放置液态的晶体，两片玻璃中间有许多垂直的和水平的细小电线，透过通电与否来控制杆状水晶分子改变方向，将光线折射出来产生画面。与CRT 显示器相比，LCD 体积小、重量轻、省电、无闪烁，且不产生辐射，是目前首选的显示设备。

除了以上两种显示器外，还有发光二极管显示器和等离子体显示器等，这里不再赘述。

显示器要通过显示适配器才能与计算机主机相连。显示适配器又称显示卡或显卡，主要由显示芯片、显示内存、RAMDAC（Random Access Memory Digital-to-Analog Converter，随机数模转换记忆体）芯片、显卡 BIOS、总线接口以及其他外围组件和接口组成。显示芯片是显卡的核心部件，具有强大的图像处理功能，分担了 CPU 的工作，使 CPU 有更多的时间处理其他任务，从而提高了整个计算机系统的运行速度。显示内存用来存放显示芯片处理后的数据。RAMDAC 芯片将显示内存中的数字信号转换成能在显示器上显示的模拟信号，其转换速度影响着显卡的刷新频率和最大分辨率。显卡 BIOS 用于存放显示芯片的控制程序以及显卡的名称和型号等信息。总线接口是显卡与总线的通信接口，用来实现显示器与主机的连接与通信，目前流行的是 PCI-E 接口。显卡分为独立显卡、集成显卡以及新兴的核心显卡，其中独立显卡拥有单独的图形核心和独立的显存，能够满足复杂庞大的图形处理需求，并提供高效的视频编码应用服务；集成显卡则将图形核心以单独芯片的方式集成在主板上，并且动态共享部分系统内存作为显存使用，因此能够提供简单的图形处理功能，以及较为流畅的编码应用服务；核芯显卡采用新的精简架构及整合设计，使得其低功耗和高性能优势更加突出。

显示器的性能指标包括分辨率、灰度和显存容量。分辨率是指整个屏幕可显示的像素点的多少，如 1024 像素×768 像素。灰度是指每个像素点的颜色变化范围，如黑白、256 色、真彩色等。显存容量是显卡上的显存存储容量，它决定着显存临时存储多少数据，目前主流显存容量为 6 G 或 8 G。显存容量和存取速度影响着显卡的整体性能，对显示器的分辨率及色彩的位数也有影响，一般计算显存的方法如下。

显存=图形分辨率×色彩精度/8

例如，对于一个16位真彩色、分辨率为1024像素×768像素的显示器，其需要的显存容量为1024像素×768像素×16/8=1.5 MB，即2 MB显存容量。

2）打印机

打印机是将文字、图形、图像等计算机运行的结果打印在纸上的输出设备。打印机按工作方式可分为击打式打印机和非击打式打印机，目前常用的打印机有针式打印机、激光打印机和喷墨打印机，其中针式打印机属于击打式打印机，其他两种则属于非击打式打印机。

针式打印机也称点阵式打印机，打印头上有若干根打印针，打印时相应的打印针撞击色带来完成打印工作，常用的是24针打印机。针式打印机的打印速度慢、质量差、噪音大，已逐渐被淘汰。但由于针打耗材成本低，能多层套打，其在银行、证券等领域仍有着不可替代的地位。

喷墨打印机的打印头上有许多小喷嘴，使用液体墨水、精细的小喷嘴将墨水喷到纸面上来产生字符或图像等要打印的内容。喷墨打印机的优点是价格便宜，打印精度较高，噪音低；其缺点是墨水消耗量大，打印速度慢。彩色喷墨打印机比较适合于打印量不大的家庭与办公场所。

激光打印机采用激光和电子放电技术，通过静电潜像，再用碳粉使潜像变成粉像，加热后碳粉固定，最后打印出内容。激光打印机的优点是打印精度高，噪音低，打印速度快；其缺点是对打印纸的要求较高。随着其价格的不断降低，目前已占据了办公领域的绝大部分市场。

打印机的主要性能指标包括打印分辨率、打印速度和打印幅面。打印分辨率是指每英寸介质上能打印出的点数，单位是dpi（Dot Per Inch）。目前主流打印机的打印分辨率为300~720 dpi，高档打印机可达1440 dpi甚至以上。打印速度是指打印的快慢，以每分钟出纸的张数（A4纸）来衡量。一般来讲，激光打印机速度最快，喷墨打印机速度次之，阵式打印机速度最慢。打印幅面是指打印机可打印的最大幅面，A4为普通幅面，A3为中等幅面，只有A2以上才能称为大幅面。

3）3D打印机

3D打印机其实是一种快速成形技术，以数字模型文件为基础，运用粉末状塑料、树脂、陶瓷、金属等可糅合材料，通过逐层打印的方式来构造3D物体。目前典型的3D打印技术是激光烧结技术，打印每一层时，按形状先喷洒一层粉末，通过激光高温烧结后，再喷洒一层粉末，再通过激光高温烧结，这样层层累加，最终打印出整个实物。

打印分辨率是3D打印机的主要性能指标，它指的是层次的厚度以及横纵分辨率，单位为dpi或微米（μm）。层厚一般为100 μm（250 dpi），但有些打印机可以打印层厚16 μm

（1600 dpi）的物体。3D打印机的横纵分辨率即长和宽分辨率，可以与激光打印机媲美，3D圆点直径大约为50~100 μm（510~250 dpi）。

从长远来看，3D打印机将会冲击传统制造业，但目前受到打印材料、打印性能、打印成本和打印速度等因素的制约，3D打印机主要局限于产品模型、设计样品、玩具、装饰品等的打印，尚难以规模化打印实用产品。

4）绘图仪

绘图仪是一种能在纸张、薄膜和胶片等记录介质上绘出计算机生成的各种图形或图像的设备。绘图仪的种类很多，按结构和工作原理可以分为滚筒式和平台式两大类。绘图仪除了必要的硬件设备之外，还必须配备丰富的绘图软件。现代的绘图仪已具有智能化的功能，自身带有微处理器，可以使用绘图命令，具有直线、字符演算处理以及自检测等功能。

以上对主要的计算机输入设备和输出设备进行了介绍，需要注意的是，有的外设是标配，在购买计算机时就已经包括在内了，比如键盘、显示器等，而有些则不是标配，需要另外购置，如摄像头、打印机等。随着电子技术的发展，新的设备会不断被推出，在实际选购这些外设时，可根据需要和微机提供的接口进行选择。

2.2.5 总线

计算机系统中的功能部件必须互连才能协同完成信息处理任务，这个桥梁就是总线。总线是将信息从一个或多个源部件传送到一个或多个目的部件的一组传输线，是计算机中传输数据的公共通道。微机中的总线一般有内部总线、系统总线和外部总线之分。内部总线是芯片内部连接各元件的总线；系统总线是连接微处理器、存储器和各种输入/输出模块等主要部件的总线；外部总线则是微型机和外部设备之间的总线。

系统总线根据传送信息内容的不同，可分为数据总线、地址总线和控制总线。数据总线用于在微处理器与内存、微处理器与输入/输出接口之间传送信息。数据总线的宽度，即导线的根数，决定着每次能同时传输信息的位数，因此数据总线的宽度是决定计算机性能的一个重要指标。目前，主流微机的数据总线大多是32位或64位。地址总线用来传送地址信息，为读/写操作提供在内存、外存或输入/输出端口的地址。地址总线的宽度决定了微处理器能访问的内存空间大小，比如某款CPU有32根地址总线，则最多能访问4 GB（2^{32}B）的内存空间。控制总线用于传输控制信息，并进而控制对内存和输入/输出设备的访问。

可见，地址总线的宽度决定了CPU可以访问的物理地址空间，数据总线的宽度决定了CPU与二级缓存、内存及输入/输出之间一次数据传输的信息量。除系统总线的宽度对计算机工作性能有影响外，系统总线的速度也直接影响整机性能。系统总线的速度决定了内存和外设与CPU之间交互的速度，使用系统总线的时钟频率来衡量，又称外频。外频是整机工作效率的瓶颈，因此，整机工作效率并不取决于CPU主频，而是取决于外频。

总线标准的发展经历了 ISA 总线、EISA 总线、VESA 总线、PCI 总线和 PCI-E 总线。ISA 总线、EISA 总线、VESA 总线已基本淘汰，PCI 总线正在逐渐被 PCI-E 总线所取代。PCI-E 3.0 的总线频率达到 8 GHz，目前已发展到 PCI 6.0 版本。

2.2.6 计算机硬件简单故障诊断

计算机是高度集成化的电子设备，各个组成部件对温度、湿度、使用环境、操作规范等都有较高的要求，因此使用时要注意维护，例如，避免在高温或剧烈震动的环境下工作、不能热插拔的部件要断电插拔、定时清理灰尘等。

计算机硬件故障是指计算机各部件在使用过程中出现问题而导致计算机运行不正常，一般和计算机部件的老化、本身元器件损坏、电路板短路、虚焊等有关。一旦出现硬件故障，用户就要及时诊断，诊断故障可按以下原则进行。

1. 从简单到复杂，先外后内

当发生故障时，先仔细观察显示器所显示的出错信息，不要急于拆主机箱，要先排除外设故障，检查它们的连接线是否接好、电源线是否插紧。若确认外设没有问题，则打开主机箱，检查机箱内的各部件是否安装到位、电源线是否插错、数据线是否连接正确。

2. 从软件到硬件，先想后做

当发生故障时，要先分析故障的类型，是软件故障还是硬件故障，此时可根据以往的经验或上网查阅相关信息都比较有助于故障分析。

排除软件故障时，可根据显示器显示的出错信息，利用工具软件和检测软件排除故障点。如果排除了软件故障后，计算机还不能正常运行，再着手检查硬件，排除故障。

排除硬件故障时，避免盲目维修，以免使故障扩大。首先排除电源故障，再排除部件故障。在排除部件故障时，本着先易后难的原则，先从简单的问题开始，再到复杂的问题。比如先检查主板上的板卡、内存条是否插紧，确认没有问题之后再考虑是否有硬件损坏。此时，可以从网上或者工作手册中查阅相关资料，思考并判断故障所在。确定硬件故障后，再评估是需要专业的工程师来维修，还是自行更换硬件。

要确定硬件故障，首先要用眼睛看、用鼻子闻、用耳朵听、用手摸等方法来帮助判断部件是否损坏、是否接好、是否烧焦、是否有异响、是否温度异常等。对于可疑部件，可采用替换法，即使用确认完好的部件替换可疑部件，以确定该部件是否有问题。

在以上努力都不能确定故障原因的情况下，可以从最小系统开始检查。首先通过连接最小系统，即 CPU、内存、显卡、电源、主板来检测关键部件是否有问题，确认没有问题后再通过加其他办卡和部件来定位故障所在。

需要提醒的是，灰尘的累积会导致计算机部件接触不良或者发热等故障，此时只要清理灰尘即可排除故障。对计算机的定时维护和安全使用可有效减少计算机故障的发生。

2.3　计算机软件系统

　　计算机软件系统是程序、数据和有关文档资料的总称。图2-8所示为计算机系统的组成，包括计算机硬件和软件系统，软件系统分为系统软件和应用软件，而其中系统软件又分为操作系统和系统工具。在计算机层次结构中，四层表现为单向服务关系，即上层可以使用下层提供的服务，而下层不能使用上层提供的服务。

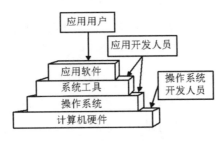

图2-8　计算机系统的组成

2.3.1　系统软件

　　系统软件是控制和协调计算机及其外部设备、支持应用软件开发和运行的系统，如操作系统、语言处理程序、集成开发环境、数据库管理系统等面向开发者的软件，以及硬件驱动程序、文件管理程序、格式化工具、磁盘管理等公用程序。

1. 操作系统

　　系统软件中最重要的是操作系统。操作系统又称OS（Operation System），是硬件基础上的第一层软件，是硬件和其他软件沟通的桥梁，它负责控制与管理计算机硬件与软件资源，并提供用户操作接口，让用户可与计算机进行交互。目前常用的操作系统包括Windows、iOS、UNIX、Linux、Ubuntu、Android等。

2. 系统工具软件

　　1）语言处理程序和集成开发环境

　　语言处理程序提供用于编写、调试和运行程序的工具，包括编译器、汇编器、链接器、加载器、解释器和调试器等。编译器将编程语言撰写的代码转换成计算机可识读的机器语言，产生可执行文件。汇编器将用汇编语言编写，或者将编译器转换过程中产生的汇编语言文件转换成机器语言文件。链接器将由编译器或汇编器产生的目标文件和外部程序库链接为一个可执行文件。加载器负责将程序加载到存储器中，并配置存储器及其相关参数，使之能够运行。解释器则把高级编程语言编写好的程序逐行进行解释并运行。调试器用于帮助用户调试编写的程序。

集成开发环境（Integrated Development Environment，IDE）是用于编写、翻译和执行程序的应用程序，一般包括代码编辑器、编译器、调试器和图形用户界面等工具，集成了代码编写功能、分析功能、编译功能、调试功能和执行功能。不同的程序设计语言往往需要不同的 IDE。根据发展的年代，程序设计语言可分为机器语言、汇编语言和高级语言，机器语言和汇编语言属于低级语言。机器语言由二进制 0、1 代码指令构成，不经翻译即可为机器直接理解和接受，不同的 CPU 具有不同的指令系统。由于机器语言难编写、难修改、难维护，目前已被淘汰。汇编语言是机器指令的符号化，与机器指令存在着直接的对应关系，通过汇编过程转换成机器指令，不同平台之间不可直接移植，如 MASM、GNU ASM 等。汇编语言同样存在难学难用、容易出错、维护困难等缺点，但由于它可直接访问系统接口，且其翻译成的机器语言程序的效率高，目前主要应用于驱动程序、嵌入式操作系统、实时运行程序等面向底层的硬件或对效率有高要求的场合。高级语言的语法和结构更类似于人类语言，如 C、Java 等。高级语言与计算机的硬件结构及指令系统无关，它有更强的表达能力，可方便表示数据的运算和程序的控制结构，能更好地描述各种算法，而且容易学习、掌握。但高级语言编译生成的程序代码一般比用汇编语言设计的程序代码要长，执行的速度也慢。

高级语言必须经过翻译以后才能被机器执行。翻译的方法有两种，一种是解释，一种是编译。解释是把源程序翻译一句就执行一句的过程，其主要组件是解释器；而编译是把整个源程序翻译成机器指令形成目标程序后，再用链接程序把目标程序链接成可执行程序才能执行，其主要执行组件包括编译器、汇编器和链接器。解释型语言不产生中间代码，但由于执行程序时需要逐句分析和翻译，因此运行速度慢，目前流行的解释型语言包括 Visual Basic、C#、Java、Python 等；编译型语言则在执行之前，需要一个专门的编译过程，但运行速度快，目前流行的编译型语言包括 C、C++、Pascal 等。

值得注意的是，目前第四代非过程化语言（4GL）正在发展过程中，它是为最终用户设计的一类程序设计语言，具有缩短应用开发周期、降低维护成本、最大限度地减少调试过程中出现的问题以及对用户友好等优点。虽尚无真正的 4GL 产品推出，但 PowerBuilder、FOCUS 等软件工具产品已具有部分 4GL 的特征。

2）数据库管理系统

数据库管理系统（Database Management System，DBMS）是一种操纵和管理数据库的大型软件，用于建立、使用和维护数据库，是数据库和数据库管理软件的组合。它对数据库进行统一的管理和控制，以保证数据库的安全性和完整性。设计者通过 DBMS 设计数据库，使用者通过 DBMS 访问数据库中的数据，数据库管理员也通过 DBMS 进行数据库的维护。

根据数据之间的关系紧密程度，DBMS 分为关系型 DBMS 和非关系型 DBMS。关系型 DBMS 采用关系模型来组织数据，以行和列的形式，即"表"的形式来存储数据，一组表即组成一个数据库。关系型 DBMS 的最大优点就是事务的一致性，这个特性使其适用于一切要求一致性比较高的系统中，比如银行系统、企业工资系统等。典型的关系型 DBMS 包括 Oracle、SQLServer、Access、MySQL 等。非关系型 DBMS 又称 NoSQL，使用键-值对来组织数据，且不局限于固定的结构，可减少时间和空间的开销。NoSQL 适用于对并发读/写能力要求高的系统，比如微博、FaceBook 等。典型的非关系型 DBMS 包括 MongoDB、Redis、CouchDB 等。

3）公用程序

公用程序是指一组系统实用程序，用于实现计算机系统的管理、调度、监视和服务等功能，其目的是方便用户，提高计算机使用效率，扩充系统的功能。公用程序主要包括标准库程序和服务性程序。其中标准库程序是由操作系统或编译软件平台提供的程序库，如 Windows 类库、C 库函数、C++类库等；服务性程序则是指用于管理计算机或设备的任务工具程序，包括诊断程序、文件管理程序、格式化工具、磁盘管理、网络通信协议、网络连接工具等，如设备驱动程序、超级兔子、Windows 管理工具、GHOST 等。

2.3.2 应用软件

应用软件是指专为某种特殊应用目的而编制的软件系统，简称应用（Application 或 App）。应用软件可以直接完成终端用户的工作，因此从某种意义上来讲，系统软件是为应用软件服务的，应用软件才是真正直接提供给用户使用的。应用软件可能与计算机及其系统软件捆绑销售，也可以分开发布。专门为移动平台所开发的应用称为移动应用。

依据许可方式的不同，应用软件可分为专属软件、自由软件、共享软件、免费软件和公共软件。专属软件的源码通常被公司视为私有财产而予以严密的保护，通常不允许用户随意复制、研究、修改或散布该软件，违反此类授权通常会有严重的法律责任，例如微软公司的 Windows 和办公软件即为专属软件。自由软件授权则赋予用户复制、研究、修改和散布该软件的权利，并提供源码供用户自由使用，仅给予些许的其他限制。目前自由软件的授权包括 GPL 许可证（GNU General Public License，GNU 通用公共许可证）和 BSD 许可证（Berkeley Software Distribution license）。自由软件有时是免费发布的，而有时则需要收费。有时同一个程序可以在不同的地方分别以这两种方式发布。无论其价格如何，这种程序都是自由的，因为用户在使用时是自由的，此类软件的代表包括 Linux、Firefox、OpenOffice 等。共享软件通常可免费取得并使用其试用版，但在功能或使用期间上受到限制。开发者会鼓励用户付费以获得功能完整的商业版本。根据共享软件作者的授权，用户可以从各种渠道免费得到它的拷贝，也可以自由传播它。免费软件一般可免费取得和转载，但并不提供源码，也无法修改。公共软件是指那些原作者已放弃权利、著作权过期或作者已经不可考究的软件，在使用上没有任何限制。

按应用范围的不同，应用软件可分为办公软件、网络应用软件、多媒体应用软件、计算分析软件、商务软件、数据库应用软件等。办公软件是指辅助办理公务的软件，包括文字处理器、表格程序、绘图程序、文件管理系统等，如 Microsoft Office、WPS 等。网络应用软件是指能够为网络用户提供各种服务的软件，用于提供或获取网络上的共享资源，包括即时通信软件、电子邮件客户端、网页浏览器、FTP 客户端、下载工具、网上文件编辑器等，如 Edge、Foxmail、QQ 等。多媒体应用软件主要是一些创作工具或多媒体编辑工具，包括媒体播放器、绘图软件、图像处理软件、动画制作软件、音频编辑软件及电脑游戏等，如 AutoCAD、Photoshop 等。计算分析软件是指用于进行科学计算和数据分析的软件，包括电脑代数系统、统计软件、科学计算软件等，如 SAS、MATLAB 等。商务软件是为了适应电子商务的发展和帮助企业更好地对业务进行综合的管理而开发的软件，包括会计软件、企业资源规划软件、客户关系管理软件、供应链管理软件等，如 SAP、QuickBooksd 等。数据库应用软件是指基于 DBMS 开发的服务于某种应用目的的软件，包括企业或机关内部的信息管理系统，如中国农业大学选课系统、图书馆管理系统等。

2.4 计算机指令系统

指令系统是指计算机所能执行的全部指令的集合，是计算机硬件的语言系统，它决定了指令的格式和机器所要求的能力，表征了计算机的基本功能。不同计算机的指令系统所包含的指令种类和数目也不同，一般均包含算术运算型、逻辑运算型、数据传送型、判定和控制型、移位操作型、位（位串）操作型、输入和输出型等指令。指令系统是表征一台计算机性能的重要因素，它的格式与功能不仅直接影响到机器的硬件结构，而且直接影响到系统软件，影响到机器的适用范围。

计算机是通过执行指令来处理各种数据的，一条指令就是机器语言的一条语句，指出了数据的来源、操作结果的去向及所执行的操作。它是一组有意义的二进制代码，指令的基本格式如下：

OP　Operand

其中：OP 即 Operation，表示操作码；Operand 表示操作对象。操作码用于指明指令的操作性质及功能，每一条指令都有一个相应的操作码，计算机通过识别该操作码来完成不同的操作。操作对象则给出操作数或操作数地址，包括：① 操作数。操作数又叫立即数，即数据就包含在指令中，取出指令的同时就取出了操作数据。② 操作数的地址。CPU 通过该地址就可以取得所需的操作数。③ 操作结果的存储地址。把处理操作数所产生的结果保存在该地址中，以便再次使用。④ 下条指令的地址。指出将要执行的下一条指令的地址。根据某操作所需的操作对象个数不同，指令中的地址数也不同，少至 0 个，多至 6 个。

指令系统的发展经历了从简单到复杂的演变过程，目前主要有复杂指令系统计算机（Complex Instruction Set Computer，CISC）和精简指令系统计算机（Reduced Instruction Set Computer，RISC）两种。CISC兼容性较强、指令繁多、指令长度可变。CISC中，一条指令对应一个微程序，一个微程序对应一组微指令，取出一条微指令就产生一组微操作控制信号，去打开一组微控门，控制完成一组微操作。RISC则指令少、指令使用频率接近，指令主要依靠硬件实现，因此执行效率很高。RISC的主要问题是，编译后生成的目标代码较长，占用了较多的存储器空间，但随着大规模集成电路的发展，RISC已经成为除CISC之外另一个主流的指令系统。

一条指令的执行过程按时间顺序可分为以下几步。

（1）CPU发出指令地址。即将指令指针寄存器的内容经地址总线送入存储器的地址寄存器中。

（2）从地址寄存器中读取指令。将读取的指令暂存于存储器的数据寄存器中。

（3）将指令送往指令寄存器。将指令从数据寄存器中取出，经数据总线送入控制器的指令寄存器中。

（4）指令译码。指令寄存器中的操作码部分送入指令译码器，经译码器分析产生相应的操作控制信号，送往各个执行部件。

（5）按指令操作码执行。

（6）形成下一条要取指令的地址。若执行的是非转移指令，即顺序执行，则指令指针寄存器的内容加1，形成下一条要取指令的地址。若是转移指令，则用转移地址修改指令指针寄存器的内容。

需要说明的是，指令指针寄存器也称程序计数器，是专门用于存放指令地址的寄存器。执行程序时，大多数指令按顺序依次从主存中取出执行，只有在遇到转移指令时，程序的执行顺序才会改变。

2.5 小结

计算机是由硬件系统和软件系统组成的一个有机整体，软件系统、硬件系统协同配合才能保障计算机的正常工作。计算机硬件系统主要包括主板、总线、CPU、内存、外存，以及其他外部设备；计算机软件系统则可划分为系统软件和应用软件两大类。冯·诺依曼体系结构目前仍然是主流的计算机硬件系统，其工作原理的核心是存储程序控制，主要包括控制器、运算器、存储器、输入设备和输出设备五大部件。计算机工作时，控制器将从存储器中读出程序并指挥其他部件一起协同执行该程序，直至该程序执行完毕。而指令系统则是保证完成计算机软件、硬件协同工作的前提基础，它是计算机硬件的语言系统，包括计算机所能执行的全部指令的集合，表征了计算机的基本功能。

学习和理解计算机组成和工作原理，会对计算机整体有一个全局的了解，这对于学习计算机相关的其他课程或知识都有益处。向上，读者可以继续深入学习编译原理、操作系统、微处理器和微指令、体系结构、硬件电路，甚至是计算机硬件开发等知识；向下，读者可以继续学习软件工程、软件架构、程序设计、数据库、平台开发等内容。无论读者是否从这里出发向纵深方向发展，抑或是只需要掌握几门应用软件，本章的学习都会为你打开一个窗口，让你看到更加广阔的天地，同时也感受到计算机之强大且精细的美。

思考题

一、选择题

1.世界上首次提出存储程序计算机体系结构的是_____。

A.艾仑·图灵　　　　B.冯·诺依曼　　　　C.莫奇莱　　　　D.比尔·盖茨

2.RAM的特点是_____。

A. 海量存储器

B. 存储在其中的信息可以保存

C. 一旦断电，存储在其上的信息将全部消失，且无法恢复

D. 只是用来存储数据的

3.自1946年第一台计算机问世以来，计算机的发展经历了四个时代，它们是_____。

A. 低档计算机、中档计算机、高档计算机、手提计算机

B. 微型计算机、小型计算机、中型计算机、大型计算机

C. 组装机、兼容机、品牌机、原装机

D. 电子管计算机、晶体管计算机、小规模集成电路计算机、大规模及超大规模集成电路计算机

4.下面关于显示器的叙述中，正确的一项是_____。

A.显示器是输入设备　　　　　　　　B.显示器是输入/输出设备

C.显示器是输出设备　　　　　　　　D.显示器是存储设备

5.计算机系统为解决内存储器与CPU间速度不平衡的问题，采用____技术。

A.Cache　　　　　　B.RAM　　　　　　C.ROM　　　　　　D.外存

二、思考题

1.阐述正确使用计算机硬件的方法，如使用环境、开关机频率等。

2.阐述计算机存储系统。

3.阐述冯·诺依曼型计算机的五大部件。

第3章
计算机操作系统

操作系统作为覆盖在裸机上的第一层软件，是用户使用和操作计算机的基础。本章主要介绍操作系统的功能以及目前使用比较广泛的Windows操作系统及其使用。

3.1 操作系统概述

操作系统（OS）是管理计算机硬件与软件资源的计算机程序，负责管理与配置内存、决定系统资源供需的优先次序、控制输入设备与输出设备、操作网络与管理文件系统等基本事务。

3.1.1 操作系统的发展

操作系统的发展过程与计算机硬件的发展息息相关，经历了从无到有、从功能简单到功能丰富的演变。操作系统的发展里程总结如下。

1. 手工操作

从1946年第一台计算机诞生到20世纪50年代中期，计算机工作采用手工操作方式，无操作系统。当时程序员用纸带打孔的方式记录应用程序和数据，然后将打孔纸带装入输入机，启动输入机将程序和数据输入计算机内存，通过控制台开关启动程序运行，计算完毕后使用打印机输出计算结果。图3-1和图3-2展示了两种手工操作方式的流程。

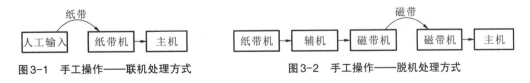

图3-1　手工操作——联机处理方式　　　　图3-2　手工操作——脱机处理方式

手工操作方式主要具有以下两个特点。

（1）用户独占全机，资源利用率低。

（2）CPU等待手工操作，计算机工作速度受限，CPU利用不充分。

由于手工操作的低速度和计算机的高速度之间形成尖锐矛盾，手工操作方式让资源利用率降到百分之几，甚至更低，因此作业自动化成了解决问题的关键。

2. 批处理系统

批处理系统是加载在计算机上的一个系统软件，在它的控制下，计算机能够自动地、成批地处理一个或多个用户的作业。批处理系统包括单道批处理系统和多道批处理系统。

单道批处理系统在某一时刻只能处理一个任务。其工作方式如图3-3所示，只有在A程序完成后，B程序才能进入内存开始工作，两者是串行的，全部完成共需时间为T1+T2。

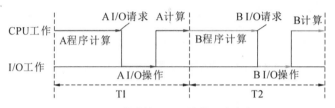

图3-3　单道批处理系统的工作方式

单道批处理系统虽然在作业处理过程中不需要人的参与，大幅提高了计算机处理任务的能力，但由于某一时刻主机内存中仅存放一道作业，作业运行期间发出输入/输出（I/O）请求后，CPU需等待低速的I/O完成之后才能继续工作，致使CPU空闲。为了改善CPU的利用率，人们又开发出了多道批处理系统。

多道批处理系统允许多个程序同时进入内存并运行，即同时把多个程序放入内存，并允许它们交替在CPU中运行，它们共享系统中的各种硬件和软件资源。当一个程序因I/O请求而暂停运行时，CPU便立即转去运行另一道程序。图3-4所示为多道批处理系统的工作方式。将A、B两道程序同时存放在内存中运行，当A程序因请求I/O操作而放弃CPU时，B程序就可占用CPU运行，A、B全部完成所需时间<<T1+T2。可见，CPU和I/O设备都处于"忙"状态，大大提高了资源的利用率，从而提高了整个系统的资源利用率和系统吞吐量（单位时间内处理作业的个数），最终提高了整个系统的效率。

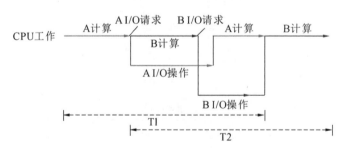

图3-4　多道批处理系统的工作方式

多道批处理系统主要具有以下特点。

（1）多道任务，即计算机内存中同时存放几道相互独立的程序。

（2）宏观上并行，微观上串行。同时进入系统的几道程序先后开始了各自的运行，都处于运行过程中，看起来是并行运行的，但实际上各道程序轮流使用CPU，并交替运行，因此是串行的。

（3）成批处理，即作业一旦进入系统，用户就不能直接干预其作业的运行。

多道批处理系统集成了作业调度管理、处理机（CPU）管理、存储器管理、外部设备管理、文件系统管理等功能，标志着操作系统渐趋成熟。但由于它不能提供人机交互能力，不利于用户控制计算机，因而亟须一种既能保证计算机效率，又能方便用户使用计算机的操作系统。

3. 分时系统

分时系统把CPU的运行时间分成很短的时间片，按时间片轮流将CPU分配给各联机作业使用，其工作方式如图3-5所示。A程序和B程序两个作业同时运行，若A作业在分配给它的时间片内不能完成其计算，则该作业暂时中断，把CPU让给B作业使用，等待下一轮轮到A再继续其运行。

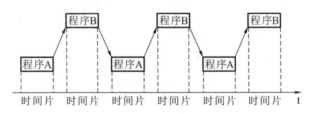

图3-5 分时系统的工作方式

分时系统允许多个用户同时联机使用计算机，每个用户都可以通过自己的终端向系统发出各种操作控制命令。由于计算机的速度很快，作业运行轮转也很快，因此给用户的印象好像是其独占了计算机，这样每个作业都可在充分的人机交互情况下完成运行。

分时系统的特点如下。

（1）多用户。若干个用户可同时使用一台计算机，宏观上看是各用户并行工作，微观上看是各用户轮流使用计算机。

（2）交互性。分时系统又称交互式系统，用户可根据系统对请求的响应结果向系统提出新的请求。这种能使用户与系统进行人机对话的工作方式，明显优于批处理系统。

（3）独立性。用户之间可以相互独立操作，互不干扰。系统能保证各用户程序运行的完整性，不会发生相互混淆或破坏现象。

（4）及时性。系统可对用户的输入及时作出响应。响应时间，即从终端发出命令到系统予以应答所需的时间，是评价分时系统性能的主要指标之一。

多用户同时接入一台计算机的系统又称多终端计算机系统。早期的终端只是简单的输入设备（如键盘）和输出设备（如显示屏），现代的高级终端可以是一台微机。位于计算机主机附近的终端称为本地终端，与计算机主机距离较远的终端称为远程终端。在分时系统下，即使是多个用户同时使用计算机，计算机对每个用户的响应时间也不会超过 2~3 s，这样，每个用户在感觉上是独占计算机 CPU 资源的。

4. 实时系统

虽然多道批处理系统和分时系统能获得较令人满意的资源利用率和系统响应时间，但却不能满足实时控制与实时信息处理两个应用领域的需求，于是实时系统应运而生。实时系统可分成以下两类。

（1）实时控制系统，即用于自动控制和生产过程控制的计算机操作系统。例如，飞机飞行、导弹发射时，要求计算机能快速处理测量系统测得的数据，及时进行跟踪和控制。再如，在轧钢、石化等工业生产过程中，也要求计算机能及时处理由各类传感器送来的数据，然后控制相应的执行机构。

（2）实时信息处理系统，即主机和许多个终端（主要是远程终端）连接起来，计算机及时接收用户从终端发送来的服务请求，并根据用户的请求做出及时处理和回答。此类任务对响应及时性的要求稍弱于第一类。例如，当使用 ATM 进行账户查询或存取款时，需要计算机能对终端设备发送来的服务请求及时予以正确的回答。

实时系统的主要特点如下。

（1）及时响应。每一个信息接收、分析处理和发送的过程必须在严格的时间限制内完成。

（2）高可靠性。实时系统为了保障高可靠性，往往采取必要的保密措施、冗余措施等，比如采用双机系统前后台工作。

实时系统能够及时响应随机发生的外部事件，并在严格的时间范围内完成对该事件的处理。常用的实时系统包括 VxWorks、VRTX/OS、pSOS+、RTMX、OS/9 和 Lynx OS 等。

操作系统的发展经过单道批处理系统、多道批处理系统、分时系统、实时系统等几个阶段，逐渐融合发展出具有多种类型特征的通用操作系统。目前个人计算机一般采用通用操作系统，通用操作系统往往是具有多种类型操作特征的操作系统，可以同时兼有多道批处理、分时、实时处理的功能，或者其中两种以上的功能。

3.1.2 操作系统分类

操作系统有多种分类方法，根据操作系统的使用环境和采用的作业处理方式，可分为批处理系统（如 MVX、DOS/VSE）、分时系统（如 Linux、UNIX、XENIX、MacOS）、实时系统（如 iEMX、VRTX、RTOS,、Windows RT）；根据所支持的用户数目，可分为单用户操作系统（如 MSDOS、OS/2、Windows 95 以下版本）和多用户操作系统（如 UNIX、

MVS、Windows 7以上版本）；根据源码的开放程度，可分为开源操作系统（如 Linux、Chrome OS）和不开源操作系统（如 MacOS、Windows）；根据硬件结构，可分为网络操作系统（如 Netware、Windows NT、OS/2 Warp）、分布式系统（如 Amoeba）、多媒体系统（如 Amiga）等；根据应用领域，可分为桌面操作系统、服务器操作系统、主机操作系统、嵌入式操作系统等。

一般地，通用操作系统可分为批处理操作系统、分时操作系统、实时操作系统、网络操作系统和分布式操作系统五大类。前面三种已经详细叙述过，这里介绍后面两种。

1. 网络操作系统

随着计算机软硬件技术和通信技术的发展，为了向网络计算机提供服务，网络操作系统应运而生。它包括运行在路由器、网络交换机、防火墙上的特别的操作系统，以及运行在计算机上的操作系统。这里主要涉及运行在计算机上的网络操作系统。

由通信网络连接起来的计算机，分为服务器及客户端。服务器是功能更加强大的计算机，它在网络中为其他客户端（如 PC、智能手机、ATM 等）提供计算或者应用服务，具有高速的 CPU 运算能力、长时间的可靠运行、强大的 I/O 外部数据吞吐能力以及更好的扩展性。客户端能够访问和接收服务器所传递的数据并加以利用。网络操作系统是在传统计算机操作系统的基础上，按照网络体系结构的各协议标准增加了网络管理模块，包括通信、资源共享、系统安全和各种网络应用服务等。因此，网络操作系统除了具备传统单机操作系统所需的功能外，还提供高效可靠的网络通信以及多项网络服务功能，如远程管理、文件传输、电子邮件、远程打印等。

作为网络用户和计算机网络之间的接口，一个典型的网络操作系统一般具有以下特征。

（1）提供高效、可靠的网络通信能力。

（2）提供多种网络服务功能。网络操纵系统运行于网络之上，首先需要管理共享资源，如文件服务、Web 服务、电子邮件服务、远程打印管理等。

网络操作系统一般是针对服务器上运行的操作系统，目前主要包括 UNIX、Windows Server、Linux、NetWare 等。运行在客户端的通用操作系统往往包含网络功能，用以获取网络服务。

2. 分布式操作系统

表面上看，分布式操作系统与计算机网络系统没有多大区别。分布式操作系统也是通过通信网络，将地理上分散的具有自治功能的数据处理系统或计算机系统互联起来，实现信息交换和资源共享，协作完成任务。它们的硬件连接相同，不同的是，分布式操作系统负责管理分布式处理系统资源和控制分布式程序运行，是许多独立的、网络连接的、通信的并且物理上分离的计算节点的集合。它和集中式操作系统的区别如下。

（1）分布式操作系统要求一个统一的操作系统，实现系统操作的统一性。

（2）分布式操作系统管理分布式系统中的所有资源，它负责全系统的资源分配和调度、任务划分、信息传输和控制协调工作，并为用户提供一个统一的界面。用户通过这一界面实现所需要的操作和系统资源，至于操作定在哪一台计算机上执行，或者使用哪台计算机的资源，则是由操作系统完成的，用户不必知道，即所谓系统的透明性。

（3）分布式操作系统更强调分布式计算和处理，因此，对于多机合作、鲁棒性和容错能力有更高的要求，例如更短的响应时间、高吞吐量和高可靠性。

3.1.3 操作系统基本功能

从使用者角度看，计算机系统中的所有资源都由操作系统统一管理，并由操作系统根据用户的需求按照一定的策略分配和调度。另外，操作系统提供了用户接口，用户可通过这些接口来管理计算机的资源。图3-6展示了操作系统面向用户提供的基本功能。

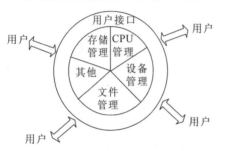

图3-6 操作系统面向用户提供的基本功能

1. 资源管理

具体地，操作系统的资源管理和调度功能主要体现在以下几个方面。

1）CPU管理

在多道程序环境下，处理器的分配和运行都是以进程为基本单位的，因而对处理器的管理可归结为对进程的管理。进程是程序的动态执行过程。程序在动态运行时需要占用若干资源（如CPU资源、内存资源等），进程既是资源分配的基本单位，又是调度和运行的基本单位。进程包括就绪、执行和阻塞三种状态。其中，进程分配到除CPU资源以外所有资源的状态称为就绪状态；进程分配到包括CPU资源在内的所有资源，并正在运行的状态称为执行状态；进程因某种事件（如遇到I/O操作请求）而暂时停止运行的状态称为阻塞状态。进程状态之间相互转换的过程就是程序执行的过程，如图3-7所示。进程管理主要包括进程控制、进程同步、进程通信、死锁处理、处理器调度等功能。

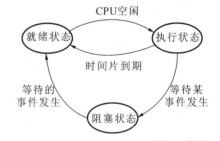

图3-7 进程状态之间的相互转换

2）存储管理

存储器管理的主要任务是为多道程序的运行提供良好的环境，方便用户使用以及提高内存的利用率。存储管理主要包括存储分配、地址映射、存储保护、存储共享和存储扩充等功能。

3）设备管理

设备管理的主要任务就是完成用户的I/O请求，方便用户使用各种设备，并提高设备的利用率。设备管理主要包括设备分配、设备传输控制、虚拟设备等功能。

4）文件管理

文件管理主要包括文件的存储空间管理、目录管理、文件读/写管理及文件保护等功能。

5）作业管理

作业管理是负责处理用户提交的任何要求，包括人机交互、图形界面或系统任务管理等功能。

2. 用户接口

用户接口包括命令接口、程序接口和图形接口。

1）命令接口

命令接口提供允许用户直接使用的命令环境，按作业控制方式的不同，可分为联机命令接口和脱机命令接口。联机命令接口又称交互式命令接口，用户输入一句命令，系统就执行一句命令。脱机命令接口又称批处理命令接口，用户将一批命令一次性地输入，系统按顺序执行该批命令。

2）程序接口

程序接口由一组系统调用命令组成，允许用户通过程序间接使用。用户通过在程序中使用这些系统调用命令来请求操作系统提供的服务，如使用外部设备、进行磁盘文件操作、申请分配和收回内存等。

3）图形接口

图形接口即图形用户界面（Graphical User Interface，GUI），是指采用图形方式显示的计算机操作用户界面。GUI是一种人与计算机通信的界面，允许用户使用鼠标等输入设备操纵屏幕上的图标或菜单选项，以选择命令、调用文件、启动程序或执行其他一些日常任务。目前绝大多数操作系统都提供图形接口，以方便用户使用。

3.2　Windows操作系统

Windows操作系统于1983年开始由微软公司开发，最初的目的是为用户提供基于MS-DOS的多任务图形界面。具有图形用户界面的第一个版本Windows 1.0于1985年问世，此后经历了长足的发展，里程碑式的版本包括Windows 3.1、Windows 3.2、Windows 95、Windows 98、Windows 2000、Windows Me、Windows XP、Windows NT、Windows Vista、Windows 7，Windows 8、Windows 10以及Windows 11。这里以Windows 10为例讲解该操作系统的功能和使用。

Windows 10是微软于2015年推出的Windows NT操作系统，其设计目标是统一包括个人计算机、平板电脑、智能手机、嵌入式系统、Xbox One、Surface Hub和HoloLens等设备的操作系统。它支持多用户、多任务，并提供强大的网络支持、硬件支持以及出色的多媒体功能。Windows 10的安装要求是，主频1 GHz、内存1 GB（32位）或2 GB（64位）、硬盘16 GB（32位）或20 GB（64位）、显示器分辨率最小为600像素×800像素。

3.2.1　Windows界面和使用

安装Windows 10操作系统专业版可按照导航即可顺利进行，安装成功后即可使用。可以使用"开始/设置/个性化/主题"功能打开主题设置界面，在"Windows默认主题"列表中选择某个主题，也可以在Microsoft Store中下载其他自己喜欢的主题后选中它，或者自定义主题。图3-8展示了选择Windows默认主题之一后的界面。

图3-8　Windows 10界面

界面分成两部分，底部一条称为任务栏，上方称为桌面；左下角图标为"开始"按钮，左键单击该按钮可打开系统中安装的应用程序列表以及常用的功能，如控制、文件等；右键单击该按钮则可打开资源管理和系统设置的主要功能列表，如图3-9所示。任务栏上有若干按钮，打开的文件、程序、搜索按钮以及其他常用工具按钮均在任务栏上有相应的图标。

在Windows中打开一个应用程序往往会打开一个窗口，图3-10所示为Windows操作系统自带的写字板应用程序窗口。应用程序正在运行的窗口称为活动窗口，其他打开的应用程序所对应的窗口称为非活动窗口，点击它使其变成活动窗口后才可与之进行交互。对窗口的操作包括打开窗口、切换窗口、移动窗口、窗口的最大化和最小化、关闭窗口、重排窗口，其中大部分可通过鼠标直接操纵某窗口来完成，切换窗口还可通过按Ctrl+Tab组合键来切换，重排窗口则可使用鼠标右键点击Windows任务栏上空白处打开的右键菜单来实现。

窗口分为工作区和功能区，工作区供用户输入和编辑内容，功能区则提供了各种功能，帮助用户更好地完成工作。一般应用程序都在功能区提供菜单、工具按钮等。在使用菜单时，一般需要先点击菜单项或将鼠标光标放在菜单上，即可呼出下拉菜单或展开子菜单，若菜单项给了组合键，即可通过按组合键使用该菜单项功能。当某菜单项变灰时，表示该菜单项当前不可用；带省略号（…）的菜单项表示该菜单项对应一个功能窗口供用户使用；带三角标记（▶）的菜单项表示该菜单项拥有可展开的子菜单；带对号（√）的菜单项表示目前该菜单项被选中，再次单击该菜单项将取消选中。为了提高用户的工作效率，应用程序往往还会提供右键快捷菜单，在点击鼠标右键时出现。

图3-9 资源管理和系统设置功能列表

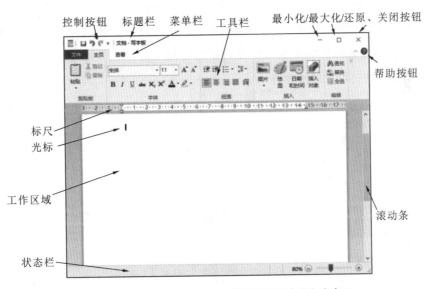

图3-10 Windows操作系统自带的写字板应用程序窗口

为了帮助用户更好地使用操作系统提供的功能，Windows可以提供随时的帮助，只要按F1功能键或任务栏上的搜索按钮即可打开联机帮助窗口，在帮助窗口中输入需要查询的内容，即可获得联机帮助。值得提醒的是，搜索按钮也可以用来搜索本机安装的程序，为用户快速寻找并运行程序带来方便。

3.2.2　文件资源管理

文件是指存储在一定介质上的一组信息的集合。对文件的操作包括创建文件、打开文件、读/写文件、关闭文件和撤销文件。文件管理则是向用户或用户程序提供创建文件、打开文件、读/写文件、关闭文件和撤销文件的功能。文件夹是用来组织和管理磁盘文件的一种"虚拟容器"，每一个文件夹就是一个目录名称，对应一块磁盘空间。Windows规定，文件或文件夹的名称最多255个字符（包括扩展名），文件或文件夹名中可有多个分隔符，但不能出现"?"、"/"、"|"、""""、":"、"*"、"<"、">"字符，除此之外，还不允许名称只包含"."。Windows中，文件或文件夹名不分大小写。关于扩展名，对于文件夹来说没有实际意义，但对于文件来说，不同的扩展名往往表示不同用途的文件。文件扩展名又称延伸文件名或后缀名，与文件名之间用"."隔开。文件扩展名用来标志文件格式，如.exe文件表示可执行文件，.docx文件表示Word文件。文件扩展名的另一个重要作用是让系统决定使用哪个应用软件程序打开该文件，例如对于myfile1.txt，当鼠标双击该文件图标时，Windows即自动使用自带的记事本应用程序打开该文件。需要提醒的是，文件或文件夹名确定后还可以修改，选中某文件或文件夹后，利用菜单功能或右键快捷方式可以很容易修改文件名。

在Windows 10中打开文件资源管理器的方法有多种，包括从开始菜单打开、Windows徽标+E快捷键打开等，需要注意的是，不同的打开方式对应的窗口会有所不同，但均能够实现文件资源管理的功能。图3-11所示为鼠标右键单击开始按钮选择打开的文件资源管理器窗口。可以看到，在此窗口中也可以进行系统管理、计算机管理等操作，但其主要提供了可对文件或文件夹进行管理的操作。

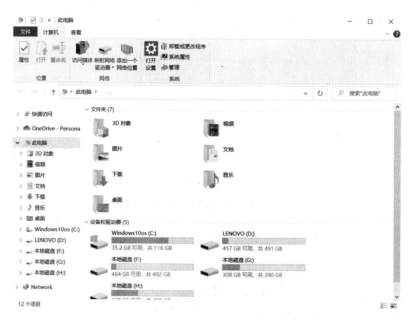

图3-11　Windows文件资源管理器窗口

文件资源管理器工作窗口包括左侧的导航栏和右侧的工作区，随着导航栏中所选择项目的不同，右侧工作区内容、功能区和状态栏信息都会随之变化。图3-11所示为左侧选择"此电脑"时的内容，利用功能区提供的各项功能实现预定的操作，比如可使用"映射网络驱动器"工具创建一个快捷方式来指向网络上的共享文件夹或计算机，创建后在导航栏和工作区出现该快捷方式，方便用户快速登录到指定位置。

具体的文件资源管理包括对文件或文件夹进行的新建、搜索、查看、选择、复制、粘贴、移动或删除/还原等操作。

1. 新建文件或文件夹

新建文件或文件夹时，首先需要选择创建的位置，该位置可以是某磁盘根目录或者某磁盘下的某个路径的某个目录（文件夹）中，确定位置之后，创建文件夹可直接点击窗口左上方的"新建文件夹"命令图标、使用当前功能区提供的新建工具，或者使用右键快捷菜单来实现；创建新文件则可直接使用右键快捷菜单来完成。当然，创建新文件更加普遍的方式是在某个应用程序中进行。

2. 搜索文件或文件夹

搜索之前需要先确定搜索的区域，比如整个电脑、某个磁盘或某个文件夹，确定后即可通过窗口上的搜索框来完成。搜索时，可使用通配符来实现模糊搜索。Windows提供了"*"和"?"两个通配符，其中"*"代表任意多个字符，"?"则代表1个字符。例如，*.sys表示搜索指定位置所有以sys为扩展名的文件，而win?.com则表示搜索的目标是前三个字符为win，最后一个字符为任意字符的、以com为扩展名的文件。

3. 查看文件或文件夹

选中文件或文件夹后，可查看其属性、历史记录，也可以使用"查看"菜单提供的功能进行查看，例如，可按创建时间进行排序、列出详细信息等。

4. 选择文件或文件夹

进入相关目录后，即可使用鼠标选择文件或文件夹。需要选择多个连续的文件或文件夹时，按住Shift键，用鼠标点选第一个和最后一个即可；选择多个不连续的文件或文件夹时，按住Ctrl键，用鼠标选择离散的目标即可；选择全部文件时，使用窗口"选择"功能区提供的"全部选择"功能或按Ctrl+A快捷键；需要反向选择时，使用"选择"功能区的"反向选择"功能；需要取消选择时，可使用"选择"功能区的"全部取消"功能或者使用鼠标在窗口空白处点击。

5. 复制和粘贴文件或文件夹

从源目录选择需要复制的文件或文件夹后，使用窗口"剪贴板"功能区提供的"复制"

功能或鼠标右键菜单中的复制功能进行复制，再转到目标目录下，同样使用功能区或鼠标右键菜单中的粘贴功能，即可实现文件或文件夹的复制和粘贴。"组织"功能区还提供一个"复制到"功能，可方便地直接将选择的文件或文件夹进行复制并粘贴到目标文件夹。还有一种方法就是使用鼠标直接拖曳，在不同的文件夹下拖曳时，会把文件拷贝到目标文件夹；在同一文件夹下拖曳时，需要按住 Ctrl 键才能实现复制和粘贴操作。

值得一提的是，所谓剪贴板，实际上是内存中的一块区域，该区域由 Windows 操作系统设定，按 "Windows 徽标+V" 组合键可查看剪贴板历史记录，从中选择某项进行粘贴、固定、清除等操作。

6. 移动文件或文件夹

"组织"功能区提供了一个"移动到"功能，可将选择的文件或文件夹移动到目标文件夹。也可以使用"剪贴板"功能区提供的"剪切"功能或鼠标右键菜单中的剪切功能进行剪切后，再到目标文件夹进行粘贴。还有一种方法就是使用鼠标直接拖曳，在同一文件夹下拖曳时，会把文件移动到目标文件夹；在不同文件夹下拖曳时，需要按住 Shift 键才能实现移动操作。

7. 删除/还原文件或文件夹

"组织"功能区提供了"删除"功能，选中文件或文件夹后点击该图标，或者使用鼠标右键菜单可实现删除操作。被删除的文件还能够被还原，这时需要打开 Windows 桌面上的回收站，在回收站窗口中选中需要还原的文件或文件夹，利用鼠标右键菜单或"还原"功能区提供的功能进行还原。删除的文件或文件夹被还原后，会恢复到原来所在的目录。由此可见，Windows 中的文件或文件夹的删除并不是真正的删除，而是以隐含的方式暂时保存起来，以便在需要时进行恢复。值得注意的是，回收站中提供的"清空回收站"功能则会将回收站中的所有文件或文件夹彻底删除。这还可以通过右键点击 Windows 桌面回收站图标后弹出的快捷菜单来实现。

除以上功能外，文件资源管理器还提供了修改文件或文件名、设置共享、设置文件属性等功能，请读者自行尝试。

3.2.3 其他资源管理和功能

除第 3.2.2 节中提到的文件资源管理外，Windows 还提供了管理其他资源的功能，实际上，Windows 能够用来管理计算机所有的软件、硬件资源。除对文件资源进行全面管理外，Windows 还提供设备管理、磁盘管理、计算机管理、电源管理等功能，同时也提供了帮助用户更好地、更高效地使用计算机的各种实用辅助功能。

1. 其他资源管理

1) 设备管理

设备管理使用设备管理器进行，它提供了计算机上安装的所有硬件的完整视图，允许用户查看以及设置连接到电脑的硬件设备等（包括键盘、鼠标、显卡、显示器等），并将它们排列成一个列表，该列表可以依照各种方式排列（如名称、类别等）。在设备管理器中，用户可以针对各种设备进行安装或更新其驱动程序、激活或停用设备、查看其他的设备属性等操作，以便更好地管理和控制微机上连接的各种硬件的工作。当任何一个设备无法使用时，设备管理器中就会显示提示给用户查看，因此可以帮助用户诊断硬件相关问题。

Windows提供了多种方法打开设备管理器，常用方法是用鼠标右键单击开始按钮选择"设备管理器"打开。

2) 磁盘管理

磁盘管理是Windows提供的一个系统实用程序，可让用户执行与存储相关的高级任务。磁盘管理执行诸如创建或格式化硬盘分区、通过扩展或缩小卷来调整分区大小、更改驱动器号等任务，可帮助用户排除磁盘故障。

Windows提供了多种方法打开磁盘管理，常用方法是鼠标右键单击开始按钮选择"磁盘管理"打开，或者从控制面板打开磁盘管理。

3) 计算机管理

计算机管理用来管理本地或远程计算机，包括很多系统和磁盘的管理工具，可从计算机管理窗口直接打开上述的设备管理器和磁盘管理，大大方便了用户对计算机的管理操作。同时，它还对系统的所有服务进行统一管理，不仅能够查找、编辑或删除计算机中的所有服务，还提供创建新服务、查看系统核心层服务及查看其他计算机服务等功能。比如，利用其提供的"本地用户和组"管理功能可设置管理员账户模式，找到用户中的"Administrator"账户，双击鼠标打开进入属性窗口，将"账户已禁用"前面的对钩取消后确定即可。

Windows提供了多种方法打开计算机管理，常用方法是鼠标右键单击开始按钮选择"计算机管理"打开。

4) 电源管理

电源管理功能可在指定条件（例如"睡眠"或"休眠"模式）下管理哪些设备将获得电源，它还控制哪些硬件可以将计算机从睡眠状态中唤醒。电源管理具体包括自适应休眠、电源控制、处理器电源管理、节能模式设置等功能。

Windows提供了多种方法打开电源管理，常用方法是鼠标右键单击开始按钮选择"电源管理"打开。

2. 其他实用功能

1) 设置

Windows 10同时提供了"设置"和"控制面板"，点选"设置"窗口中的"主页"，即可打开"控制面板",由此可见,"设置"包含了旧系统版本中的"控制面板"功能。有多种方式可以打开"设置",比如,鼠标右键单击开始按钮选择"应用和功能"也可打开"设置"窗口。

"设置"功能非常强大,包含了软硬件管理、系统管理和设置等功能。它不仅提供了对系统、设备、手机、网络和Internet、应用、账户、时间和语言、更新和安全、个性化、隐私、搜索、游戏和轻松使用等项目的管理支持,同时还具有设置默认应用、设置启动计算机时需要默认启动的应用程序等功能。

以添加语言支持为例稍微领略一下"设置"的强大功能:在"设置"窗口导航区中选择"主页",打开"时间和语言"项,在导航栏中选择"语言"项,即可在右侧的工作区显示所有有关"语言"的设置选项,从中选择"添加语言",在随后弹出的窗口中搜索预安装的语言,比如日语,然后按照导航进行安装,安装完成后即在操作系统中添加了日语,也就是说,从此之后就可以输入、输出并保存日语文件。

"设置"涉及许多功能设置管理:桌面风格设置、远程桌面设置、操作系统版本更新、系统安全设置等,无不体现了Windows系统的精细和强大,但由于篇幅原因,此处不一一叙述,请读者参考联机帮助或网络资讯自行学习。

2)网络和共享

Windows提供了强大的网络管理功能,包括网络连接状态查看、高级网络设置、WLAN(无线局域网)设置和管理、以太网设置和管理、拨号联网设置和管理、VPN(Virtual Private Network,虚拟专用网络)设置和管理、移动热点设置、代理服务器连接设置、飞行模式设置等。这些功能可通过"设置"中"首页"窗口下的"网络和Internet"选项来操作。

在Windows桌面有一个"Network"或"网络"图标,点击其右键快捷菜单中的"属性"即可打开"网络和共享中心",可在其中对网络适配器、高级共享、Internet和防火墙等进行设置;双击该图标则可打开"Network"或"网络"窗口,其中可添加网络共享设备、设置远程桌面连接等。值得一提的是,这些操作均可在"设置"功能的"网络和Internet"中找到,说明Windows正在逐步将所有的功能设置操作都收纳在"设置"功能中。有关网络的基础知识,将在第5章中系统学习,这里暂不赘述。

3)网页浏览器

网页浏览器是一种用于检索并展示局域网(Local Area Network,LAN)或万维网(World Wide Web,WWW)信息资源的应用程序。这些信息资源包括文件、网页、图片、影音或其他内容。Windows 10自带edge浏览器和IE(Internet Explorer)浏览器,Microsoft edge可以从开始菜单中找到并打开,IE浏览器则被收纳在Windows附件程序组中。用户还可以根据偏好安装自己喜欢的浏览器。当系统中存在多个浏览器时,需要指定哪个是默认浏览器,即当试图打开一个链接时,系统会自动启动哪个应用程序。默认浏览器可以在浏览器中设定，也可以使用Windows提供的"设置"功能窗口的"默认应用"项来完成。

使用浏览器时在地址栏输入URL（Universal Resource Location，统一资源定位），例如www.163.com，按回车键即可打开该网站主页。通过内容搜索网站，如www.baidu.com，在其提供的输入框中输入关键字，可以实现内容搜索。浏览器还提供很多其他实用的功能，如自行设置浏览器首页、为某页面添加书签、页面缩放、管理历史记录等。

4）程序安装和卸载

购买或下载的软件需要安装在计算机上才能使用。一般软件都提供了安装导航，安装时按照应用程序的安装导航即可顺利完成程序安装。

当不再需要某软件时，可以将其卸载。在"设置"窗口的导航栏中选择"应用和功能"，即可在右侧的工作区中搜索定位待删除的程序，找到后单击该程序，在下面选择"卸载"即可将该软件从系统中删除。

5）任务管理器

任务管理器除了显示当前正在执行的任务和进程之外，它还提供计算机执行情况的各种数据和工具来帮助优化计算机工作。Windows提供了多种方法打开任务管理器，常用方法包括Ctrl+Shift+Esc快捷键打开、鼠标右键单击开始按钮选择"任务管理器"打开等，也可以使用Ctrl+Alt+Del快捷键先打开任务管理器的简略信息版，再通过点击左下方的"详细信息"打开完整的任务管理器。

在任务管理器的进程选项卡中列出了正在计算机里运行的程序，在窗口左侧，"应用"表示在桌面上打开的程序；"后台进程"表示在后台运行的软件；"Windows进程"是与运行Windows本身有关的后台进程。在窗口右侧，显示对应着每个进程的详细信息，包括资源使用率、电源情况等，还可在列表上方表头位置单击鼠标右键，添加或取消列表内容，比如可添加"发布者"列，帮助识别恶意程序。选中某进程，点击"结束任务"即可终止该进程，这会强制关闭应用程序。需要注意，关于"Windows进程"的任务一般不终止，因为可能会导致系统不稳定。

任务管理器还提供了其他丰富、强大的功能，比如可在"启动"选项卡窗口中选择并禁用某些开机启动进程、利用"性能"选项卡功能来帮助诊断资源使用状况等。总之，熟悉系统上运行的进程对保持计算机健康至关重要，尤其是当程序冻结或出现问题时，任务管理器能够帮助诊断问题和终止问题程序。

除以上提及的资源管理和功能外，Windows还提供了其他很多强大的功能和对应工具，比如虚拟桌面、1/4分屏、SSD自动优化、动态锁、自动垃圾清理、Hyper-V虚拟机、无线双屏、夜间模式、就近共享、磁盘碎片整理等，由于篇幅关系，留待读者自己探索。另外需要提醒的是，Windows提供了多种方法实现资源管理和功能设置，除上述提及的外，还包括从"开始"菜单中的Windows各功能和工具包组进入、快捷键进入、搜扫查询命令进入、命令行执行进入等，从使用者的角度来说，读者只需掌握其中一种方法即可。

3.2.4 Windows附件及使用

Windows提供了若干实用的工具软件，可通过"开始"菜单下的"Windows附件"列表找到这些小程序，包括IE、Math Input Panel、Print 3D、Windows Media Player、Windows传真和扫描、XPS查看器、步骤记录器、画图、记事本、写字板、截图工具、快速助手、远程桌面连接、字符映射表等。

IE是旧版的Windows浏览器，在Windows 10操作系统中，默认的浏览器是Microsoft Edge。但有些网站，尤其是政府网站、银行网站等，目前只兼容IE，因此IE浏览器被保留了下来。

Math Input Panel即数学输入面板，它是一个简单易用的输入数学公式的工具。使用时，首先需要在数学输入面板中绘制公式，Windows将识别用户的输入，如果识别错误，可用窗口右侧的工具修正，确认公式正确完成后，点击下方的"Insert"，即可将其粘贴到任何目标文档中。

Print 3D就是3D打印，它提供了3D对象导入、3D打印机设置、打印材料选择、布局调整、3D打印实现等功能。同时它也提供了链接按钮，可以实现在线订购3D对象、打开"3D Builder"程序来创建3D对象、使用在线3D打印服务等功能。

Windows Media Player即Windows媒体播放器，它提供了媒体库用以导入、组织和管理各种媒体文件，同时还提供了查看图片、播放多种格式的音频文件和视频文件、刻录光盘、在微机和便携设备之间进行同步等功能。

Windows传真和扫描程序提供了传真和扫描功能。利用该程序，只要用户拥有座机电话线和调制解调器（计算机通过调制解调器与电话线相连），则不需要使用传真机即可在计算机上发送和接收传真文档，同时还可以打印、使用电子邮件发送传真，或者保存传真的副本。同时，安装扫描仪或带扫描功能的打印机后，使用该程序可在扫描之前预览文档或图片，调整扫描设置以获得最佳扫描效果，还可将扫描的文件用传真或电子邮件的方式发送给其他人。该程序提供的扫描设置包括选择扫描设备、选择扫描仪类型和扫描对象类型、设置扫描分辨率和对比度等。

XPS查看器用于使用和查看XPS文件。XPS是微软公司开发的文件格式，其扩展名为"xps"或"oxps"。XPS查看器提供了保存文件副本、对文件进行数字签名、管理文件权限、搜索文件、将文件转换为PDF格式等功能。

步骤记录器用来记录电脑操作的图文步骤，它提供一个可以任意移动的浮动"步骤记录器"工具窗口，单击窗口中的"开始记录"即可实现记录功能，之后对电脑进行的所有操作都会被该工具记录下来，知道用户单击"停止记录"为止。可将步骤记录文件保存为压缩包，后续查看时需要解压缩，打开其中的".mht"后缀文件即可。相比烦琐的视频录制，步骤记录器更加简单易用，适合用于制作图文教程。

画图是一款图像处理软件，该软件不仅体积小、启动快，且编辑功能也十分强大。该程序不仅提供了图像导入、图像复制粘贴、图像编辑、图像缩放等常用图像处理功能，还能实现颜色翻转、背景透明化、自定义画刷尺寸、自定义画笔形状等功能，而且支持多种格式的图像文件。

记事本是一个简单的文字记录工具，开启方便，一点即开，可实现快速记录、编辑等简单操作。记事本提供了文件打开、文件新建、文件编辑、文件保存等基本功能，记事本文件的默认扩展名为".txt"。写字板也是一款字处理软件，它提供了比记事本更强大的功能，如对象插入、字体格式设置、段落格式设置等，写字板文件的默认扩展名为".rft"。使用写字板可以打开记事本文件，相反，记事本却不能正确打开写字板文件，除非写字板将文件保存为文本文件格式。

截图工具用于屏幕捕获信息，书写笔记或突出显示捕获图像的某些部分。打开截图工具程序后，即可新建截图文件。可设置截图延迟时间，使用"矩形截图"、"任意形状截图"、"窗口截图"几种模式之一选择截图区域，截图完成后即可进入截图编辑器。在编辑器中，可以对截图进行裁剪、修改、复制、保存或分享等。值得一提的是，利用键盘上的"PrtSc"键可以实现对整个屏幕的拷贝，使用"Alt+PrtSc"组合键则可实现对当前活动窗口的拷贝。

快速助手是Windows 10中的一个基于云的新应用，用户可以通过远程连接来提供或接收协助。使用该功能首先需要登录Microsoft账户，用户为双方，一台计算机是提供帮助的人，另一台是接受帮助的人，二者均连接到Microsoft服务器。使用该程序时，在程序窗口选择提供方后，应用程序即生成安全代码，该代码是接收方接受帮助需要输入的代码，接收方应在10分钟内从快速助手程序窗口中输入该代码。待两机通话后，接收方单击共享屏幕，提供方可选择"完全控制"或"查看屏幕"两个选项之一来提供帮助，接收方需要接受提供方的帮助方式。在此过程中，提供方和接收方均可随时暂停或终止屏幕分享。需要注意的是，快速助手尚不支持语音，提供方可通过在消息框中输入消息或使用手写附注功能来进行交流。

远程桌面连接支持用户随时随地都能远程登录某台网络计算机并对其进行远程操作。这里涉及两台计算机，一台为控制端，另一台为被控制端。① 在被控制端，首先将IP设置为固定IP（不能是动态分配的IP地址），可依次进入"设置/主页/网络和Internet"的"状态"窗口，其中显示了已连接网络，单击"属性"，找到"IP设置"项，点击"编辑"，选择"手动"，点选"IPv4"或"IPv6"后，即可在弹出的窗口中输入IP地址、网关、首选DNS等项目（这些信息可通过运行ipconfig/all获得）后保存即可。最后需要启动远程桌面，可以依次进入"设置/主页/系统"的"远程桌面",打开其中的"启用远程桌面",此时被控制端的设置就完成了。② 在控制端,打开远程桌面连接程序窗口后,在"计算机"栏里填写被控制端的IP地址,点击"连接"按钮;点击"隐藏选项"则可打开程序扩展窗口,在其中可以输入被控制端的用户名(不知道可以先填 guest)及进行其他设置,设置完成后点击"连接"按钮。点击"连接"按钮后,在弹出的对话框中输入被控制端的用户名和密码,即可实现连接。

字符映射表是在输入键盘上找不到符号时使用的小程序。打开程序窗口后,可在下拉列表中选择某种"字体",从字符表中选择预输入的字符或形状,点击"选择",所选字符被显示在"复制字符"框中,可继续选择其他字符,选择完成后即可在目标应用程序中粘贴。打开"高级查看"可进行详细的搜索查看设置。

3.3 其他常见操作系统简介

除 Windows 操作系统外,典型的通用操作系统还包括 DOS、UNIX、Linux、iOS、Android 等,下面进行简要介绍。

3.3.1 DOS 操作系统

DOS(Disk Operation System)于1981年问世直到1995年,曾在 IBM PC 兼容机市场中占有举足轻重的地位。DOS 是单用户、单任务、字符界面的16位操作系统,它的内存管理能力局限在 640 KB。DOS 家族包括 MS-DOS、PC-DOS、DR-DOS、FreeDOS、PTS-DOS、ROM-DOS、JM-OS 等,其中以 MS-DOS 最为著名。

DOS 是面向磁盘的操作系统,能有效地管理、调度、运行个人计算机中各种软件和硬件资源,同时,它提供了命令模式下的人机交互界面,通过这个界面,可以使用接近自然语言或其缩写的命令,可以轻松地完成绝大多数日常操作。以 MS-DOS 为例,它包括以下核心模块。

(1)引导程序(BOOT):其作用是检查当前盘上是否有系统文件,若有,则把两个隐含的 DOS 启动模块 IO.SYS 和 MSDOS.SYS 从磁盘装入内存。

(2)基本输入/输出管理程序(IO.SYS):管理输入/输出设备。

(3)文件管理和系统功能调用程序(MSDOS.SYS):用于管理磁盘文件和系统资源。

(4)命令处理程序(COMMAND.COM):是整个 DOS 最外层的模块,负责接收、识别、解释和执行用户从键盘输入的 DOS 命令。

目前,在 Window 10"开始"菜单的"Windows 系统"功能集下的"命令提示符"子功能即可打开命令提示符界面,该界面模拟了一个 DOS 环境,可在其中使用 Windows 提供的280多个CMD命令，方便对计算机和网络进行操作。表3-1列出了若干CMD命令和示例。

表3-1 若干CMD命令和示例

命令	功能	示例
cd	改变当前目录	cd d:\mypath
dir	显示磁盘目录	dir c:\mypath
del	删除文件	del c:\mypath\myfile1.txt
format	磁盘格式化	format d:
copy	文件复制	copy 源文件 目的路径
fc	文件比较	fc /l "文件1" "文件2"
date	查看日期	date
powercfg	用于管理和跟踪计算机能耗	powercfg /a
ping	查看本机是否和某网络节点相通	ping某个IP地址或域名
ipconfig	显示本机现时网络连线的设置	ipconfig
netstat	显示当前的网络状态，包括传输控制协议层的连线状况、路由表、网络接口状态和网络协议的统计信息等	netstat
tracert	显示数据包在IP网络经过的路由器的IP地址	tracert IP地址或域名

需要注意的是，大多CMD命令还带有参数，通过在命令后面附加不同的参数，达到进行不同处理的目的。例如表3-1中的fc命令，附带参数 "/b" 时表示比较二进制文件；附带参数 "/c" 时表示忽略文件中的字母大小写；附带参数 "/l" 时则表示比较ASCII文本。再如表3-1中的ipconfig命令，附带参数 "/release" 时表示要释放已有的IP地址；附带参数 "/renew" 时表示要更新IP地址；附带参数 "/flushdns" 时则表示要刷新DNS地址。

目前，DOS作为微机操作系统已经退出历史舞台，但由于DOS仍存在小巧灵活、文件管理方便、外设支持良好、应用程序众多，且可直接访问硬件等优势，因此在嵌入式设备中有较大的发展空间，新版本的DR-DOS就是这样一款操作系统。

3.3.2 UNIX操作系统

UNIX自1969年诞生至今，一直在不断完善，在计算机操作系统的发展史上占有重要地位。它属于分时计算机操作系统，是一个强大的多用户、多任务操作系统，支持多种处理器架构，具有可靠性高、安全性强、网络和数据库支持功能强大等优点，目前主要作为网络操作系统运行在服务器上。UNIX系统的主要特点表现在以下几方面。

（1）UNIX操作系统在结构上分为核心程序（kernel）和外围程序（shell）两部分，而且两者有机结合成为一个整体。核心部分承担系统内部的各个模块的功能，即处理机和进程管理、存储管理、设备管理和文件系统。核心程序的特点是精心设计、简洁精干，只需占用很小的空间且常驻内存，以保证系统的高效运行。外围部分包括系统的用户界面、系统实用程序以及应用程序，用户通过外围程序使用计算机。

（2）UNIX操作系统提供了良好的用户界面，具有使用方便、功能齐全、清晰灵活、易于扩充和修改等特点。UNIX操作系统的使用有两种形式：一种是操作命令，即shell语言，是用户可以通过终端与系统直接交互的界面；另一种是面向用户程序的界面，它不仅在汇编语言中向用户提供服务，在C语言中也向用户提供服务。

（3）UNIX操作系统的文件系统是树形结构。它由基本文件系统和若干个可装卸的子文件系统组成，既能扩大文件存储空间，又能保证安全和利于保密。

（4）UNIX操作系统将文件、文件目录和设备进行统一处理。它将文件作为不分任何记录的字符流进行顺序或随机存取，并使得文件、文件目录和设备具有相同的语法语义和相同的保护机制，这样既简化了系统设计，又便于用户使用。

（5）UNIX操作系统包含有丰富的语言处理程序、实用程序和开发应用软件使用的工具软件，向用户提供了相当完备的软件开发环境。

（6）UNIX操作系统的绝大部分程序是用C语言编写的，只有约5%的程序使用汇编语言编写。这使得UNIX操作系统易于理解、修改和扩充，并且具有非常好的移植性。

（7）UNIX操作系统还提供了进程间的简单通信功能。

UNIX的主要版本包括Open Solaris、Oracle Solaris、IBM AIX、HP-UX、UNIX V6、BSD UNIX、Solaris、SCO UNIX、Xenixd等。随着GNU项目的发展壮大，目前类UNIX操作系统逐渐替代UNIX，成为比较安全、可靠、流行的大型服务器操作系统，广泛应用于各行业的工业服务器设备。

3.3.3 Linux操作系统

Linux支持几乎所有的硬件平台，且在源代码上兼容绝大部分UNIX标准，是一个支持多用户、多进程、多线程、实时性较好且稳定的操作系统。它是一种自由和开放源码的类UNIX操作系统，任何个人和机构都可以在遵循GPL的基础上自由地使用Linux的所有底层源代码，也可以自由地修改和再发布源代码。Linux发行版通常包括：Linux内核、GNU库和各种系统工具、命令行Shell、图形界面底层的X窗口系统和上层的桌面环境等。在我国，Linux凭借其先天开源优势而成为国产操作系统开发的主流，绝大部分国产操作系统均是以Linux为基础进行的二次开发。与Windows操作系统相比，Linux操作系统的特点如表3-2所示。

表3-2　Linux操作系统和Windows操作系统对比

比较	Linux	Windows
界面	图形界面风格随发行版不同而不同	界面统一，外壳程序固定，所有Windows程序菜单几乎一致，快捷键也几乎相同

续表

比较	Linux	Windows
驱动程序	志愿者开发，由 Linux 核心开发小组发布，易于版本升级和更新，但在选择使用某硬件前一般应确认开发商是否为该硬件提供了支持 Linux 的驱动程序版本	驱动程序丰富，版本更新频繁。默认安装程序中一般包含该版本发行时流行的硬件驱动程序，之后所出的新硬件驱动程序依赖于硬件厂商提供支持 Windows 的版本。对于一些老硬件，如果没有了原配驱动，则一般不能使用
使用	图形界面使用简单，容易入门，但命令行界面则需要学习才能掌握	使用较简单，容易入门。图形化界面对没有计算机背景知识的用户也有利
学习	系统构造简单、稳定，且知识、技能传承性好，深入学习相对容易	系统构造复杂、变化频繁，且知识、技能淘汰快，深入学习困难
软件	大部分软件都可以自由获取，但同样功能的软件选择较少	每一种特定功能可能都需要商业软件的支持，一般需要付费

目前 Linux 主要作为服务器或超级计算机的操作系统来使用，近年来，其在智能手机、平板电脑等移动设备方面得到重要发展，Android 就是基于 Linux 内核的操作系统。

3.3.4　macOS 和 iOS 操作系统

macOS 是一套运行于苹果 Macintosh 系列电脑上的操作系统，iOS 是由苹果公司开发的移动操作系统，iOS 操作系统与 macOS 操作系统一样，均属于类 UNIX 的商业操作系统。由于二者的构架不同，因此完全不能通用，macOS 只能运行在 X86\X86-64 构架的硬件上，而 iOS 只能运行在 ARM 构架的设备上，比如 iPhone、iPod Touch、iPad 和 Apple TV 2/3 等。

与 Windows 操作系统和 Linux 操作系统相比，macOS 操作系统和 iOS 操作系统是封闭的，占用更少的内存，具有完善的权限机制，不能在其上安装它们无法识别的应用软件；同时，它们还包含沙盒机制，所有的软件都会被应用商店过滤后才可以下载，因此大大提升了安全性。在易用性方面，macOS 和 iOS 也表现出了优异的特性，界面设计简约精美，使用方便，比如操作者想删除一个软件，只需打开相应的目录删除文件即可。但是，这两个操作系统都是硬件的附属，是苹果公司的独家定制，硬件选择范围更小一些。同时，macOS 支持的应用软件也比较少，操作系统提供了自行开发的许多领域的专业软件，有自己的专业版本浏览器、办公软件和即时通信软件等；而 iOS 所拥有的应用程序则是所有移动操作系统里最多的，这是因为苹果公司为第三方开发者提供了丰富的工具和 API，让开发者们设计的 APP 能够充分利用每部 iOS 设备蕴含的先进技术。

3.3.5　Android 操作系统

对于嵌入式设备，目前尚无一款操作系统可以适合所有不同类型的嵌入式应用。商业嵌入式操作系统经历了四个发展阶段：RTOS kernel、RTOS、通用操作系统嵌入式化（如嵌入式Linux和嵌入式Windows）和以Android为代表的面向应用的嵌入式操作系统。

Android是Google（谷歌）公司和开放手机联盟领导与开发的操作系统，目前它和iOS市场占比分别为75%和25%左右。现运行在国产智能终端上的操作系统几乎都是Android或修改的Android系统。Android是一种基于Linux的操作系统，但国内用户并不依赖于谷歌移动服务（Google Mobile Service，GMS），GMS在我国不可用，因此推送通知、用户数据云存储等服务在我国都由相应的国产软件替代。

与Linux操作系统相比，Android也同样是成熟的操作系统，即便是在专门的嵌入式和移动应用环境中，它们也都能运行现成的中间件和打包应用程序。然而，这两个开源的操作系统从软件堆栈的底层到顶层的开发、集成和托管方式都不一样，而这些都影响着如何以及在何处找到最好的部署方案。

除了以上介绍的已有成熟的操作系统外，新的操作系统也在发展壮大中，华为鸿蒙系统（HarmonyOS）即为其中的佼佼者，它是面向万物互联的全场景分布式操作系统，支持手机、平板、智能穿戴、智慧屏等多种终端设备运行，具有较好的发展前景。

3.4　小结

操作系统是用户使用和操作计算机的基础，掌握操作系统的功能以及Windows 10操作系统的使用方法，对于理解和学习其他操作系统具有支撑作用。学习操作系统时，最重要的就是实践，这也是理解操作系统相关知识的关键所在。在实践的同时，你会发现，即使是最流行的操作系统，仍然有不完美的地方，这就是操作系统不断更新换代的原因所在。这也意味着，从无到有，从有到优是一个过程，在这个过程中，一个公司、一个团体、一个国家会逐渐成长起来。我国在建设现代化信息强国的道路上也是如此，不怕没有，不怕落后，只要我们有使命感，肩负使命，勇于开拓，就会一步步接近远大的目标。

思考题

一、选择题

1.为了在Windows资源管理器中快速查找.EXE文件，最快且准确定位的显示方式是_____。

　　A.按名称　　　　　　　　　　　　B.按类型

　　C.按大小　　　　　　　　　　　　D.按日期

2.Windows操作系统中，磁盘碎片整理工具不能实现的功能是_____。

　　A. 整理文件碎片

B. 整理磁盘上的空闲空间

C. 同时整理文件碎片和空闲碎片

D. 修复错误的文件碎片

3.Windows操作系统中，关于"回收站"叙述正确的是_____。

A. 暂存所有被删除的对象

B. "回收站"中的内容不能恢复

C. 清空"回收站"后，仍可用命令方式恢复

D. "回收站"的内容不占硬盘空间

4.在同一磁盘上拖放文件或文件夹执行__(1)__命令，拖放时按Ctrl键，执行__(2)__命令。

A.（1）删除；（2）复制　　　　B.（1)移动；（2）删除

C.（1）移动；（2）复制　　　　D.（1)复制；（2）移动

5.一个文件的扩展名通常表示_____。

A.文件大小　　　　　　　　B.常见文件的日期

C.文件类型　　　　　　　　D.文件版本

二、思考题

1.计算机为何一定要安装操作系统？

2.简述并比较各流行操作系统的优缺点。

3.简述操作系统的分类。

第4章

多媒体技术

多媒体技术是信息时代典型的代表产物，最初多媒体技术是从军事领域发展起来的，目前已广泛应用于电子出版物、数字图书馆、多媒体教育（包括计算机辅助教学、计算机辅助学习、计算机辅助训练等）、商业广告、视频会议、远程医疗、虚拟现实等领域，成为信息社会的通用工具。

4.1　多媒体及多媒体技术

所谓的媒体就是指承载和传输某种信息或物质的载体，多媒体则是多种媒体的综合，一般包括文本、声音和图像等多种媒体形式。详细分析并明确计算机所要处理的多媒体对象的特征，是研究处理多媒体的软硬件技术的基础。

4.1.1　什么是多媒体

在计算机科学中，多媒体是指组合两种或两种以上媒体的一种人机交互式信息交流和传播媒体，使用的媒体包括文本、数据、图形、图像、动画、声音和视频等。

（1）文本。文本是以文字和各种专用符号表达的信息形式，它是现实生活中使用得最多的一种信息存储和传递方式。用文本表达信息能够给人以充分的想象空间，主要用于对知识的描述性表示，如阐述概念、定义、原理和问题等内容。

（2）图像。图像是多媒体中最重要的信息表现形式之一，它具有形象化、直观性等特点，是加强视觉效果的关键因素。

（3）动画。动画是利用人的视觉暂留特性，快速播放一系列连续运动变化的图形和图像。动画可以把抽象的内容形象化、具体化，使许多难以理解的内容变得生动有趣。

（4）声音。声音是人们用来传递信息、交流感情最方便、最熟悉的方式之一。在多媒体领域，声音也被称为音频，它具有情绪调动性、感染性等特点。

（5）视频。视频具有时序性与丰富的信息内涵，常用于表现事物的发展过程。视频类似于传统的电影和电视，有声有色，同时带来视觉和听觉的感受。

与传统媒体相比，计算机领域的多媒体的主要特征总结如下。

（1）多媒体是信息交流和传播媒体。从这个意义上说，多媒体和电视、报纸、杂志等媒体的功能是一样的。

（2）多媒体是人机交互式媒体。因为计算机的一个重要特性是"交互性"，因此从这个意义上说，多媒体和电视、报纸、杂志等媒体又有很大的不同。

（3）多媒体信息以数字的形式进行存储和传输。这是与传统的模拟电视、纸质报纸等不同的地方。

（4）多媒体传播信息的媒体种类多。利用计算机技术，可同时传播任何两种及两种以上的媒体。

通常情况下，多媒体不仅指多种媒体信息本身，而且指处理和应用各种媒体信息的相应技术，即多媒体技术。适用于多媒体技术的发展，多媒体逐渐发展出超文本、超媒体、流媒体等概念。

超文本（Hypertext）是采用超链接的方法，将各种不同空间的文字信息组织在一起的网状文本。超文本更是一种用户界面范式，用以显示文本以及与该文本相关的内容。超文本普遍以电子文档方式存在，其中的文字包含有可以链接到其他位置或者文档的链接，允许从当前阅读位置直接切换到超文本链接所指向的位置。链接又称链，是建立结点之间信息联系的指针；链接所指向的目标又称结点，是表达信息的基本单位。

超媒体是一种采用非线性网状结构对块状多媒体信息（包括文本、图像、音频、视频等）进行组织和管理的技术。超媒体在本质上与超文本是一样的，只不过超文本技术在诞生初期管理的对象是纯文本，所以称为超文本。随着多媒体技术的兴起和发展，超文本技术的管理对象从纯文本扩展到多媒体，为强调管理对象的变化，就产生了超媒体概念。

流媒体是指将连续的影像和声音信息经过压缩处理后上载到网站服务器，让用户一边下载一边观看和收听的一种技术与过程，此技术使得数据包得以像流水一样发送。如果不使用此技术，就必须在使用前下载整个媒体文件。流式传输可传送现场影音或预存于服务器上的影片，当观看者在观看这些影音文件时，影音数据在送达观看者的计算机后立即由特定播放软件播放。

总之，多媒体技术改变了人们获取信息的传统方式，它借助各种技术，把多种媒体内容以一种更灵活、更具变化的方式呈现给用户，满足了人们快速、精确获取信息的需求。

4.1.2　多媒体技术

多媒体技术是数字化信息处理技术、计算机软硬件技术、音频、视频、图像压缩技术、文字处理技术、通信与网络等多种技术的结合。概括来说，多媒体技术就是利用计算机技术将文本、图形、图像、音频、动画、视频等多种媒体进行综合处理，使多种信息之间建立逻辑连接，集成为一个完整的系统，并能对它们进行获取、压缩、编码、编辑、处理、存储和展示。多媒体技术的主要特性如下。

（1）集成性。多媒体技术能够对信息进行多通道统一获取、存储、传输、显示、组织与合成等处理。

（2）交互性。交互性是多媒体技术应用有别于传统信息交流媒体的主要特点之一。传统信息交流媒体只能单向地、被动地传播信息，而多媒体技术则可以实现人对信息的主动选择和控制。

（3）实时性。多媒体技术的实时性保障了交互性的有效实施，当用户给出操作命令时，相应的多媒体信息都能够得到实时控制。

（4）多样性。信息载体的多样化和媒体处理方式的多样化决定了多媒体技术的多样性。

（5）同步性。多媒体通信技术要能够保障多媒体通信终端上显示的声音、图像和文字等，则必须是同步的。

总之，多媒体技术是以计算机为中心，综合处理和控制多媒体信息，并按人的要求以多种媒体形式表现出来，同时作用于人的多种感官。它可以形成人机互动，实现人人互相交流的操作环境及身临其境的场景，人们可以按照自己的需要、兴趣、任务要求、偏爱和认知特点来使用信息和进行控制，为用户提供了极大的便利。

4.1.3　多媒体计算机

多媒体计算机是能够对声音、图像、视频等多媒体信息进行综合处理的计算机，它是一套复杂的硬件、软件有机结合的综合系统。多媒体计算机的硬件结构与一般的个人计算机并无太大差别，只是多了一些软硬件配置而已。目前，市场上购买的个人计算机绝大多数都具有多媒体处理功能。

一个典型的多媒体计算机层次结构如图4-1所示，其中硬件系统包括多媒体计算机硬件系统、多媒体计算机的外部设备等；软件系统则包括多媒体应用软件、多媒体制作与编辑软件、媒体素材的制作平台与工具以及多媒体核心系统软件。

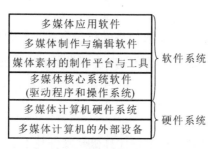

图4-1　多媒体计算机层次结构

多媒体计算机硬件系统最低要求如下：至少一个功能强大、速度快的 CPU；有一定容量的存储空间；高分辨率显示接口与设备；可处理音响的接口与设备；可处理图像的接口设备；可管理、控制各种接口与设备的配置等。多媒体计算机的外部设备除了显示屏、键盘等标准配置外，还包括光驱、扫描仪、数码相机、数码照相机、数码摄像头、麦克风、投影仪、操纵杆等输入/输出设备。

外部设备需要连接到多媒体计算机上才能工作，这些连接部件包括音卡、图形加速卡、视频卡、扫描卡、打印机接口、网络接口，以及交互控制接口等。其中：① 音卡用来连接话筒，以及 MIDI 合成器、耳机、扬声器等音频输入/输出设备。音频卡具有模数转换（A/D）和数模转换（D/A）音频信号的转换功能，可以合成音乐和混合多种声源，还可外接 MIDI 电子音乐设备。② 图形加速卡提供对显卡的支持，并能大大提升高分辨率多媒体处理和显示的速度。③ 视频卡可细分为视频捕捉卡、视频处理卡、视频播放卡以及 TV 编码器等，其功能是连接摄像机、VCR 影碟机、TV 等设备，以便获取和处理各种动画和数字化视频媒体信息。④ 扫描卡用来连接各种图形扫描仪，是常用的静态照片、文字、工程图等的输入设备。⑤ 打印机接口用来连接各种打印机。⑥ 网络接口是实现多媒体通信的重要部件，用于将数据量庞大的多媒体信息传送出去或接收进来，通过网络接口相连接的设备包括视频电话机、传真机、局域网、ISDN 和 ADSL 等。⑦ 交互控制接口用来连接触摸屏、鼠标、光笔等人机交互设备。随着软硬件技术的不断发展，新的硬件会不断涌现。

多媒体系统软件主要包括多媒体操作系统、媒体素材制作软件及多媒体函数库、多媒体创作工具与开发环境、多媒体外部设备驱动软件和驱动器接口程序等；多媒体应用软件则是在多媒体创作平台上设计开发的面向应用领域的软件系统，通常由应用领域的专家和多媒体开发人员共同协作、配合完成。

多媒体计算机软硬件的不断发展，不仅扩大了计算机在人们日常生活中的应用范围，也大大提升了人们获取、利用信息的能力，推动了信息时代的快速前进。

4.2 多媒体处理技术基础

作为迅速发展的综合性电子信息技术，多媒体处理的基础技术包括文字数字化技术、音频数字化技术、图形图像数字化技术、视频数字化技术、动画制作技术、虚拟现实技术、数据压缩以及标准化技术等。文字数字化技术已在第 1 章进行了详细的阐述，这里只介绍其他几种技术。

4.2.1 音频数字化

音频数字化技术就是将表示声音强弱的模拟信号（电压）用数字来表示。通过采样、量化、编码等操作，将模拟量表示的音频信号转换成由许多二进制"1"和"0"组成的数字音频文件，从而实现数字化，这个过程也称模/数转换。

每隔一定时间间隔不停地在模拟音频的波形上采取一个幅度值，这一过程称为采样。每个采样所获得的数据与该时间点的声波信号相对应，称为采样样本。将一连串样本连接起来，就可以描述一段声波了。

经过采样得到的样本是模拟音频的离散点，这时还是用模拟数值表示。为了将采样后得到的离散序列信号存入计算机，必须将其转换为二进制数字，这一过程称为量化编码。量化的过程是，先将整个幅度划分成有限个小幅度（量化阶距）的集合，把落入某个阶距内的采样值归为一类，并赋予相同的量化值。量化的方法包括均匀量化和非均匀量化。均匀量化采用相等的量化间隔来度量采样得到的幅度。这种方法对于输入信号不论大小一律采用相同的量化间隔，其优点在于获得的音频品质较高，其缺点在于音频文件容量较大。非均匀量化对输入的信号采用不同的量化间隔进行量化。对于小信号采用小的量化间隔，对于大信号采用大的量化间隔。虽然非均匀量化后的文件容量相对较小，但对于大信号的量化误差较大。

原始数字音频信号流（PCM编码）数据量大，通常需要进行压缩才能进行存储和传输，即在不损失有用信息量或所引入损失可忽略的条件下，降低数据码率，也称压缩编码。它必须具有相应的逆变换，称为解压缩或解码。音频编码就是考虑如何把量化后的数据用计算机二进制的数据格式表示出来，实际上就是设计如何保存和传输音频数据的方法。不同的编码方法对应的文件格式也不同，目前常用的音频文件格式包括MP3、WAV、WMA、MIDI等。

4.2.2 图形图像数字化

图形图像数字化包括图形和图像两种。其中图形是指由外部轮廓线条构成的矢量图，即由计算机绘制的直线、圆、矩形、曲线、图表等构成的图；图像则是由扫描仪、摄像机等输入设备捕捉实际的画面产生的图，是由像素点阵构成的位图。

图形和图像的相关技术指标包括分辨率、色彩数和灰度。其中分辨率用水平像素数×垂直像素数表示，数值越大，图形/图像质量越好；色彩数用位（bit）表示，例如，当图形/图像色彩数达到24位时，则可表现出2的24次方，即1677万种颜色，又叫24位真彩色；灰度则表示黑白颜色深度值，其范围为0~255，黑色为0，白色为255。

图形图像数字化技术主要包括图形信息的数字化、图像信息的数字化和图形图像压缩技术。

（1）图形是一系列图元的集合，因此通常使用一组指令集合来描述图形的内容，即使用不同的指令描述不同的图元、图元的位置和尺寸以及各图元之间的关系。图形数字化就是定义这些指令的过程，不同的专业软件公司定义的指令会有所不同，导致图形存储的格式也不同，目前流行的图形格式包括DWG、WMF、CDR、TGA和SVG等。因为图形由图元构成，对图形进行缩放、扭曲、旋转等操作时计算机会重新绘制这些图元，因此不会导致失真。

（2）图像数字化是将一幅画面转化成计算机能处理的形式，即数字图像的过程。具体来说，是把真实的图像（照片、画报、图书、图纸等）通过数字化转变成计算机能够接受的显示和存储格式的过程。目前数字相机拍摄的图像本身即是数字化产品，而旧的模拟相机拍摄的照片需要数字化之后才能被计算机处理。

图像的数字化过程主要分为采样、量化与编码三个步骤。采样的实质就是要用多少点来描述一幅图像，采样结果质量的高低就是用上述图像分辨率来衡量；量化是指要使用多大范围的数值来表示图像采样之后的每一个点，量化的结果是图像能够容纳的颜色总数，它反映了采样的质量；数字化后得到的图像数据量十分巨大，必须采用编码技术来压缩其信息量。

图像数字化一般使用数字化设备来实现，包括数码相机、数字扫描仪等。图像记录的是像素及其颜色，它表示受到计算机分辨率和颜色位数的影响，这使得在对图像进行扭曲、旋转、放大、缩小等处理时会损失细节或产生失真。目前位图文件的存储格式包括JPG、BMP、TIF、GIF、PNG等。

（3）图像压缩技术是数据压缩技术在数字图像上的应用，目的是减少图像数据中的冗余信息，从而用更加高效的格式存储和传输数据。图像压缩解压缩技术包括静态图像压缩技术以及动态视频压缩技术，在本节后面一并讨论。

目前流行的图形、图像处理软件包括AutoCAD、Adobe Photoshop、Exif Show、ACD-see等。值得一提的是，图像处理技术逐渐走向成熟，比如能够通过扫描直接识别图像中的文字，如ocr.space、ShareX、洋果扫描王等，均是小巧易用的应用软件。

4.2.3 视频数字化

视频数字化是通过模/数转换和彩色空间变换将模拟视频信号转换为计算机可处理的数字信号，让计算机可以显示和处理视频信号的过程。提供模拟视频输出的设备，如模拟录像机、电视机、电视卡等，它们输出的信号需要进行数字化之后才能被计算机处理；而来自数码摄像机、录像机、影碟机等视频源的信号，以及计算机软件生成的图形、图像和连续的画面等（见图4-2），这些信号本身就是数字视频产品，不需要进行数字化。

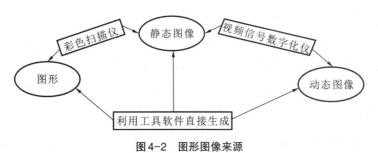

图4-2 图形图像来源

模拟视频数字化也包括采集、量化和编码三个步骤。目前数字化工作一般由专门的视频采集卡来完成，它不仅提供接口以连接模拟视频设备和计算机，而且具有把模拟信号转换成数字数据的功能。

模拟视频数字化过程类似于前述的音频和图形图像数字化过程，只是由于模拟设备制式、扫描方式、分辨率等与计算机不同，因此需要进行特殊的针对性处理。例如，对于电视信号的可视化来讲，面临以下技术问题：电视用复合的 YUV 信号方式，而计算机工作在 RGB 空间；电视机是隔行扫描，计算机显示器大多逐行扫描；电视图像的分辨率与计算机显示器的分辨率也不同等。因此，模拟视频的数字化主要包括色彩空间的转换、光栅扫描的转换以及分辨率的统一。模拟视频一般采用分量数字化方式，分量采样时采到的是隔行样本点，因此要先将隔行样本组合成逐行样本，然后进行样本点的量化、从 YUV 到 RGB 色彩空间的转换等，最后才能得到数字视频数据。值得一提的是，如果要在电视机上观看数字视频，则需要一个从数字到模拟的转换器将二进制信息解码成模拟信号才能进行播放。

目前常用的视频文件格式包括 AVI、MOV、MPEG、RM、ASF、WMV 等。常用的视频编辑工具包括 Adobe 公司的 Premiere、Ulead 公司的 Media Studio、Windows XP 自带的视频编辑工具 Windows Movie Maker 等。

4.2.4　动画处理技术

动画是一种综合艺术作品及其视频技术。当使一系列静止的固态图像以一定频率连续变化和运动时，人会因为肉眼的视觉残留现象而误以为这些图画或物体是活动的。动画技术较规范的定义是，采用逐帧拍摄对象并连续播放而形成运动的影像技术。不论拍摄对象是什么，只要它的拍摄方式采用的是逐格方式，观看时连续播放形成了活动影像，它就是动画。

计算机动画又称计算机绘图，是通过使用计算机制作动画的技术，它是计算机图形学和动画的子领域，包括二维动画技术和三维动画技术。

二维动画是在二维空间上模拟真实的三维空间效果，又称平面上的画面。制作二维动画时，需要完成输入和编辑关键帧、计算和生成中间帧、定义和显示运动路径、给交互画面上色、产生特技效果、实现画面与声音同步、控制运动系列的记录等一系列工作。常用二维动画制作软件包括 Animator Studio、Flash、Animo、Retas Pro、Usanimation 等。其中 Animator Studio 是基于 Windows 系统的一种集动画制作、图像处理、音乐编辑、音乐合成等多种功能为一体的二维动画制作软件；Flash 是一种交互式动画制作工具，在网页制作及多媒体课程中应用较多。

三维动画中的景物有正面、侧面和反面，调整三维空间的视点，能够看到不同的内容。

计算机三维动画是在计算机内部根据数据生成的，而不是简单的外部输入。制作三维动画首先要创建物体模型，然后让这些物体在空间中动起来，如移动、旋转、变形、变色等，再通过打灯光等生成栩栩如生的画面。一个三维动画的创作过程包括造型、动画、绘图等。目前流行的三维动画制作软件包括3Dmax、Maya、Lightwave等。

4.2.5 虚拟现实技术

虚拟现实（Virtual Reality，VR）技术是指利用计算机生成一种可对参与者直接施加视觉、听觉和触觉感受，并允许其交互地观察和操作的虚拟世界的技术。VR技术是伴随多媒体技术发展起来的一种计算机新技术，它利用三维图形生成技术、多传感交互技术以及高分辨率显示技术，生成三维逼真的虚拟环境，用户需要通过特殊的交互设备才能进入虚拟环境中。这是一种崭新的综合性信息技术，它融合了数字图像处理、计算机图形学、多媒体技术、传感器技术等多个信息技术分支，从而大大推进了计算机技术的发展。

VR系统的基本特征是三个"I"，即沉浸（Immersion）、交互（Interaction）和想象（Imagination），它强调人在VR系统中的主导作用，使信息处理系统适合人的需要，并与人的感官感觉相一致。VR系统主要分为沉浸类、非沉浸类、分布式、增强现实四类。

VR系统需要一个生成虚拟境界的图形工作站、用于产生立体视觉效果的可佩戴图像显示设备，以及用于实现与虚拟现实的交互功能的其他外部设备。目前常见的可佩戴图像显示设备有光阀眼镜、三维投影仪和头盔显示器等。其他交互外部设备主要有数据手套、三维鼠标、运动跟踪器、力反馈装置、语音识别与合成系统等。

虚拟现实技术的应用前景十分广阔。它始于军事和航空航天领域的需求，比如，机场环境模拟系统基于ConverseEarth虚拟地球构建机场三维场景，在其上叠加卫星影像、高程数据、矢量数据，使用ConverseEarthEditor创建机场三维模型，可真实再现停机坪、候机厅、油库、航加站等场所。近年来，虚拟现实技术的应用也进入了工业、建筑设计、教育培训、文化娱乐等领域。

目前，元宇宙（Metaverse）的概念已被提出，它是利用科技手段进行链接与创造的、与现实世界映射及交互的虚拟世界，且具备新型社会体系的数字生活空间。元宇宙本质上是对现实世界的虚拟化、数字化过程，VR技术将在其中占有重要分量。

4.2.6 数据压缩技术和标准化技术

在多媒体系统中，视频画面质量为了达到令人满意的效果，必须对视频信号和音频信号进行实时处理。实时处理技术的关键是如何解决视频和音频信号的数字化存储和实时传输问题，因此数据压缩和标准化技术成为高效处理多媒体数据的关键。

1. 数据压缩技术

不管是静态图像还是动态图像，它们的数据量都很大，这给存储和传输带来困难。但研究发现，图像数据具有空间冗余、光谱冗余、时序冗余等特征，即相邻像素值之间存在空间冗余或相关性；不同颜色平面或光谱带之间存在光谱冗余或相关性；视频中的图像序列的相邻帧之间存在时间冗余或相关性。图像压缩就是要尽可能地去除空间冗余、光谱冗余、时序冗余，以减少表示图像所需的比特数。目前已有许多成熟的编码算法应用于图像压缩，包括预测编码、变换编码、分形编码、行程长度编码、结构编码、信息熵编码、小波变换图像压缩编码等。

评价一个压缩编码的优劣，通常从数据压缩比、压缩/解压缩速度、算法效率等方面考量。通俗来说，根据解压缩后的数据能够完全复原与否，数据压缩可分为无损压缩和有损压缩。无损压缩表示解压缩后数据完全复原，如行程长度编码、信息熵编码等；有损压缩则不能完全复原，如变换编码、分形编码等。常见的无损压缩文件格式如 zip、rar、png 等，有损压缩文件格式如 jpg、rm、mp3 等。

2. 标准化技术

当要对所传输或存储的图像信息进行高比率压缩时，必须采取复杂的图像编码技术。但是，如果没有一个共同的标准作基础，则不同的系统间不能兼容，除非每一种编码方法的各个细节完全相同，否则各系统间的对接将十分困难。为了使图像压缩标准化，20世纪90年代后，国际电信联盟（ITU）、国际标准化组织（ISO）和国际电工委员会（IEC）制定并继续制定一系列静止和活动图像编码的国际标准，已批准的标准主要有 JPEG 标准、MPEG 标准、H.261 等。

（1）二值图像的压缩标准。二值图像的压缩标准包括 CCITT Group 1、CCITT Group 2、CCITT Group 3、CCITT Group 4、JBIG 等，用于灰度图像的压缩。

（2）JPEG 标准。JPEG 是静态图像的压缩标准，用于连续色调彩色或灰度图像。

（3）MPEG 标准。MPEG 是指 Motion JPEG，按照 25 帧/秒的速度使用 JPEG 算法压缩视频信号，完成动态视频的压缩。它除了对单幅图像进行编码外，还利用图像序列中的相关原则，将帧间的冗余去掉，这样大大提高了图像的压缩比例。

MPEG 标准不止针对图像和视频，它包含一系列标准，主要有 MPEG-1、MPEG-2、MPEG-4。MPEG-1 可以对普通质量的视频数据进行有效编码。在许多音频压缩标准中，普及程度最高的是 MPEG-1 Layer III，也就是 MP3 音频压缩标准。MPEG-2 对图像质量进行了分级处理，可以适应普通电视节目、会议电视、高清数字电视等不同质量的视频应用。MPEG-4 标准拥有更高的压缩比率，支持并发数据流的编码、基于内容的交互操作、增强的时间域随机存取、容错、基于内容的尺度可变性等先进特性，是目前最普及的视频编码标准。

4.3　小结

多媒体信息技术的介入，使得高速传输丰富多彩的综合信息成为可能。智能手机、电视会议、宽带数字网、卫星通信等技术的发展，都在不断地改进传统通信的观念、手段和内容，使得隔空面对面对话以及时时、处处快速获取有效信息等成为可能。人们已经认识到，传统的通信系统必须进行改革，向多媒体化、高速度、高容量、交互性等方面发展。

现在，多媒体已经渗入人类生活的大多数领域，如学习、购物、电邮、聊天、休闲等，随着多媒体技术继续介入经济、通信、教育、科技和日常生活中，新的传播处理手段会进一步影响和改变人类的生活方式。多媒体信息技术的影响如此深刻且广泛，以至引起世界各国政府的重视，我国的工业和信息化部联合各相关部委，更是积极制定相关政策，推进专业技术发展、引导行业升级、规范网络传播秩序，大大加快了多媒体技术在我国各行各业的结合和应用。

思考题

一、选择题

1.多媒体信息不包括_____。

A.文字、图形　　　　　　　　　　B.音频、视频

C.影像、动画　　　　　　　　　　D.光盘、声卡

2.图像数据压缩的目的是_____。

A.符合 ISO 标准　　　　　　　　　B.符合各国的电视制式

C.减少数据存储量，利于传输　　　D.图像编辑的方便

3.下叙述正确的是_____。

A.计算机中所存储处理的信息是模拟信号

B.数字信息易受外界条件的影响而造成失真

C.光盘中所存储的信息是数字信息

D.模拟信息将逐步取代数字信息

4.下列叙述中，不完整的是_____。

A.媒体是指信息表示和传播的载体，它向人们传递各种信息

B.多媒体计算机就是有声卡的计算机

C.多媒体技术是指用计算机技术把多媒体综合一体化，并进行加工处理的技术

D.多媒体技术数字化的特点是多媒体中各单媒体都以数字形式存放在计算机中

5.位图与矢量图比较，可以看出_____。

A. 对于复杂图形，位图比矢量图画对象更快

B. 对于复杂图形，位图比矢量图画对象更慢

C. 位图与矢量图占用空间相同

D. 位图比矢量图占用空间更少

二、思考题

1. 什么是多媒体、超媒体和流媒体？

2. 都有哪些多媒体技术？

3. 总结多媒体计算机的特点。

第5章
计算机网络基础

计算机网络是借助电缆、光缆、公共通信线路、专用线路、微波、卫星等传输介质，把跨越不同地理区域的计算机互相连接起来，由功能完善的网络软件按照某种协议进行数据通信而形成的信息通信网络。计算机网络技术是通信技术与计算机技术相结合的产物。

5.1 数据通信基础

通信的目的是传递信息。比如人与人之间的对话、肢体语言等都算作人与人之间的通信。通信系统模型如图5-1所示，通信中产生和发送信息的一端叫信源，接收信息的一端叫信宿，信源和信宿之间的通信线路称为信道。信息在进入信道时要变换为适合信道传输的形式，在进入信宿时又要变换为适合信宿接收的形式。信道中可能存在噪声，影响通信的质量，比如可能传输错误的信号。

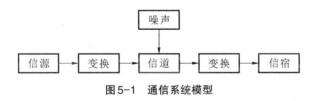

图5-1 通信系统模型

古代通信就有很多种，例如烽火通信、飞鸽通信、风筝通信、驿卒通信、灯塔等。其中，烽火通信和飞鸽通信是最常见的通信方式。著名的历史典故"烽火戏诸侯"中用到的烽火就是古代边防军事通信的重要手段。在边境建造若干烽火台，台上放置干柴，遇有敌情时则燃烧干柴以报警，再通过山峰之间的烽火迅速传递信息。

烽火戏诸侯，也是数字通信的一个案例，即通信双方约定一个信号，有烽火就有敌军进攻，无烽火就平安无事。这种约定信号的通信，就是数字通信。古代数字通信的通信量有限，现代数字通信可以在计算机和光纤等技术的支持下，进行高速的数字通信，例如可以实时传送体育赛事信息。

5.1.1　数据通信发展史

按照传播介质分类，数据传输手段可分为两种：有线传输和无线传输。下面我们将从历史的角度分别进行介绍。

1. 有线传输的历史

从1876年贝尔通过声音振动产生电流来进行数据传输开始，有线通信真正成为一个独立的系统，发展到今天已经有140多年的历史。在贝尔发明电话后的很长时间，由于电话通信所需要的带宽较低，通信所需的有线传输主要依靠同轴电缆进行。1902年，全球海底电缆建成，全球第一次进入互联互通。早期的有线通信都是利用同轴电缆来进行数据传输的。

随着计算机的出现，人们对更大带宽的数据通信的需求日益增加。但是，同轴电缆在进行大数据传输时会产生很大的串扰，不利于数据传输，也不利于大规模布线。为应对日益增长的用户量，双绞线诞生了。双绞线能进行较大带宽的数据传输，可大规模布线，干扰低，价格也较低。所以，在短距离有线传输中，双绞线逐渐代替同轴电缆。

由于光传输安全性高，信息不易被窃取，利用光来进行数据传输一直是人们所追求的。但是，由于人类无法准确认识光，所以在有线传输系统发展的早期，人类一直无法利用光通信。直到"光纤之父"高琨提出光纤长距离传输的照射角度临界值，光纤通信才开始迅猛发展。目前在全球通信中，海底光缆已经取代了同轴电缆进行全球互联。

目前，同轴电缆已逐步退出市场。双绞线一般有3到8类，最高带宽2000 MHz，传输速率达40 Gb/s等布线系统。而光纤也开发出0.16 dB/km的单模光纤以及OM5等多模光纤。随着技术的进一步发展，相信在不久的将来，有线传输将会有更大的突破性成果。

2. 无线传输历史

世界上第一次无线电话对话发生在1880年，当时使用的是光电话，由亚历山大·格拉汉姆·贝尔和查尔斯·萨姆纳·天特发明，光电话借由调变的光束来传递语音讯号。在那个年代，还没有设备可以提供电力，甚至连科幻小说中也还没提到过激光，他们的发明在当时看来并没有实用价值，而且通话的通信效果会受到阳光及天气的限制。光电话与自由空间中的光通信系统一样，在传送器及发射器之间不能有阻隔光束的物体。

戴维·E.休斯在1878年利用发射器传送无线电达数百米远，但由于当时马克士威的电磁理论还不为世人周知，因此当代的科学家将此发明视为感应的结果。1885年托马斯·爱迪生利用振动器磁铁来作为感应的传输，于1888年他部署了哈伊谷铁路的信号传输系统，于1891年获得使用电感的无线电专利。

1888年，海因里希·赫兹展示了电磁波的存在，这成了后来大部分无线科技的基础。

赫兹证明了电磁波在空间中会沿直线前进，可以被实验设备所接收，不过他没有继续进行其他相关的实验。贾格迪什·钱德拉·博斯当时开发了一个早期的无线电侦测设备，有助于了解波长在数厘米内的电磁波特性。

1901 年，古列尔莫·马可尼发明的无线电收发装置发射了穿过大西洋的无线电讯号，从英格兰传到加拿大的纽芬兰省，翌年他发射的无线电信息又成功地穿越六千英里（1 英里 =1.609 千米）的距离，从爱尔兰传到阿根廷，为无线电波传输信息的通信方式开拓了道路。古列尔莫·马可尼和卡尔·布劳恩因为在无线电通信上的贡献，获得 1909 年的诺贝尔物理学奖。

1948 年，克劳德·艾尔伍德·香农发表了著名的论文《通信的数学理论》，为通信领域的技术革命奠定了理论基础。1946 年计算机的出现和 1947 年晶体管的诞生以及由此发展起来的相应技术（特别是集成电路技术）则是通信领域技术革命的物理或物质基础。

现代通信的技术手段在不断进步，相继出现了微波中继通信、卫星通信、光纤通信、移动通信、多媒体通信等手段，通信的实时性、可靠性、不间断等性能也得到了很大提升。人们正在逐步实现"任何人（Whoever）在任何地点（Wherever）、任何时间（Whenever）可以同任何对方（Whomever）进行任何形式（Whatever）的通信"这一人类通信的最高目标。

5.1.2　数据通信分类

数据通信涉及面非常广，为简单起见，这里主要介绍通信的基本类别、数据通信方式以及数字通信的传输方式。

1. 模拟通信和数字通信

作为一般的通信系统，信源产生的信息可能是模拟数据，也可能是数字数据。模拟数据取连续值，而数字数据取离散值。如果信源产生的是模拟数据并通过模拟信道传输，那么这种方式叫模拟通信；如果信源产生的是模拟数据且以数字信号的形式传输，那么这种通信方式叫数字通信。

比如人的语音就是一种模拟通信，作为信源的人发音就产生模拟信号，即一个声波，在空气中通过空气介质的振动传播，这个空气就是一个信道，这个信道中有干扰，比如噪音；而作为信宿的人的耳朵，就是把这种模拟信号，即声波转化为语言给大脑。人的声音传播的距离有限，因此人们发明了电话，传统的有线电话实际上也是把声波变成电波，在导线中传播几千里，接收方把电波还原为声波再传送到人耳。

如果信源发出的是数字数据，则既可以转换成模拟信号进行传输，也可以采用数字信号传输方式，但这时无论是采用模拟信号还是以数字信号的方式传输都称为数字通信。可以看出，对于数字数据而言，数字通信是专指信源和信宿中数据的形式为数字，而在信道中传输时根据需要选择采用模拟信号还是数字信号来传输。

2. 数字通信方式

数据通信的基本方式可以分为串行通信与并行通信两种。串行通信是指利用一条传输线将数据一位一位地顺序传送。例如传输一个字节（8个位）的数据时，串口是将8个位排好队，逐个地在1条连接线上传输。串行通信的效率较低，但是对信号线路的要求低，抗干扰能力强，同时成本也相对较低，一般用于计算机与计算机、计算机与外设之间的远距离通信。并行通信是指利用多条传输线将一个数据的各位同时传送。例如传输一个字节（8个位）的数据时，并口是将8个位一字排开，分别在8条连接线上同时传输。并行通信的效率高，但是成本高，对信号线路的要求也高，一般应用于快速设备之间的近距离通信，譬如CPU与存储设备、存储器与存储器等都采用并行通信。

在串行通信时，根据通信的数据同步方式，又可分为同步通信和异步通信两种。在同步通信中，收发设备双方会使用一根信号线表示时钟信号，在时钟信号的驱动下双方进行协调，同步数据。通信中通常双方会统一规定在时钟信号的上升沿或下降沿对数据线进行采样。在异步通信中，不使用时钟信号进行数据同步，它们直接在数据信号中穿插一些同步用的信号位，或者把主体数据进行打包，以数据帧的格式传输数据，例如规定有起始位、数据位、奇偶校验位、停止位等。在同步通信中，数据信号所传输的内容绝大部分就是有效数据，而异步通信中会包含有帧的各种标识符，所以同步通信的效率更高，但是同步通信双方的时钟允许误差较小，而异步通信双方的时钟允许误差较大。在某些通信中，有时还需要双方约定数据的传输速率，以便更好地同步。波特率（bps）是衡量数据传送速率的指标。

串行通信又称点对点通信，对于点对点之间的通信，根据数据的传输方向与时间关系，又可分为单工通信、半双工通信及全双工通信三种方式。单向（单工）通信只允许数据按照一个固定的方向传送，在任何时刻都只能进行一个方向的通信，一个设备固定为发送设备，一个设备固定为接收设备，例如无线电广播。双向交替（半双工）通信允许通信双方可以相互传输数据，但不能同时进行，每次只能由一个设备发送，另一个设备接收，例如对讲机。双向同时（全双工）通信则允许通信双方可以同时发送和接收信息，例如电话。

3. 数字通信的传输方式

当具体传输数字信息时，通常使用的技术包括基带传输、频带传输和宽带传输。

基带传输是较基本的数据传输方式，即按数据波的原样，不包含任何调制，在数字通信的信道上直接传送数据。在基带传输中，整个信道只传输一种信号，通信信道利用率低，但由于在近距离范围内基带信号的功率衰减不大，信道容量不会发生变化，因此，在局域网中通常使用基带传输技术。

频带传输是一种采用调制、解调技术的传输形式。在发送端，采用调制手段对数字信号进行某种变换，将代表数据的二进制"1"和"0"变换成具有一定频带范围的模拟信号，以适应在模拟信道上的传输；在接收端，通过解调手段进行相反变换，把模拟的调制信号复原为"1"或"0"。常用的调制方法包括频率调制、振幅调制和相位调制。具有调制、解调功能的装置称为调制解调器，即Modem，基带信号与频带信号之间的转换即由调制解调技术完成。虽然频带传输较复杂，但传送距离较远，因此计算机网络的远距离通信通常采用频带传输。

早期的宽带传输是相对于窄带传输而言的，是一种频带宽度较宽的信息传输技术，通常在300MHz~400MHz之间，它将频带信道划分成多个子信道，采用"多路复用"技术，分别传送音频、视频和数字信号，因此称为宽带传输。可见，早期的宽带传输一定是采用频带传输技术的，但频带传输不一定就是宽带传输。目前，宽带传输泛指接入速度超过25Mbps下行/3Mbps上行的传输方式，即可实现网上冲浪、语音、图像、视频等数据传输的一种接入方式，包括光纤、铜线、混合光纤/铜线以及无线等。与基带传输相比，宽带传输能在一个信道中传输声音、图像和数据信息，使系统具有多种用途；一条宽带信道能划分为多条逻辑基带信道，实现多路复用，因此信道的容量大大增加；宽带传输的距离比基带传输的距离远，传输速率也比基带传输的快。

5.2 计算机网络概述

计算机网络是以能够相互共享资源的方式互联起来的自治计算机系统的集合，具有共享硬件、软件和数据资源的功能，同时具有对共享资源进行管理和维护的能力。

5.2.1 计算机网络的产生与发展

如今，各种互联网服务提升了全球人类的生活品质，能够让人类比较便捷地获取信息，也让人类的生活更快乐、更丰富，促进了全球人类社会的进步。然而Internet诞生时，它的创始人并没有这么远大的理想。在Internet面世之初，没有人能想到它会进入千家万户，也没有人能想到它的商业用途。

计算机网络设计的初衷主要是考虑军事应用及提高抗干扰能力，可以说是美苏冷战的产物。20世纪60年代，核毁灭的威胁成了人们日常生活的话题，美国国防部认为，如果只有一个集中的军事指挥中心，万一这个中心被核武器摧毁，那么全国的军事指挥将处于瘫痪状态，其后果将不堪设想，因此有必要设计一个具有"残存"状态下工作能力的网络，即一个分散的指挥系统：它由一个个分散的指挥点组成，当部分指挥点被摧毁时，其他点仍能正常工作，而这些分散的点又能够通过某种形式的通信网取得联系。具有"残存"状态下工作能力的网络使用的通信技术主要是包交换（Packet Switching）技术，这也是当今通信业界司空见惯的通信方式，即将数据分割成若干称为"包"的数据块进行传送的数据通信技术。就好像把一大本书分割成一封封的小书信，然后邮寄出去，这些一封封的小书信可能走不同的路线到达收信人手中。1969年，美国国防部高级研究计划局开始建立一个命名为ARPAnet的网络，把美国的几个军事及研究中心用计算机主机连接起来，成为最早的计算机网络。最初，ARPAnet只连接了4台主机。

1974年，IP（Internet Protocol，Internet协议）和TCP（Transport Control Protocol，传输控制协议）问世，合称为TCP/IP协议。这两个协议定义了一种在计算机网络间传送报文（文件或命令）的方法。1983年，美国加利福尼亚大学伯克利分校把该协议作为其BSD UNIX操作系统的一部分，使得该协议得以在社会上流行起来，从而诞生了真正的Internet。TCP/IP协议的核心技术等于给散乱无序的网络带来了可以交流的规则和平台。最终导致了Internet的大发展。

1986年，美国国家科学基金会（National Science Foundation，NSF）利用ARPAnet发展出来的TCP/IP的通信协议，建立了NSFnet广域网。很多大学、政府资助的研究机构甚至私营的研究机构纷纷把自己的局域网并入NSFnet中。ARPAnet逐步被NSFnet所替代。今天，NSFnet已成为Internet的骨干网之一。

1989年，由欧洲核子研究组织（CERN）开发成功WWW（World Wide Web），为Internet实现广域超媒体信息截取/检索奠定了基础。到了20世纪90年代初期，Internet事实上已成为一个网中网——各个子网分别负责自己的架设和运作费用，而这些子网又通过NSFnet互联起来。由于NSFnet由政府出资，因此，当时Internet的最大投资者还是美国政府，只不过在一定程度上加入了一些私人小老板。20世纪80年代，由于多种学术团体、企业研究机构，甚至个人用户的进入，Internet的使用者不再限于计算机专业人员。新的使用者发现，加入Internet除了可共享NSFnet的巨型机外，还能进行相互间的通信。于是，他们逐步把Internet当作一种交流与通信的工具。

在20世纪90年代以前，Internet的使用一直仅限于研究与学术领域。1991年，美国的三家公司分别经营着自己的CERFnet、PSInet及Alternet网络，组成了商用Internet交易协会（CIEA），宣布用户可以把他们的Internet子网用于任何的商业用途。Internet商业化服务提供商的出现，使工商企业终于可以堂堂正正地进入Internet。商业机构一踏入Internet这个陌生的世界就发现了它在通信、资料检索、客户服务等方面的巨大潜力。于是，世界各地的企业及个人纷纷涌入，带来Internet发展史上一个新的飞跃。这一切可以说是TCP/IP给它带来的活力，也正是在这网络大潮中，TCP/IP由产生到发展再到完善壮大。

5.2.2　网络互联设备

网络互联设备是用来将各类服务器、PC、应用终端等节点相互连接起来，构成信息通信网络的专用硬件设备，包括信息网络设备、通信网络设备、网络安全设备等。常见的网络互联设备有传输介质、网络接口卡（NIC）、集线器、网桥、交换机、路由器、防火墙、网关、VPN服务器、无线接入点（WAP）、调制解调器、5G基站等。这里我们简要介绍其中几个。

1. 传输介质和通信线路

网络传输介质是网络中发送方与接收方之间的物理通路，常用的传输介质有双绞线、同轴电缆、光纤、无线传输媒介等。图5-2所示分别为双绞线、同轴电缆和光纤三种传输介质，无线介质主要包括无线电波、微波、红外线等。不同传输介质的吞吐量、带宽、成本、抗噪性、尺寸和可扩展性等方面均不相同，同时，它们也具有不同的连接装置（连接器），例如，需要使用光缆、光端机、光纤收发器等设备协同实现光纤通信。

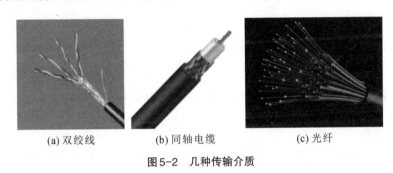

(a) 双绞线　　　　(b) 同轴电缆　　　　(c) 光纤

图 5-2　几种传输介质

双绞线是将一对以上的双绞线封装在一个绝缘外套中，为了降低信号的干扰程度，电缆中的每一对双绞线一般是由两根绝缘铜导线相互扭绕而成的。它适合于短距离通信，一般用于星型网的布线连接，两端安装有RJ-45头（水晶头），连接网卡与集线器，最大网线长度为100米，如果要加大网络的范围，在两段双绞线之间可安装中继器，最多可安装4个中继器。

同轴电缆由绕在同一轴线上的两个导体组成，内导线、圆柱导体及外界之间用绝缘材料隔开。根据直径的不同，同轴电缆可分为粗缆和细缆两种，其中粗缆具有抗干扰能力强、连接简单、传输速率高、传输距离长等特点，但其成本高、网络安装和维护都比较困难，一般用于大型局域网的干线，连接时两端需要终接器；细缆安装较容易，造价较低，但日常维护不方便。

光纤又称光缆或光导纤维，由光导纤维纤芯、玻璃网层和能吸收光线的外壳组成，是一种细小而柔韧的传输介质。应用光学原理，由光发送机产生光束，将电信号转变为光信号，再把光信号导入光纤，在另一端由光接收机接收光纤上传来的光信号，并把它变为电信号，经解码后再处理。与其他传输介质相比，光纤的电磁绝缘性能好、信号衰小、频带宽、传输速度快、传输距离大，主要用于要求传输距离较长、布线条件特殊的主干网连接。光纤具有不受外界电磁场的影响、无限制的带宽等特点。光纤可以实现每秒万兆位的数据传送，尺寸小、重量轻，数据可传送几百千米，但价格昂贵。

无线电波是指在自由空间（包括空气和真空）传播的射频频段的电磁波。无线电技术的原理在于，导体中电流强弱的改变会产生无线电波。利用这一现象，通过调制可将信息加载于无线电波之上。当电波通过空间传播到达收信端，电波引起的电磁场变化又会在导体中产生电流。通过解调将信息从电流变化中提取出来，就达到了信息传递的目的。最适合卫星通信的频率是（1～10）GHz频段，WiFi主要使用2.4 GHz和5 GHz频段，蓝牙主要使用2.4 GHz频段。微波是指频率为300 MHz~300 GHz的电磁波，是无线电波中一个有限频带的简称，即波长在1 m（不含1 m）到1 mm之间的电磁波，是分米波、厘米波、毫米波和亚毫米波的统称。微波频率比一般的无线电波频率高，通常也称超高频电磁波。红外线是光谱红色光外侧存在的看不见的光线，可以当作传输之媒介，主要用于短距离、可直视范围内的通信。

通信线路由传输介质构成，是保证信息传递的通路。目前长途干线中有线线路主要是用大芯数的光缆，另有卫星、微波等无线线路。省际及省内长途也以光缆为主，另有微波、卫星电路。局域网内部通信通常使用专用的双绞线、同轴电缆或光纤等专用线。

2. 网络接口卡（NIC）

网络接口卡又叫网卡，是所有服务器和工作站上必须安装的网络设备，是计算机或其他网络设备所附带的适配器，用于计算机和网络间的连接。每一种类型的网络接口卡都是分别针对特定类型的网络设计的，比如以太网、令牌网或者无线局域网，都有其对应的网卡。网卡主要定义了与网络线路进行连接的物理方式和在网络上传输二进制数据流的组帧方式，它还定义了控制信号，为数据在网络上进行传输提供时间选择的方法。图5-3所示为一款无线网卡。

3. 中继器

中继器（repeater）又称转发器，主要功能是将信号整形并放大再转发出去，以消除信号经过一长段电缆后，因噪声或其他原因而造成的失真和衰减，使信号的波形和强度达到所需要的要求，进而扩大网络传输的距离。图5-4所示为一款中继器。

中继器是局域网互联的最简单设备，它负责接收并识别网络信号，然后再生信号并将其发送到网络的其他分支上。要保证中继器能够正确工作，首先要保证每一个分支中的数据包和逻辑链路协议是相同的。例如，在以太局域网和令牌环局域网之间，中继器是无法让它们通信的。但是，中继器可以用来连接不同的物理介质，并在各种物理介质中传输数据包。

图5-3　无线网卡

图5-4　中继器

中继器是扩展网络的最廉价的方法。当扩展网络的目的是要突破距离和节点的限制，并且连接的网络分支都不会产生太多的数据流量，成本又不能太高时，就可以考虑选择中继器。需要注意，采用中继器连接网络分支的数目受具体网络体系结构的限制，而且中继器没有隔离和过滤功能，它不能阻挡包含异常数据的数据包从一个分支传送到另一个分支，这意味着，一个分支出现故障可能影响其他每一个网络分支。

4. 集线器

集线器（hub）如图5-5所示。它是一种特殊的中继器，计算机通过一段双绞线连接到集线器。经过本地线路将终端集中起来，连接到高速线路上的中央节点。在集线器中，数据被转送到所有端口，无论与端口相连的系统是否按计划要接收这些数据。如果同时有两个或多个端口输入，那么输出时会发生冲突，致使这些数据都无效。除了与计算机相连的端口外，即使在一个非常廉价的集线器中，也会有一个端口被指定为上行端口，用来将该集线器连接到其他集线器以便形成更大的网络。

从集线器的工作方式可以看出，它在网络中只起到信号放大和转发的作用，目的是扩大网络的传输范围，而不具备信号的定向传送能力，即信号传输的方向是固定的，是一个标准的共享式设备。使用集线器组网灵活，用户的加入和退出也很自由，但由于集线器只能在半双工状态下工作，网络的吞吐率因此受到限制。

5. 网桥

网桥（bridge）如图5-6所示。网桥是一个局域网与另一个局域网之间建立连接的桥梁，两个或多个以太网通过网桥连接后，就成为一个覆盖范围更大的以太网，而原来的每个以太网就称为一个网段。网桥的两个端口分别有一条独立的交换信道，并不共享一条背板总线，因此可隔离冲突域。

虽然网桥和集线器外形相似，但是网桥处理数据的对象是帧，所以它是工作在数据链路层的设备，中继器处理数据的对象是电气信号，因此它是工作在物理层的设备。另外，集线器上各端口都是共享同一条背板总线的，而网桥不是，因此网桥的性能更好。目前，由于网桥功能的局限性，基本上已被具有更多端口，同时也可隔离冲突域的交换机

（Switch）所取代。

图5-5　集线器

图5-6　网桥

6. 交换机

交换机如图5-7所示。交换机提供了比网桥更加强大的功能，在同一时刻可对多个端口之间的数据进行传输，即执行多个帧的转发操作，其内部帧的转发表则是通过自学习算法自动地逐渐建立起来的。交换机将网络分成若干小的冲突域，在每一个端口都可视为独立的网段，连接在其上的网络设备独自享有全部的带宽，无须同其他设备竞争使用，因此可为每个工作站提供更高的带宽。

交换机使用了专用的交换结构芯片，因此交换速率较快。另外，交换机对工作站是透明的，因此管理开销费用低，简化了网络节点的增加、移动和网络变化的操作。

7. 路由器

图5-8所示为一种带Wifi的路由器（router）。路由器是一种具有多个输入 / 输出端口的专用计算机，其任务是连接不同的网络（连接异构网络）并完成路由转发。在多个逻辑网络（即多个广播域）互联时必须使用路由器。

图5-7　交换机

图5-8　带Wifi的路由器

当源主机要向目标主机发送数据报时，路由器应先检查源主机与目标主机是否连接在同一个网络上。如果源主机和目标主机在同一个网络上，那么直接交付而无须通过路由器。如果源主机和目标主机不在同一个网络上，那么路由器按照转发表（路由表）指出的路由将数据报转发给下一个路由器，这称为间接交付。可见，在同一个网络中传递数据无须路由器的参与，而跨网络通信必须通过路由器进行转发。

8. 网关

网关（gateway）如图 5-9 所示。它是一个网络连接到另一个网络的"关口"，也就是网络关卡，因此又称网间连接器、协议转换器。默认网关在网络层上用来实现网络互联，是比较复杂的网络互联设备，仅用于两个高层协议不同的网络互联。网关的结构也与路由器类似，不同的是互联层。网关既可以用于广域网互联，也可以用于局域网互联。

图 5-9　网关

网关实质上是一个网络通向其他网络的 IP 地址。由于历史原因，许多有关 TCP/IP 的文献曾经把网络层使用的路由器称为网关，而今天很多局域网都是采用路由器来接入网络，因此通常所指的网关就是路由器的 IP 地址。默认网关是指当一台主机找不到可用的网关时，就把数据包发送给默认指定的网关，由这个网关来处理数据包。

9. 防火墙

防火墙是指由软件和硬件设备组合而成，是内部网和外部网、局域网与外网之间的一层保护屏障，它就像架起了一面墙，在网络之间建立起一个安全网关，从而保护内部网免受非法用户的侵入。

防火墙分为软件防火墙和硬件防火墙。软件防火墙一般基于某个操作系统平台开发，直接在计算机上进行软件的安装和配置。它是通过纯软件的方式来达到隔离内/外部网络的目的。由于客户操作系统的多样性，软件防火墙需要支持多种操作系统，如 UNIX、Linux、Windows 等。硬件防火墙如图 5-10 所示，它是通过硬件和软件的组合来达到隔离内/外部网络的目的，它把软件防火墙嵌入在硬件中，把防火墙程序加入芯片里面，由硬件执行这些功能，从而减少计算机或服务器的CPU 负担。

图 5-10　防火墙

10. 调制解调器

调制解调器（Modem）如图 5-11 所示。调制解调器俗称"猫"，它是在发送端通过调制将数字信号转换为模拟信号，而在接收端通过解调再将模拟信号转换为数字信号的一种装置。它的目标是产生能够方便传输的模拟信号并且能够通过解码还原原来的数字信号。根据不同的应用场合，调制解调器可以使用不同的方法来传送模拟信号，比如使用光纤、射频无线电或电话线等。

11. 无线接入点

无线接入点（access point，AP）如图 5-12 所示。无线接入点又称无线访问节点，用于无线网络的无线交换机，也是无线网络的核心。

图 5-11　调制解调器

图 5-12　无线接入点

当前的无线接入点可以分为两类：单纯型无线接入点和扩展型无线接入点。单纯型无线接入点主要提供无线工作站对有线局域网以及从有线局域网到无线工作站的访问，访问接入点覆盖范围内的无线工作站可以通过它相互通信。通俗来讲，单纯型无线接入点是无线网和有线网之间沟通的桥梁。由于无线接入点的覆盖范围是一个向外扩散的区域，因此，应当尽量把无线接入点放置在无线网络的中心位置，而且各无线客户端与无线接入点要保持在一定的距离内，以避免因通信信号衰减过多而导致通信失败。扩展型无线接入点是无线接入点、路由功能和交换机的集合体，它支持有线和无线组成同一个子网，直接接上调制解调器即可使用。

需要提醒的是，目前有的产品集调制解调器、路由器、交换机以及无线 AP 功能于一身，购买相关产品时，按照需要进行选择。

12. 5G 基站

5G 基站如图 5-13 所示。它是第 5 代移动通信网络的核心设备，提供无线覆盖，实现有线通信网络与无线终端之间的无线信号传输。5G 基站主要用于提供 5G 空口协议功能，支持用户设备、核心网之间的通信。基站从 2G 到 3G 再到 4G，一直在不断地演进，5G 基站可以提供更快的上传和下载速度，覆盖范围更广，可以连接更多的终端，性能也更稳定。

图 5-13　5G 基站

截至 2022 年 5 月，中国已建成 5G 基站近 160 万个，成为全球首个基于独立组网模式规模建设 5G 网络的国家。事实上，5G 已经成为我国国家战略的重要组成部分，是实现产业升级和发展新经济的基础性平台，将促进汽车工业、医疗、保健、教育等行业的颠覆性发展。

5.2.3 网络拓扑结构及类型

计算机网络的拓扑结构是一种引用拓扑学中与大小、形状无关的点和线来研究相互关系的方法，即把网络中的计算机和通信设备抽象为一个点，把传输介质抽象为一条线，由点和线组成的几何图形。

1. 拓扑结构表示

网络拓扑结构是指网络的物理或逻辑布局，它抛开网络电缆的物理连接来讨论网络系统的连接形式，定义了不同节点的放置方式和相互连接的方式，即网络电缆构成的几何形状。它能从逻辑上表示出网络服务器、工作站的网络配置和互相之间的连接，可以描述数据如何在这些节点之间传输。

有两种类型的网络拓扑：物理拓扑和逻辑拓扑。物理拓扑是指节点与网络之间的物理连接和互联，强调所连接的设备和节点的物理布局。逻辑拓扑更抽象和更具战略意义，是指对网络如何与为什么按其排列方式连接，以及数据如何通过它移动等概念性理解，侧重于网络节点之间的数据传输模式。图5-14所示即为一个局域网的物理拓扑结构。

2. 网络拓扑结构分类的类型及特点

常见的网络拓扑结构主要有星型拓扑、环型拓扑、总线型拓扑、树型拓扑、网状拓扑、混合型拓扑、蜂窝状拓扑等。其中星型拓扑、环型拓扑以及总线型拓扑是三种最基本的拓扑结构。在局域网中，使用最多的是星型拓扑结构。它们的特点总结如下。

（1）星型拓扑结构。星型拓扑结构是最古老的一种连接方式，我们使用的有线电话即属于这种结构。一般的网络环境都被设计成星型拓扑结构。星型网是广泛而又首选使用的网络拓扑结构之一。星型拓扑结构是指各工作站通过星型方式连接成网。网络有中央节点，其他节点（工作站、服务器等）都与中央节点直接相连，这种结构以中央节点为中心，因此又称集中式网络，如图5-15所示。

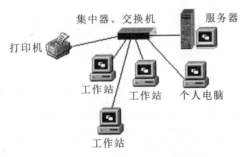

图5-14　局域网的物理拓扑结构

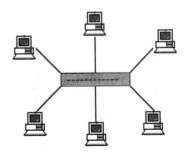

图5-15　星型拓扑结构

可见，星型拓扑结构是一个中心、多个分节点。它结构简单，连接方便，管理和维护都相对容易，而且扩展性强，网络延迟时间较小，传输误差低。星型拓扑结构便于集中控制，当端用户设备由于故障而停机时也不会影响其他端用户间的通信。因为端用户之间的通信必须经过中心站，因此具有易于维护和安全性高等优点。同时，星型拓扑结构的网络延迟时间较小，系统的可靠性较高。当中心无故障时，一般网络没问题，因此要求中心系统具有极高的可靠性，这就造成中央节点负担繁重，不利于扩充线路的利用率。当中心发生故障，网络就会出现问题，整个系统就处于瘫痪状态。

（2）环型拓扑结构。环型拓扑结构是节点形成一个闭合环，如图5-16所示。在这种结构中，链接媒体从一个端用户到另一个端用户，直到将所有的端用户连成环型。数据在环路中沿着一个方向在各个节点间传输，信息从一个节点传输到另一个节点。

环型拓扑结构消除了端用户通信时对中心系统的依赖性，建网简单，结构易构，便于管理。同时，环路上各节点都是自举控制，故控制软件简单。但是，由于信息源在环路中是串行地穿过各个节点，当环中节点过多时，势必影响信息传输速率，使网络的响应时间延长。另外，环路是封闭的，不便于扩充，可靠性低，一旦某个节点出现问题，网络就会出现问题，而且不容易诊断故障。

（3）总线型拓扑结构。总线型拓扑结构是将所有设备连接到一条通信线上，如图5-17所示。在该结构中，每个节点上的网络接口板硬件均具有收、发功能，接收器负责接收总线上的串行信息并转换成并行信息发送到PC工作站；发送器是将并行信息转换成串行信息后广播发送到总线上，当总线上发送信息的目的地址与某节点的接口地址相符合时，该节点的接收器便接收信息。

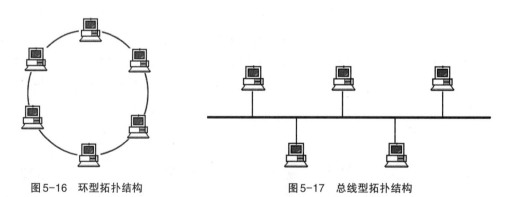

图5-16　环型拓扑结构　　　　　　图5-17　总线型拓扑结构

总线型拓扑结构的优点是信道利用率高，结构简单且灵活、构建方便、性能优良，价格相对便宜。由于各个节点之间通过电缆直接连接，所以总线型拓扑结构中所需要的电缆长度是最短的。其缺点在于：总干线将对整个网络起决定作用，主干线的故障将引起整个网络瘫痪，且总线只有一定的负载能力，因此总线长度有一定限制，一条总线只能连接一定数量的节点，以及该结构不易于诊断故障。

（4）树型拓扑结构。树型拓扑结构从总线拓扑结构演变而来，如图5-18所示。形状像一棵倒置的树，顶端是树根，树根以下带分支，每个分支还可再带子分支，树根接收各站点发送的数据，然后广播发送到全网。

在计算机网络拓扑结构中，树型拓扑结构主要是指在各个主机之间进行分层连接，其中节点的位置越高，其可靠性就越强。树型拓扑结构其实是总线型拓扑结构的复杂化，如果总线型拓扑结构通过许多层集线器进行主机连接，即可形成树型拓扑结构。

在互联网中，树型拓扑结构中不同层次的计算机或节点的地位是不一样的，树根部位（最高层）是主干网，相当于广域网的某节点，中间节点所表示的应该是大局域网或城域网，叶节点所对应的就是最底层的小局域网。

树型拓扑结构是分级的集中控制式网络，所有节点中的两个节点之间都不会产生回路，所有的通路都能进行双向传输。其优点是成本较低、灵活方便，节点易于扩充，寻找路径比较方便，比较适合那些分等级的主次较强的层次型的网络。其缺点是，除叶节点及其相连的线路外，任一节点或其相连的线路故障都会让系统受到影响。

（5）网状拓扑结构。在计算机网络拓扑结构中，网状拓扑结构是最复杂的网络形式，它是指网络中的任何一个节点都会连接着两条或者两条以上的线路，从而保持跟至少两个或者更多的节点相连，如图5-19所示。

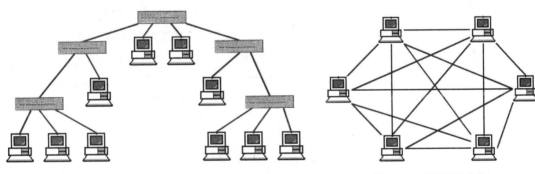

图5-18　树型拓扑结构　　　　图5-19　网状拓扑结构

网状拓扑结构中的各个节点跟许多条线路相连，不受瓶颈问题和节点或线路失效问题的影响，一旦线路出现问题，可以绕行其他线路，具有较高的可靠性和稳定性。但其结构和联网比较复杂，实现起来费用较高，不易管理和维护，因此不适用于构建局域网，比较适用于构建广域网。

（6）混合型拓扑结构。将两种或两种以上的网络拓扑结构混合起来构成的网络拓扑结构即为混合型拓扑结构，如图5-20所示。这种网络拓扑结构往往是由星型拓扑结构和总线型拓扑结构的网络结合起来形成的网络结构，这样的拓扑结构更能满足较大网络的拓展，既解决了星型网络在传输距离上受限的问题，又解决了总线型网络在连接用户数量上受限的问题，因此它同时兼顾了星型网络和总线型网络的优点。

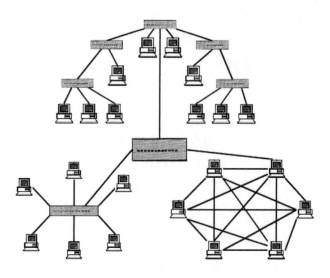

图5-20　混合型拓扑结构

（7）蜂窝状拓扑结构。蜂窝状拓扑结构是无线局域网中常用的结构。图5-21所示为当前5G时代的蜂窝状拓扑结构。基站负责一个小区中设备的通信，由于单个基站的覆盖范围有限，因此需要建立多个基站，并将多个基站联合起来，以实现大面积的无缝覆盖。多个基站整齐地排布在一起，每个基站都覆盖一个正六边形区域，形状像"蜂房"，每个正六边形叫一个"Cell"，多个这样的Cell组成的系统称为Cellular Network（蜂窝网络）。在5G时代，基站拆分为集中单元（CU）和分布单元（DU），一个CU管理多个DU；核心网用来管理数量较少的CU。CU和DU可以分离，也可以不分离，具体是否进行DU和CU的拆分，要看5G的发展阶段以及具体业务的时延需求。

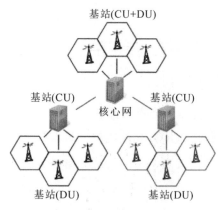

图5-21　蜂窝状拓扑结构

蜂窝状网络以无线传输介质（微波、卫星通信、红外线等）点到点和多点传输为特征，是一种无线网，适用于城市网、校园网、企业网等。

5.2.4 计算机网络分类

在网络应用范围越来越广泛的今天，各种各样的网络越来越多。将网络进行分类，可对现有的网络有一个清晰的、整体的把握。关于计算机网络，采用不同的分类方案会得到不同的分类结果。按照计算机网络的地理覆盖范围，可分为局域网、城域网和广域网；按照网络管理模式，可分为对等网、C/S（客户机/服务器）网；按照传输方式，可分为点对点传输网络、广播式传输网络；按照不同的传输介质，可分为有线网和无线网；按照网络构成的拓扑结构，可分为总线型、星型、环型和树型等。分类标准还有很多，在此只介绍一些常见的分类方案（拓扑结构及按拓扑结构分类的内容请详见第5.2.3节）。

1. 按照计算机网络的地理覆盖范围分类

计算机网络按其覆盖的地理范围可分为如下三类。

1）局域网

局域网（Local Area Network，LAN）是一种在小区域内使用的、由多台计算机组成的网络，覆盖范围通常局限在10千米范围之内，属于一个单位或部门组建的小范围网。

2）城域网

城域网（Metropolitan Area Network，MAN）是作用范围在广域网与局域网之间的网络，其网络覆盖范围通常可以延伸到整个城市，借助通信光纤将多个局域网联通公用城市网络而形成较为大型的网络，不仅可以共享局域网内的资源，还可以共享局域网之间的资源。

3）广域网

广域网（Wide Area Network，WAN）是一种远程网，涉及长距离的通信，覆盖范围可以是整个国家或多个国家，甚至整个世界。由于广域网地理上的距离可以超过几千千米，所以信息衰减非常严重，这种网络一般要租用专线，通过接口信息处理协议和线路连接起来，构成网状结构，解决寻径问题。

除以上三种网络外，还可以将互联网（Internet）看成是由局域网、广域网等组成的一个最大的网络，它可以把世界上各个地方的网络都连接起来，个人、政府、学校、企业等均可包含在内。

2. 按照网络管理模式分类

按计算机网络的管理模式，可以把目前的计算机网络划分为对等网（Peer-to-Peer，PTP）和C/S（Client/Server，客户机/服务器）网。

1）对等网

所谓对等网（PTP），即网络中各成员计算机的地位都是平等的，没有管理与被管理之分。计算机各自为政，谁也不管谁，采用的是分散管理模式。对等网中的每台计算机既可作为其他计算机资源访问的服务器，又可作为工作站来访问其他计算机，整个网络中没有专门的资源服务器,如图5-22所示。最简单的对等网可以仅通过串行线缆(称为零调制解调器)来连接两台计算机。

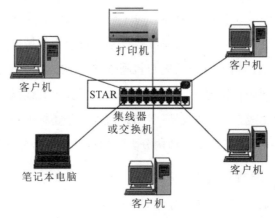

图 5-22　对等网

对等网可以说是当今最简单的网络,远没有像Windows域网络那样的C/S网络配置复杂,非常适合家庭、校园和小型办公室用户。从用户和计算机管理角度来看,通过Linux和UNIX操作系统组成的计算机网络都采用这种网络管理模式,Windows操作系统中的"工作组"网络也是对等网管理模式。需要注意的是,即使在对等网中,也可能有部分服务是采用C/S管理模式的,如在工作组网络中部署的文件服务器、数据库服务器、邮件服务器等。

对等网除具有配置简单等优点外,更多的是不足,主要体现在统一配置与管理困难、安全性差、成本高、性能差等。

2)C/S网

C/S模式其实是针对具体服务器功能来说的,这些服务器可以是用于管理整个网络中的计算机和用户账户的服务器(如Windows域网络中的域控制器),也可以是其他网络或应用服务器(如邮件服务器、数据库服务器、Web服务器、FTP服务器等)。这些服务器有一个共同的特点,就是一般只作为服务器角色而存在,专门为网络中其他用户的计算机提供对应的服务。典型的C/S网如图5-23所示。

C/S网的杰出代表就是Windows服务器系统(如Windows Server 2003、Windows Server 2008等)的域网络。这种域网络可以对网络中的所有用户、计算机账户进行统一管理。除此之外,其他网络服务器(如DNS服务器、DHCP服务器、NFS服务器等)和应用服务器(如Web服务器、FTP服务器、E-mail服务器等)也可以组成C/S网,不过它们不能集中管理网络中的用户和计算机账户。

综合起来,与对等网相比,C/S网的主要优点包括管理和配置容易、安全性高、性能好。目前,各企业基本上采用的是C/S网,因为企业中基本上都会专门配置一台甚至多台专门的服务器。

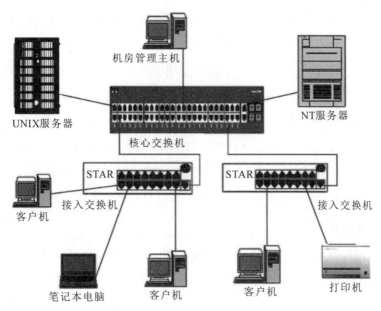

图 5-23　C/S（客户机/服务器）网

3. 按照传输方式分类

按照传输方式，计算机网络可划分为点对点传输网络和广播式传输网络两种。这种划分方式其实是根据所采用的传输协议进行的，因为无论是点对点传输网络，还是广播式传输网络，都取决于所采用的通信协议，与网络拓扑结构也有一定的关系。

1）点对点传输网络

在点对点传输网络中采用的通信协议都是基于点对点通信的，如 SLIP（串行线路 Internet 协议）、PPP（点对点协议）、PPPOE（基于以太网点对点协议）、PPTP（点对点隧道协议）等。我们使用的各种 Modem 拨号及路由器间串口（通常称为 S 口）的连接，使用的都是 PPP（点对点协议）或 PPOE（基于以太网点对点协议）。我们打电话也是点对点通信的，通信只在两部电话机线路之间进行，其他线路上的用户是听不到的。

在点对点传输网络中，数据是以点对点的方式（或者是"一对一"方式）在计算机或通信设备中传输的，也就是某个端口只能与它相接、相连的对端端口进行通信，不能把数据发送到本网络的其他链路中，也就是只能单点"联系"。

点对点传输网络是由许多互相连接的节点构成的，在每对机器之间都有一条专用的通信信道，也就是说，这两台机器是独占通信线路的，如各种拨号网络就是这样的。因此，在点对点传输网络中，不存在信道共享与复用的情况。

2）广播式传输网络

广播式传输网络是一种可以仅使用由网络上的所有节点共享的公共信道进行广播传输的计算机网络，是一种一点对多点的网络结构。在广播式传输网络中传输信息时，任何一个节点都可以发送数据包，通过公共信道（如交换机的背板矩阵及设备间的连接通道）或总线传送到网络的其他计算机上。随后，这些计算机根据数据包中的目的 MAC 地址进行判断，如果自己的 MAC 地址与目的 MAC 地址匹配，则接收，否则便丢弃它。

要区分是哪种传输方式的网络，关键是看它里面所用的通信协议。以太网就是典型的广播式传输网络，其所使用的就是各种以太网（Ethernet）协议。另外，环型拓扑结构的令牌环网络和总线型拓扑结构的令牌总线网络也是广播式传输网络。当然，不仅环型拓扑结构、总线型拓扑结构的网络可以是广播式传输网络，其他的如星型拓扑结构、树型拓扑结构、网状拓扑结构的计算机网络都可以是广播式传输网络，因为这些网络中都存在公共信道。各种无线网络、卫星传播网络也都是广播式传输网络，因为它们的传输信道都是公用的。

4. 按传输介质分类

传输介质是指网络连接设备间的中间介质，也是信号传输的媒体，分为有线介质和无线介质两大类。按传输介质，计算机网络可分为以下几种。

1）有线网

采用有线介质连接的网络称为有线网。常用的有线传输介质有双绞线、同轴电缆和光导纤维等，由它们连接的网络有同轴电缆网络、双绞线网络、光纤网络等。

虽然目前我们看到的局域网主要是以双绞线为代表传输介质的以太网，但因各企业特点的不同，所采用的局域网传输技术也不同。目前常用的有线局域网技术包括：以太网（Ethernet）、令牌网（Token Ring）、FDDI 网、异步传输模式网（ATM）等几类，下面进行简单介绍。

（1）以太网。

以太网（Ethernet）最早是由 Xerox（施乐）公司创建的，在 1980 年由 DEC、Intel 和 Xerox 三家公司联合开发为一个标准。以太网是应用最为广泛的局域网，包括标准以太网（10 Mb/s）、快速以太网（100 Mb/s）、千兆以太网（1000 Mb/s）和 10 Gb/s 以太网，它们都符合 IEEE 802.3 系列标准规范。

最开始以太网只有 10 Mb/s 的吞吐量，它所使用的是 CSMA／CD（带有冲突检测的载波侦听多路访问）的访问控制方法，通常把这种最早期的 10 Mb/s 以太网称为标准以太网。以太网主要有两种传输介质，即双绞线和同轴电缆。所有的以太网都遵循 IEEE 802.3 标准。

随着网络的发展，传统标准的以太网技术已难以满足日益增长的网络数据流量速度的需求。在 1993 年 10 月以前，对于要求 10 Mb/s 以上数据流量的 LAN 应用，只有光纤分布式数据接口（FDDI）可供选择，但它是一种价格非常昂贵的、基于 100 Mp/s 光缆的 LAN。1993 年 10 月，Grand Junction 公司推出了世界上第一台快速以太网集线器 FastSwitch10／100 和网络接口卡 FastNIC100，快速以太网技术正式得以应用。快速以太网仍是基于载波侦听多路访问和冲突检测（CSMA／CD）的技术，当网络负载较重时，会造成效率下降，此时可以使用交换技术来弥补。

随着以太网技术的深入应用和发展，企业用户对网络连接速度的要求越来越高，1995 年 11 月，IEEE 802.3 工作组委任了一个高速研究组（Higher Speed Study Group），研究如何将快速以太网速度提高。1996 年 6 月，IEEE 标准委员会批准了千兆位以太网方案授权申请（Gigabit Ethernet Project Authorization Request）。随后，IEEE 802.3 工作组成立了 802.3z 工作委员会，该委员会负责建立千兆以太网标准。千兆以太网在处理新应用和新数据类型方面具有灵活性，它是在赢得了巨大成功的 10 Mb/s 和 100 Mb/s IEEE 802.3 以太网标准基础上的延伸，提供了 1000 Mb/s 的数据带宽。这使得千兆以太网成为高速、宽带网络应用的战略性选择。

现在，10 Gb/s 的以太网标准已经由 IEEE 802.3 工作组于 2000 年正式制定，10 Gb/s 以太网仍使用与 10 Mb/s 和 100 Mb/s 以太网相同的形式，它允许直接升级到高速网络。10 Gb/s 以太网仍然是以太网，但由于工作在全双工方式下，因此不存在争用问题，也不使用 CSMA/CD 协议，这就使得其传输距离不再受碰撞检测的限制而大大提高了。

（2）令牌环网。

令牌环（Token Ring）网是 IBM 公司于 20 世纪 70 年代提出的。在老式的令牌环网中，数据传输的速度为 4 Mb/s 或 16 Mb/s，新型的快速令牌环网速度可达 100 Mb/s。令牌环网的传输方法在物理上采用了星型拓扑结构，但在逻辑上仍是环型拓扑结构。在这种网络中，有一种专门的帧称为"令牌"，通过在环路上持续地传输来确定一个节点何时可以发送包。

由于目前以太网技术发展迅速，令牌网又存在其固有缺点，令牌网在整个计算机局域网已不多见，原来提供令牌网设备的厂商多数也退出了市场。

（3）FDDI 网。

FDDI（Fiber Distributed Data Interface，光纤分布式数据接口），是于 20 世纪 80 年代中期发展起来的一项局域网技术，它提供的高速数据通信能力要高于当时的以太网（10 Mb/s）和令牌网（4 Mb/s 或 16 Mb/s）的能力。FDDI 标准由 ANSI X3T9.5 标准委员会制订，为繁忙网络上的高容量输入/输出提供了一种访问方法。

FDDI 的访问方法与令牌环网的访问方法类似，在网络通信中均采用"令牌"传递。它与标准的令牌环网又有所不同，主要在于 FDDI 使用定时的令牌访问方法。FDDI 令牌沿网络环路从一个节点向另一个节点移动，如果某节点不需要传输数据，那么 FDDI 将获取令牌并将其发送到下一个节点中。如果处理令牌的节点需要传输，那么在指定的称为"目标令牌循环时间"（Target Token Rotation Time，TTRT）内，它可以按照用户的需求来发送尽可能多的帧。因为 FDDI 采用的是定时的令牌方法，所以在给定时间中，来自多个节点的多个帧可能都在网络上，以为用户提供高容量的通信。

FDDI 使用两条环路，当其中一条出现故障时，数据可以从另一条环路上到达目的地。连接到 FDDI 的节点主要有两类，即 A 类和 B 类。A 类节点与两个环路都有连接，由网络设备如集线器等组成，并具备重新配置环路结构以在网络崩溃时使用单个环路的能力；B 类节点通过A类节点的设备连接在FDDI网络上，B类节点包括服务器或工作站等。

FDDI技术同IBM的Tokenring技术相似，并具有LAN和Tokenring所缺乏的管理、控制和可靠性措施，FDDI支持长达2KM的多模光纤。FDDI网络的主要缺点是同前面所介绍的"快速以太网"相比价格较高，且因为它只支持光缆和5类电缆，所以使用环境受到限制、从以太网升级更是面临大量移植问题。

（4）ATM网。

ATM（Asynchronous Transfer Mode，异步传输模式）的开发始于20世纪70年代后期，与以太网、令牌环网、FDDI网等使用可变长度包技术不同，ATM使用53字节固定长度的单元进行交换。它是一种交换技术，没有共享介质或包传递带来的延时，很适合音频和视频数据的传输。

ATM是采用信元交换替代包交换来进行实验，发现信元交换的速度是非常快的。信元交换将一个简短的指示器称为虚拟通道标识符，并将其放在TDM时间片的开始，这使得设备能够将其比特流异步地放在一个ATM通信通道上，让通信变得能够预知且持续，这样就为时间敏感的通信提供了一个预QoS（Quality of Service），这种方式主要用在视频和音频数据的传输上。通信可以预知的另一个原因是，ATM采用的是固定的信元尺寸。

2）无线网

无线网采用空气作为传输介质，用电磁波作为载体来传输数据的网络。无线网主要采用的技术包括微波通信、红外线通信和激光通信。由它们作为传输介质构建的网络包括蓝牙网络、Wifi网络、卫星网络、1G/2G/3G/4G/5G网络等。

无线网络通常又分为无线个域网（Wireless Personal Area Network，WPAN）、无线局域网（Wireless Local Area Network，WLAN）、无线城域网（Wireless Metropolitan Area Network，WMAN）、无线广域网（Wireless Wide Area Network，WWAN），读者可参考本章前述内容以及在线资料对其进行学习。现在最典型的应用就是无线局域网（WLAN）。

无线局域网使用的是无线电频率而不是线缆。与线缆相比，无线电频率没有边界，数据帧可以向任何能接收无线电信号的地方发送，处在无线电频率范围内的无线网卡都可以接收到信号，在同一个区域中使用相同的无线电频率会相互干扰。WLAN的客户端使用无线接入点（AP）连接到网络，而不是以太网交换机。无线局域网是一个共享网络，AP就像以太网中的交换机，只是它的数据使用无线电波传送。

5.3 网络协议和计算机网络体系结构

TCP/IP是Internet的基本协议，它是传输控制协议/互联网协议（Transmission Control Protocol/Internet Protocol）的简称，TCP/IP协议以其独具的跨平台特性为全球信息化时代的到来架起了桥梁。计算机网络体系结构则是计算机网络各层及其协议的集合，目前普遍使用的是基于 TCP/IP 的四层体系结构。

5.3.1　TCP/IP 协议

事实上，TCP/IP 是一个协议族，是由一系列支持网络通信的协议组成的集合。TCP/IP 是 Internet 上所有网络和主机之间进行交流时所使用的共同"语言"，是 Internet 上使用的一组完整的标准网络连接协议。作为 Internet 的核心协议，TCP/IP 协议定义了网络通信的过程，更为重要的是，它定义了数据单元所采用的格式及其所包含的信息。从而形成一套完整的系统，即定义了如何在支持 TCP/IP 协议的网络上处理、发送和接收数据。至于网络通信的具体实现，则由基于 TCP/IP 协议的软件完成。

TCP/IP 协议栈分为应用层（Application）、传输层（Transport）、网络层（Network）和链路层（Link，又称网络接口层）等四层结构组成，如图 5-24 所示。

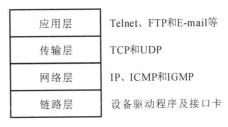

图 5-24　TCP/IP 协议栈

四层结构中，每一层都通过特定的协议与通信对方进行通信。第一层是应用层，其功能是服务于应用进程的，即向用户提供数据加上编码和对话的控制；第二层是传输层，其功能是解决诸如端到端可靠性，保证数据按照正确的顺序送达，以及数据应该传送给哪个应用程序；第三层是网络层，其功能是建立网络连接和终止网络连接，以及寻找 IP 地址的最佳途径等；第四层是链路层，用来控制组成网络的硬件设备，提供传输数据的物理媒介，是数据包从一个设备的网络层传输到另外一个设备的网络层的通路。

例如，两台计算机通过 TCP/IP 协议进行 FTP 通信的过程如图 5-25 所示。

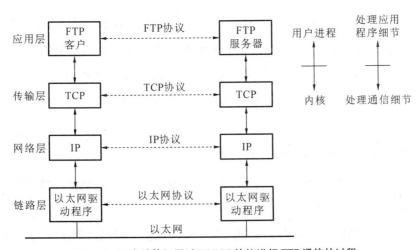

图 5-25　两台计算机通过 TCP/IP 协议进行 FTP 通信的过程

传输层及其以下各层的机制由内核提供，应用层由用户进程提供，应用程序对通信数据的含义进行解释，而传输层及其以下各层负责处理通信的细节，将数据从一台计算机通过一定的路径发送到另外一台计算机。应用层的数据通过协议栈发送到网络上时，每层协议都要加上一个数据首部（Header），这个过程称为封装（Encapsulation），如图5-26所示。

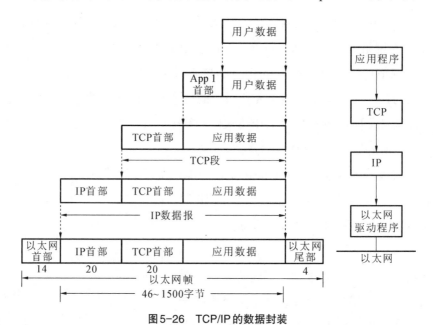

图5-26　TCP/IP的数据封装

不同的协议层对数据包有不同的称谓，在传输层称为段（Segment），在网络层称为数据报（Datagram），在链路层称为帧（Frame）。数据封装成帧后发送到传输介质上，到达目的主机后每层协议将剥掉相应的首部，最后将应用层数据交给相应的应用程序处理。

5.3.2　计算机网络体系结构

计算机网络体系结构分为三种：OSI体系结构（七层）、TCP/IP体系结构（四层）、五层体系结构。TCP/IP与OSI最大的不同在于，OSI是一个理论上的网络通信模型，而TCP/IP则是实际运行的网络协议。五层体系结构则是OSI体系结构和TCP/IP体系结构的折中，综合了两者的优点，是为了让读者更好地理解和学习体系结构的概念。图5-27是三种体系结构示意图。

1. TCP/IP体系结构和五层体系结构

五层体系结构是在TCP/IP体系结构的基础上，将网络接口层划分为数据链路层和物理层。这里我们只着重介绍五层体系结构。

物理层是指电信号的传递方式，比如现在以太网通用的网线（双绞线）、早期以太网采用的同轴电缆（现在主要用于有线电视）和光纤等都属于物理层的概念。物理层的能力决定了其最大的传输速率、传输距离、抗干扰性等。集线器是工作在物理层中的网络设备，用于双绞线的连接和信号中继（将已衰减的信号再次放大，使之传得更远）。

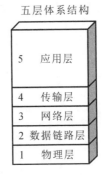

图5-27　三种体系结构

数据链路层有以太网、令牌环网等标准，该层负责网卡设备的驱动、帧同步（即从网线上检测到什么信号算作新帧的开始）、冲突检测（如果检测到冲突，就自动重发）、数据差错校验等工作。交换机是工作在数据链路层上的网络设备，可以在不同的数据链路层网络之间转发数据帧（比如十兆以太网和百兆以太网之间、以太网和令牌环网之间），由于不同数据链路层的帧格式不同，交换机要将进来的数据包拆掉链路层首部重新封装之后再转发。

网络层的IP协议是构成Internet的基础。Internet上的主机通过IP地址来标识，Internet上有大量的路由器负责根据IP地址选择合适的路径转发数据包，数据包从Internet上的源主机到目的主机需要经过十多个路由器。路由器是工作在第三层的网络设备，同时兼有交换机的功能，可以在不同的数据链路层接口之间转发数据包，因此，路由器需要将进来的数据包拆掉网络层和数据链路层两层首部并重新封装。IP协议不保证传输的可靠性，数据包在传输过程中可能丢失，可靠性可以在上层协议或应用程序中提供支持。

网络层负责点到点（Point-to-Point）的传输（这里的"点"是指主机或路由器），而传输层负责端到端（End-to-End）的传输（这里的"端"是指源主机和目的主机）。传输层可选择TCP协议或UDP协议。

TCP协议是一种面向连接的、可靠的协议，有点像打电话，双方拿起电话互通身份之后就建立了连接，然后说话就行了，这边说的话那边保证听得到，并且是按说话的顺序听到的，说完话挂机则断开连接。也就是说，TCP传输的双方需要首先建立连接，之后由TCP协议保证数据收发的可靠性，丢失的数据包自动重发，上层应用程序收到的总是可靠的数据流，通信之后关闭连接。

UDP协议不面向连接，也不保证可靠性，有点像寄信，写好信放到邮筒里，既不能保证信件在邮递过程中会不会丢失，也不能保证信件是否是按顺序寄到目的地。使用UDP协议的应用程序需要自己完成丢包重发、消息排序等工作。

目的主机收到数据包后，如何经过各层协议栈最后到达应用程序呢？协议栈的整个过程如图5-28所示。

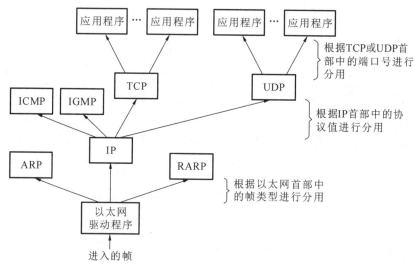

图5-28　协议栈的整个过程

以太网驱动程序首先根据以太网首部中的"上层协议"字段确定该数据帧的有效载荷（Payload，是指除去协议首部之外实际传输的数据）是IP、ARP还是RARP协议的数据报，然后交给相应的协议处理。假如是IP数据报，IP协议再根据IP首部中的"上层协议"字段确定该数据报的有效载荷是TCP、UDP、ICMP还是IGMP，然后交给相应的协议处理。假如是TCP段或UDP段，TCP或UDP协议再根据TCP首部或UDP首部的"端口号"字段确定应该将应用层数据交给哪个用户进程。IP地址是标识网络中不同主机的地址，而端口号是指同一台主机上标识的不同进程的地址，IP地址和端口号合起来标识网络中唯一的进程。

需要注意的是，虽然IP、ARP和RARP数据报都需要以太网驱动程序来封装成帧，但是从功能上划分，ARP和RARP属于链路层，IP属于网络层。虽然ICMP、IGMP、TCP、UDP的数据都需要IP协议来封装成数据报，但是从功能上划分，ICMP、IGMP与IP同属于网络层，TCP和UDP属于传输层。

2. OSI体系结构

OSI参考模型将整个网络通信的功能划分为七个层次。它们由低到高分别是物理层（PH）、数据链路层（DL）、网络层（N）、传输层（T）、会话层（S）、表示层（P）、应用层（A）。每层完成一定的功能，每层都直接为其上层提供服务，并且所有层次都互相支持。

应用层是与其他计算机进行通信的一个应用，它对应着应用程序的通信服务。例如，一个没有通信功能的字处理程序就不能执行通信的代码，从事字处理工作的程序员也不关心 OSI 的第七层。但是，如果添加了一个传输文件的选项，那么字处理器的程序就需要实现 OSI 的第七层，如 TELNET、HTTP、FTP、NFS、SMTP 等。

表示层的主要功能是定义数据格式及加密。例如，FTP 允许用户选择以二进制格式或 ASCII 格式传输。如果选择二进制格式，那么发送方和接收方不改变文件的内容。如果选择 ASCII 格式，发送方将把文本从发送方的字符集转换成标准的 ASCII 后再发送数据，而接收方将标准的 ASCII 转换成接收方计算机的字符集。读者可参考加密、ASCII 等应用。

会话层定义了如何开始、控制和结束一个会话，包括对多个双向消息的控制和管理，以便在只完成连续消息的一部分时可以通知应用，从而使表示层看到的数据是连续的，在某些情况下，如果表示层收到了所有的数据，则用数据代表表示层。如 RPC、SQL 等。

传输层的功能既包括是选择差错恢复协议还是无差错恢复协议，以及在同一主机上对不同应用的数据流的输入进行复用，还包括对收到的顺序不对的数据包的重新排序功能。如 TCP、UDP、SPX 等。

网络层对端到端的包传输进行定义，它定义了能够标识所有节点的逻辑地址，还定义了路由实现的方式和学习的方式。为了适应最大传输单元长度小于包长度的传输介质，网络层还定义了如何将一个包分解成更小包的分段方法。如 IP、IPX 等。

数据链路层定义了在单个链路上如何传输数据。数据链路层协议与网络使用的各种传输介质有关。如 ATM、FDDI 等。

物理层规范是有关传输介质的特性，常用多个规范完成对所有细节的定义，这些规范通常参考国际标准化组织制定的标准。连接头、帧、帧的使用、电流、编码及光调制等都属于各种物理层规范中的内容。如 Rj45、802.3 等。

以上三种网络体系结构的对比参见表 5-1。

表 5-1　三种网络体系结构的对比

区域	TCP/IP 四层模型	TCP/IP 五层模型	OSI 七层模型	单位	地址	功能	对应设备	协议
计算机高层	应用层	应用层	应用层	应用进程	进程号	应用程序与协议	应用程序	FTP、NFS
			表示层			数据加密、压缩	编码解码、加密解密	Telnet、SNMP
			会话层			会话的开始、恢复、释放、同步	建立会话，session 验证、断点传输	SMTP、DNS

续表

区域	TCP/IP四层模型	TCP/IP五层模型	OSI七层模型	单位	地址	功能	对应设备	协议
	传输层	传输层	传输层	报文/数据段	端口号	端到端的可靠透明传输、保证数据完整性	进程与端口	TCP、UDP
网络低层	网络层	网络层	网络层	包/分组	IP地址	服务选择、路径选择、多路复用等	路由器、防火墙、多层交换机	IP、ARP、RARP、ICMP
	网络接口层	数据链路层	数据链路层	帧	Mac地址	差错控制、流量控制	网卡、网桥、交换机	PPP、SLIP
		物理层	物理层	比特流	bit	光纤、电缆、双绞线、无线连接，传送0、1信号	中继器、集线器、网线	IEEE

5.3.3 通过实验来理解TCP/IP

接下来我们通过运行几个网络相关命令来查看计算机的TCP/IP配置、测试主机之间的网络连通性、跟踪路由，以便更好地理解TCP/IP体系结构和主要协议。

1. ipconfig命令

ipconfig可用于显示当前计算机的TCP/IP配置的设置值，通常用来检验人工配置的TCP/IP设置是否正确。当所在的局域网使用了动态主机配置协议（DHCP）时，那么我们很可能需要经常跟ipconfig打交道。因此，掌握一些ipconfig的相关知识十分必要，首先需要打开命令提示符（CMD），可通过在Window 10的"开始"菜单的"Windows系统"功能集的"命令提示符"子功能中打开命令提示符界面；或者在Windows 10桌面的搜索框中直接输入"cmd"后回车，也可打开命令提示符界面。在打开的命令提示符界面中输入ipconfig命令，结果如图5-29所示。

不带参数的ipconfig只显示最基本的信息：IP地址（Internet Protocol Address，IP Address）、子网掩码和默认网关地址。默认情况下，仅显示绑定到TCP/IP的适配器的IP地址、子网掩码和默认网关地址。如果有多个网卡配置了IP地址，该命令都会一一显示出来。

IP地址，又称网际协议地址、互联网协议地址。当设备连接网络时，设备将被分配一个IP地址用作标识。通过IP地址，设备间可以互相通信，如果没有IP地址，将无法知道哪个设备是发送方，也无法知道哪个设备是接收方。IP地址分为IPv4与IPv6两大类。IPv4由十进制数字组成，并以句点分隔，如172.16.254.1；IPv6则由十六进制数字组成，以冒号分割，如2001:db8:0:1234:0:567:8:1。本例中可以看到本机的IPv4地址是192.168.199.131、IPv6地址是2001:250:209:4808:a501:8359:9829:b24d（读者的网络可能没有这个IPv6地址，这是正常现象，因为IPv6当前还没有被普及使用）。有关IP地址的详细知识将在第5.4节详细介绍。

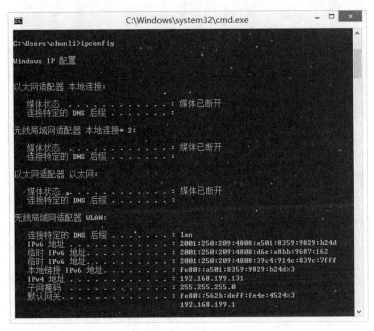

图5-29　ipconfig命令的执行结果

2. ipconfig命令/all选项

相比不带选项的ipconfig命令，加入all选项之后显示的信息将更完善，会显示所有网络适配器的完整的TCP/IP配置。例如，IP的主机信息、DNS信息、物理地址信息、DHCP服务器信息等。适配器可以代表物理接口，如已安装的网络适配器（网卡）或逻辑接口（如拨号连接或虚拟机网卡）。在日常工作中，排除网络故障时，经常需要了解本机的DHCP、DNS等详细信息，此时就会用到ipconfig/all命令。ipconfig/all命令的执行结果如图5-30所示。

这里我们可以看到DNS服务器的地址为192.168.199.1，DHCP服务器的地址为192.168.199.1，这个地址实际上是笔者家中安装的一个无线路由器。

其中DNS（Domain Name Server，域名服务器）将人类可读的域名（例如，www.amazon.com）转换为机器可读的IP地址（例如，23.78.13.197）。关于域名的详细知识请参考第5.4.3节。

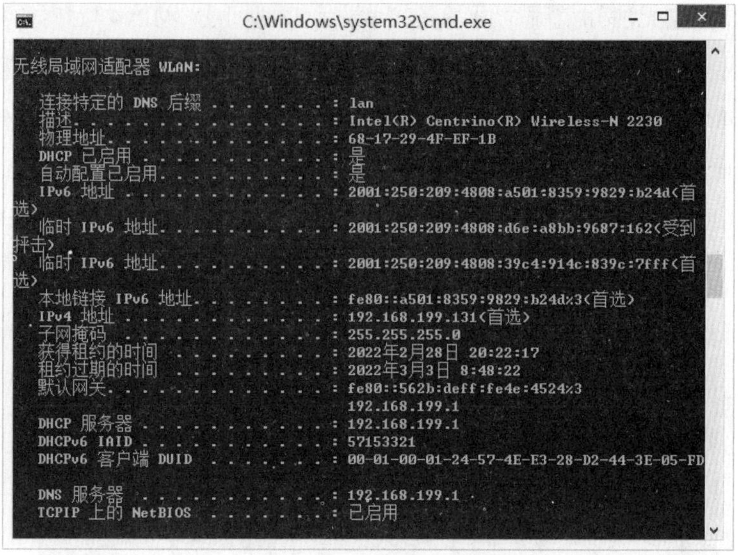

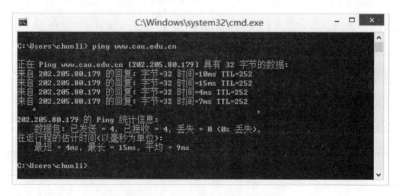

图 5-30　ipconfig /all 命令的执行结果

DHCP（Dynamic Host Configure Protocol，动态主机配置协议）是一个局域网的网络协议。在一个使用 TCP/IP 协议的网络中，每台计算机至少有一个 IP 地址，才能与其他计算机连接通信。为了便于统一规划和管理网络中的 IP 地址，DHCP 应运而生。这种网络服务有利于对网络中的客户机 IP 地址进行有效的自动化管理，而不需要一个一个地手动指定 IP 地址。在 DHCP 协议中，由服务器控制一段 IP 地址范围，客户机登录服务器时就可以自动获得服务器分配的 IP 地址和子网掩码。这种管理方式极大地方便了用户连接互联网，可以让上网用户不必懂得互联网知识和技能即可使用互联网。现在大多数家庭电脑、手机、PAD 等都是这样接入互联网的。

3. ping 命令

ping 命令用来测试主机之间网络的连通性。执行 ping 指令会使用 ICMP 传输协议，发出要求回应的信息，若远端主机的网络功能没有问题，就会回应该信息，因而得知该主机运作正常。ping 命令的执行结果如图 5-31 所示。

图 5-31　ping 命令的执行结果

ping 后面可以加远程域名，也可以加 IP 地址。它主要用来检查本网或本机与外部的连接是否正常。ping 一个域名时，计算机会把域名变为相对应的 IP 地址，然后测试与对方的 IP 地址是否连通。ping 命令除了可以检查网络的连通性和检测网络故障外，还有一个比较有趣的用途，那就是可以利用它的一些返回数据来估算你跟某台主机之间的通信速度是每秒多少字节。比如在上述测试示例中：字节=32 表示 ICMP 报文中有 32 个字节的测试数据；时间=10ms 表示通信往返时间；已发送=4 表示发送多个测试包，已接收=4 表示收到多个回应包，丢失=0 表示丢弃了多少个数据包；同时给出了通信时间的最小值、最大值以及平均值。从图 5-31 所示结果来看，通信往返只用了 4~10 ms，丢包数为 0，综合以上数据可判断该网络状态运行良好。

ICMP（Internet Control Message Protocol，Internet 控制报文协议）是 TCP/IP 协议族中网络层的一个子协议，用于在 IP 主机、路由器之间传递控制消息。控制消息是指网络通不通、主机是否可达、路由是否可用等网络本身运行的消息。也就是说，ICMP 用于发送错误报告并代表 IP 主机对消息进行控制。这些控制消息虽然并不传输用户数据，但是对于用户数据的传递起着重要的作用。比如检查网络是否连通 ping 命令，其执行过程实际上就是 ICMP 工作的过程。还有其他网络命令，如跟踪路由的 tracert 命令，也是基于 ICMP 的命令。

4. tracert 命令

tracert（跟踪路由）是路由跟踪实用程序，用于确定 IP 数据包访问目标所采用的路径。tracert 命令使用 IP 生存时间（Time-To-Live，TTL）字段和 ICMP 错误消息来确定从一个主机到网络上其他主机的路由，其命令格式如下：

tracert [-d] [-h maximum_hops] [-j computer-list] [-w timeout] target_name

不带选项的 tracert 命令将显示到达目标 IP 地址所经过的路径，并将 IP 地址解析为主机名一同显示。tracert 命令的执行结果如图 5-32 所示，第一跳是网关地址，可以看到主机名是笔者使用的路由器。

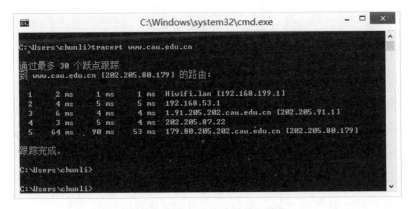

图 5-32　tracert 命令的执行结果

通过向目标发送不同IP生存时间（TTL）值的ICMP控制消息协议回应数据包，tracert诊断程序确定到目标所采用的路由。要求路径上的每个路由器在转发数据包之前至少将数据包上的TTL递减1。当数据包上的TTL减为0时，路由器应该将"ICMP已超时"的消息发回源系统。tracert首先发回TTL为1的回应数据包，并在随后的每次发送过程中将TTL递增1，直到目标响应或TTL达到最大值，从而确定所采用的路由。

如果使用-d选项，则tracert实用程序不在每个IP地址上查询DNS。tracert -d命令的执行结果如图5-33所示。

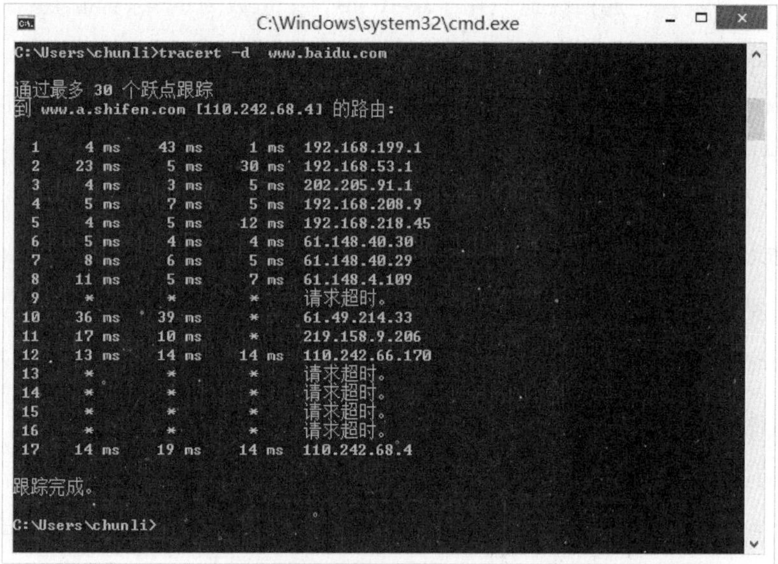

图5-33　tracert –d命令结果

-d选项不将地址解析成主机名，能够更快地显示路由器路径。与图5-32对比，路径是一样的，只是不将IP地址解析成主机名，因此速度更快。由图5-33可见，从笔者电脑到www.baidu.com服务器之间经过了17个节点中转信息。这个路径中有部分服务器未提供IC-MP信息，例如第9个及第13~16个中转节点。这可能是中转节点的管理员有意配置不响应ICMP的协议，当然，这并不影响节点的正常中转功能。

-w选项可以指定等待每个应答的时间（以毫秒为单位）。默认值为3000毫秒（3秒）。可以额外指定等待时间，tracert -d -w命令的执行结果如图5-34所示。

注意，中间路由器发送回来的ICMP"超时"消息显示了路由，并不意味着中转失败。同时，有些路由器会丢弃TTL失效的数据包而不发出消息，这些数据包对于tracert来说是不可见的。

ICMP协议对于网络安全具有极其重要的意义。ICMP协议本身的特点决定了它非常容易用于攻击网络上的路由器和主机。例如，1999年8月海信集团"悬赏"50万元人民币测试防火墙的过程中，其防火墙遭受的ICMP攻击高达334050次，占整个攻击总数的90%以上！再比如，可以利用操作系统规定的ICMP数据包最大尺寸不超过64 KB这一规定，向有这种漏洞的主机发起"Ping of Death"（死亡之Ping）攻击。"Ping of Death"攻击的原理是，如果ICMP数据包的尺寸超过64 KB上限，主机就会出现内存分配错误，导致TCP/IP堆栈崩溃，致使主机死机。此外，向目标主机长时间、连续、大量地发送ICMP数据包将形成"ICMP风暴"，使得目标主机耗费大量的CPU资源，最终也会使系统瘫痪。对此，可以采取两种方法进行防范：第一种方法是在路由器上进行带宽限制，将ICMP占用的带宽控制在一定范围内，这样，即使有ICMP攻击，它所占用的带宽也会有限，对整个网络的影响非常小；第二种方法是在主机上设置ICMP数据包的处理规则，最好设定拒绝所有的ICMP数据包。ICMP数据包处理规则的方法是在操作系统上设置包过滤，或者在主机上安装防火墙。虽然ICMP协议给黑客以可乘之机，但是ICMP攻击也并非"无药可医"。只要在日常网络管理中未雨绸缪，提前做好准备，就可以有效地避免ICMP攻击造成的损失。

图5-34　tracert -d -w命令的执行结果

5.4　互联网的应用

互联网是一个由各种不同类型和规模的、独立运行和管理的计算机网络组成的世界范围的巨大计算机网络——全球性计算机网络，它的英文名字叫Internet。互联网既是冷战的产物，更是全球化的产物，集诸多技术之大成。基础通信设施、设备、TCP/IP协议、接入和数据传输等技术奠定了互联网通信的基础，为全球数字经济时代的开启和发展提供了手段与平台。

5.4.1　互联网的产生和发展

互联网是在计算机网络的基础上发展起来的，现在已经深入融合我们的日常生活和生产中，其发展历史可以简述为以下五个阶段。

第一阶段，20世纪60年代的基础技术阶段，以计算机广域网和数字通信技术的成熟为标志，尤其是包交换技术的突破，为互联网前身——ARPA网的诞生奠定了基础。

1969年10月29日，互联网（阿帕网）在美国诞生。1966年，英国国家物理实验室（NPL）提出并构建了一种基于"分组交换"（即包交换）的全国性数据网络——NPL网络，NPL网络是一个真正实现包交换的实验网络，速率高达768 Kb/s。这种快速的信息交换服务，通过自动将长消息分割成块并分别发送它们来实现，这种技术构成当今计算机通信网络的基础。

法国互联网之父路易斯·普赞（Louis Pouzin）从1971年开始建造的网络CYCLADES是一个连接法国政府不同部分的多个数据库的网络工程。虽然它比阿帕网晚一点，但其关键想法却比阿帕网先进很多：主机只负责数据的传输而不是网络本身。同样是包交换技术，阿帕网如同火车，数据必须运行在固定的轨道上，只能满足几十个节点的联网。而普赞的CYCLADES却通过软件的协议，实现了更灵活的数据传输，就像汽车一样，无须通过固定的线路传输，一下就可以满足百万级以上的节点。这些创新完全公开，也没有申请专利限制，普赞的成功实践直接启发了TCP/IP的基础性突破。

第二阶段，20世纪70年代的基础协议阶段，最大的突破就是TCP/IP的诞生，使得不同计算机和不同网络之间互联成为趋势。

阿帕网立项之初的构想，仅仅是希望连接并共享宝贵的计算机资源。但是，项目一旦启动，技术创新就有了自己的意志和取向。电子邮件不经意间成为互联网第一个杀手级应用。可以说，互联网是建立在电子邮件的应用之上发展起来的。雷·汤姆林森（Ray Tomlinson）发明了通过分布式网络发送消息的E-mail程序并于1972年3月应用于阿帕网，这个程序开始变得非常热门。1973年内部调查发现，该年阿帕网上电子邮件的流量占据了约四分之三。

1972年10月，阿帕网在华盛顿特区召开的计算机通信国际会议（ICCC）被第一次公开演示，由40台计算机和终端接口处理机（TIP）组成的网络生动、直观地证明了网络的巨大潜力。1973年6月，ARPA网在美国之外接通了第一个节点挪威，即由华盛顿连接到"挪威地震台阵"（NORSAR）。1973年9月，英国伦敦大学学院也连接到阿帕网。同年，"互联网"这个专有名词诞生了。

第三阶段，20世纪80年代的基础应用阶段，全球各种网络如雨后春笋一般冒出，并且通过电子邮件、BBS和USEnet等应用的普及，促成了互联网在全球学术界的联网，TCP/IP

和 NSFNET 成为协议大战和网络大战的胜出者。

20世纪80年代初期，美国、欧洲以及随后的亚洲等各国高校，计算机网络的研究和开放如雨后春笋，无论是协议、规范和网络，均呈现出百花齐放、百家争鸣的热闹景象。1982年，TCP/IP 协议成为刚刚起步的互联网的重要协议，第一次明确了互联网（Internet）的定义，即将 Internet 定义为通过 TCP/IP 协议连接起来的一组网络。后来，各主要网络纷纷采用 TCP/IP 作为所有计算机网络的标准网络。在漫长的协议大战中，TCP/IP 因其开放性和简单性脱颖而出，一统天下。

第四阶段，20世纪90年代的 Web 1.0 阶段，主要是万维网（WWW）的诞生和商业化浪潮推动着互联网走向大众，以浏览器、门户网站和电子商务等应用开启了互联网发展的第一次投资热潮。

1990年，阿帕网完成历史使命，停止使用。第一个商业性质的互联网拨号服务供应商——The World 诞生。万维网和浏览器的出现、各国政府战略性的政策引导，以及风险投资的疯狂加持，在这三级火箭的强力助推下，互联网迅猛发展并普及开来。1989年夏天，欧洲核研究组织 CERN 科学家蒂姆·伯纳斯·李（Tim Berners-Lee）成功开发出世界上第一个 Web 服务器和第一个 Web 客户机。12月，蒂姆将其发明正式定名为万维网（World Wide Web），即公众熟悉的 WWW。1991年8月6日，万维网推出了超文本标记语言（HTML），掀起了互联网应用的开发大潮。

第五阶段，21世纪头10年的 Web 2.0 阶段，主要是博客、社交媒体等的兴起，网民成为内容的生产主体。

"9·11"事件后，博客成为灾难亲历者发布亲身体验的重要渠道，从此，博客正式步入主流社会的视野。其最大的革命性在于，广大网民开始成为内容的生产者。这一年，维基百科启动，多语言百科全书协作计划起步。从创建到2015年的14年时间里，维基百科英语词条数突破500万条，积累了约30亿个单词、1800万个参考条目和30 TB 的数据。但是，这依然覆盖不到人类知识的5%。2003年，Myspace、Skype 和 Safari Web 浏览器登场。其中，MySpace 成为较流行的社交网络，引领了 Web 2.0 的主流化。

第六阶段，21世纪10年代的移动互联网阶段，随着智能手机的全面崛起，移动互联网成为全球互联网新一轮扩散的主力军，更加深入地改变着人们的日常生活。

自2010年开始的10年，是移动互联网的黄金10年。因为智能手机的普及，让全球网民从2010年的20亿人增长到2019年的45亿人，增量高达25亿人。2018年，全球网民普及率突破50%，其中不上网的一半人中，有90%来自发展中国家。在这10年中，一方面是美国 FAANG 和中国 BAT 等超级平台的强力崛起，另一方面是以美国政府为首的政府力量开始强烈介入互联网领域，引发国际关系和国际秩序的极大变化，极大影响了互联网产业的发展格局。同时，技术创新、商业创新和制度创新这三股力量也进入相互博弈和相互制衡的新态势。

第七阶段，21世纪20年代开启的智能物联网阶段，随着5G应用的展开，全球将进入万物互联新阶段。

5G和AI联手的智能物联网浪潮，将成为21世纪20年代的主旋律。万物互联将深入改变人类社会，将更加迅猛的技术创新引入人们的日常生活。随着5G大规模商用的推进，未来将是属于5G的时代。同时，各国政府在6G方面已投入重金开发，以及去中心化的Web 3.0的提出，都为下一阶段的互联网提供了前瞻窗口，而这一切都围绕着一个全新的超联结社会的到来。面对一个全新的未来，无论是人工智能的伦理规范、个人信息保护的失控和滥用、AI武器化以及网络恐怖主义等，都在进入一个历史完全无法提供经验和参考的"无人区"，这对于各国政府、企业甚至全人类，都是一个全新的挑战。

5.4.2 接入Internet

互联网应用服务产业链包括设备供应商、基础网络运营商、内容收集者和生产者、业务提供者以及用户。作为用户，我们需要通过业务提供者（Internet Service Provider，ISP，互联网服务提供商）接入Internet，通过内容收集者和生产者（Internet Content Provider，ICP，互联网内容提供商）来浏览和访问互联网。ISP和ICP是经国家主管部门批准的正式运营企业，受到国家法律保护。我国ISP主要有中国科技网（CASnet）、中国教育和科研计算机网（CERnet）、中国电信（ChinaNet）、中国移动（CMnet）、中国联通（UNInet）、歌华有线宽带等，它们利用自己的软硬件设施和技术为各类用户提供接入因特网的服务。国内知名的ICP有新浪、搜狐、网易、百度、搜狗、淘宝、京东等，它们向广大用户综合提供互联网信息业务和增值业务。

接入Internet的主流技术包括拨号接入、专线接入、局域网接入、移动通信基站接入、卫星接入等。

1. 拨号接入

拨号接入包括普通Modem拨号接入方式、ISDN（Integrated Services Digital Network，综合业务数字网）拨号接入方式、ADSL（Asymmetrical Digital Subscriber Loop，非对称数字用户线环路）虚拟拨号接入方式。它们均利用电话通信线路进行通信，随着宽带技术的发展，目前这种接入方式已基本被淘汰。

普通Modem拨号接入方式是早期家庭用户接入互联网的普遍的窄带接入方式，即通过电话线、利用当地运营商提供的接入号码，拨号接入互联网。其特点是使用方便，只需有效的电话线及自带调制解调器的PC就可完成接入，缺点是速率低（不超过56 Kb/s），且费用较高。

ISDN俗称"一线通"，它采用数字传输和数字交换技术，将电话、传真、数据、图像等多种业务综合在一个统一的数字网络中进行传输和处理。其特点是用户利用一条ISDN用户线路，可以在上网的同时拨打电话、收发传真，就像两条电话线一样，但其仍属窄带接入。

ADSL是拨号接入的广泛形式，它利用分频技术，将普通电话线路所传输的低频信号和高频信号分离，ADSL Modem进行数字信息传输，实现了宽带接入。其理论速率可达到8 Mb/s的下行和1 Mb/s的上行，传输距离可达4～5 km。ADSL2+速率可达24 Mb/s下行和1 Mb/s上行。

2. 专线接入

专线接入是指用户使用ISP服务商提供的、接入服务商网内的独享专用线路。根据线路介质的不同，主要有电缆调制解调器（Cable Modem）接入方式、光纤接入、DDN（Digital Data Network）专线接入、PCM（Pulse-code Modulation，脉冲编码调制）专线接入、IPLC（International Private Leased Circuit，国际私有租用线路）国际专线接入、SDH（Synchronous Digital Hierarchy，同步数字体系）专线接入等。

电缆调制解调器接入是一种基于有线电视网络资源的接入方式，是专线上网的连接方式，允许用户通过有线电视网实现高速接入互联网，适用于拥有有线电视网的家庭、个人或中小团体。其特点是速率较高，接入方式方便，可实现各类视频服务、高速下载等。目前主流技术采用HFC（Hybrid Fiber Coaxial，混合光纤同轴网）接入技术。HFC是指光纤同轴电缆混合网，采用光纤到服务区，"最后一公里"采用同轴电缆。

通过光纤接入小区节点或楼道，再由网线连接到各个共享点上，提供一定区域的高速互联接入。由于光纤入网使用的传输媒介是光纤，根据光纤深入用户群的程度，可以将光纤入网分为FTTC（Fiber To The Curb，光纤到路边）、FTTB（Fiber To The Building，光纤到大楼）、FTTZ（Fiber To The Zone，光纤到小区）、FTTH（Fiber To The Home，光纤到户）和FTTO（Fiber To The Office，光纤到办公室），统称为FTTx。光纤传输速率高，抗干扰能力强，是比较理想化的大宽带，适合开展远程医疗、远程教学等需大宽带支持的网上应用，适用于住宅、小区、写字楼较集中的用户，以及有独享光纤需求的企事业单位和集团用户，其缺点是一次性布线成本较高。

DDN是利用数字信道提供半永久性连接电路，以传输数据信号为主的数字传输网络。通过DDN节点的交叉连接，在网络内为用户提供一条固定的、由用户独自完全占有的数字电路物理通道。DDN的优势包括：采用数字电路，传输质量高，时延小；一线多用，适合传真、接入因特网、电视会议等多种媒体业务；电路采用全透明传输，可自动迂回，可靠性高；可快速组建VPN（Virtual Private Network，虚拟专用网），建立自己的网管中心。其缺点是，DDN专线上网是租用型的，成本较高。以DDN接入互联网的方式，具有专线专用、质量稳定、速度快、安全可靠等特点，适用于对数据的传输质量、速度和保密性、实时性要求较高的业务，如证券、金融、电商等领域。

PCM专线接入线路使用费用相对便宜，其接口丰富，便于用户连接内部网络，可以向用户提供多种业务。IPLC国际专线是指用户专用的跨国的数据、话音等综合信息业务的通信线路，它可按需租用和独享带宽，支持数据、传真、语音、视频等综合信息的传输，传输速率选择范围大，支持客户点对点网络直通连接，承担大数据量的安全、高速、稳定、低误码率传输，适用于有海外分支机构的国内企事业单位、外资企业在华分支机构，有与海外进行高质量数据、语音、视频通信需求的客户。

SDH点对点接入是利用光纤、数字微波、卫星等数字传输信道传输数据信号的通信业务，它提供点对点、多点透明传输的数据专线出租电路，为用户传输数据、声音、图像等信息，适合大型企业、中型企业、事业单位。

3. 局域网接入

局域网（LAN）接入方式主要采用以太网技术，以信息化小区的方式为用户服务。在核心节点使用高速路由器，为用户提供FTTx+LAN的宽带接入。目前基本达到千兆到小区、百兆到居民大楼、十兆到用户。

4. 通信基站接入

智能终端可通过移动通信基站、卫星等接入Internet，如果智能终端上安装有无线模块，如Wifi、蓝牙等，也可先接入终端设备所在位置的无线局域网（WLAN），再通过无线局域网接入Internet。

通过无线移动通信网络接入Internet，即首先接入终端设备所在位置的通信基站，再通过通信基站接入移动通信网络，从而接入Internet。自1984年第一代无线通信技术标准（1st Generation，1G）在日本推广，无线通信经历了欧洲电信标准组织推出的GSM（Global System for Mobile Communications）接入技术，即2G（2nd Generation）；以W-CDMA、CDMA-2000和TD-SCDMA技术为代表的3G（3rd Generation）；以OFDM技术为代表的4G（4th Generation）；一直到目前以OFDMA和MIMO技术为代表的第五代移动通信技术（5th Generation，5G），无线终端从简单的语音通信发展到目前的大带宽、高速率数字通信。5G无线设备使用无线电波通过蜂窝里的本地天线来连接互联网和电话网，在增强型移动宽带的场景下通过更大的带宽支持更快的下载速度和上传速度（最终可支持下行20 Gb/s、上行10 Gb/s）。除了速度变快之外，还得益于5G更大的带宽，在人员密集区域支撑更多的设备，进而提高网络服务质量。

截至2022年7月底，我国累计开通5G基站196.8万个，5G移动电话用户达到4.75亿户，已建成全球规模最大的 5G 网络。我国自 5G 商用牌照正式发放 3 年来，网络建设持续推进，已开通 5G 基站占全球 5G 基站总数的 60% 以上，登录 5G 网络的用户占全球 5G 登网用户的 70% 以上。随着国家建设信息化和现代化的步伐加快，5G 将渗透到经济社会的各领域，成为支撑经济社会数字化、网络化、智能化转型的关键新型基础设施。

5. 卫星接入

卫星通信经历了从专线、专网到卫星互联网应用发展的三个时期。20 世纪 60 年代到 80 年代，卫星通信主要用于跨洋电视转播和长途电话，属于点到点通信为主的专线时代；20 世纪 80 年代中期，随着高功率转发器和地面电子信息技术的共同推动，用户终端天线口径从十几米降低到几米，卫星通信使用门槛大幅降低，中小企业用户也能租用转发器构建专用网络，满足内部通信需要，卫星通信进入专网时代。至今，专网仍然是卫星通信的主要应用方式之一。进入 21 世纪，采用多点波束和频率复用技术的高通量卫星的出现，通信速率和系统容量均大幅增加，开启了卫星互联网应用时代。2005 年，休斯网络（HughesNet）公司提出要在美国为家庭用户提供宽带上网服务，这是卫星运营商首次推出以"卫星互联网"命名的服务。此后的十多年，卫星互联网就成为卫星通信面向大众消费市场和众多细分行业应用提供经济实惠的卫星宽带通信服务的代名词。

卫星互联网是以卫星网络作为接入网络的互联网及服务，是卫星通信技术与互联网技术、平台、应用和商业模式相结合的产物。"卫星互联网"不只是接入手段的改变，也不只是地面互联网业务的简单复制，而是一种新的能力、新的思想和新的模式，并将不断催生出新的产业形态、业务形态和商业模式。卫星互联网有三类业务：地面互联网业务向卫星网的复制，传统卫星通信业务的互联网化，卫星通信广域、大连接特性与互联网应用相结合的创新业务。根据服务对象和商业模式的不同，卫星互联网有三种应用场景：①手机或者计算机通过卫星热点（卫星终端+Wifi 或网线）接入互联网。卫星运营商直接面向最终用户提供互联网接入服务；②手机用户通过卫星基站（卫星终端+基站）接入运营商的移动互联网。卫星运营商和地面运营商合作向地面手机用户提供泛在的移动互联网接入服务；③行业用户在卫星互联网上构建虚拟专网。卫星运营商向大客户提供卫星互联网专线服务。

卫星互联网的发展史也是高通量卫星的应用史。美国由于技术优势一直处于行业领先地位，卫讯公司（Viasat）、休斯网络公司（HughesNet）、太空探索技术公司（SpaceX）都在积极部署高通量卫星星链，目前已进入技术成熟阶段，最高可提供下行 350 Mb/s、上行 40 Mb/s 带宽的互联网服务。在我国，首颗高通量卫星——中星 16 号卫星于 2017 年成功发射，拉开了我国卫星互联网发展的序幕。2020 年，亚太 6D 卫星发射成功。2022 年末和 2023 初中星 19 号、26 号高通量卫星发射后，将建成首张完整覆盖国土全境及"一带一路"重点地区的高轨卫星互联网，届时可提供下行 100 Mb/s、上行 20 Mb/s 带宽的服务，推动我国卫星互联网走向大规模实用阶段。

目前为止，星链与5G还不存在竞争关系，很多场景可以成为互补的关系。5G的应用前景是大势所趋，未来智慧城市、人工智能、虚拟空间等都需要5G作为支撑，而星链在网络带宽、延时等关键指标方面尚有较大差距，同时，星链需要在地面建设专用的中转设备才能进行信息交互，所以5G的优势远大于星链计划。但由于星链在海洋互联网、航空互联网、应急通信、自然资源监测以及普遍服务等领域均展示出巨大的优势，我国已于2018年提出虹云工程和构建鸿雁全球卫星星座通信系统的战略谋划，致力于构建一个高速泛在、天地一体、公专结合的星载宽带全球移动互联网络，为用户提供全球实时数据通信和综合信息服务。随着数字经济时代的发展，新场景、新应用与新模式的探索发展将进一步打开我国卫星通信产业发展的空间，为我国国家安全和世界和平发展贡献一份力量。

5.4.3 使用互联网

互联网是一个世界规模的、巨大的信息资源和服务资源。它不仅为人们提供各种简单、快捷的通信与信息检索手段，也为人们提供巨大的信息资源和服务资源。通过使用互联网，全世界范围内的人们既可以互通信息、交流思想、获得知识，又可以进行实时查询和交易、共享资源、远程操控设备等，是人类社会进步和发展的新阶段。

1. 互联网工作原理

互联网是由世界上各个国家、地区的计算机联网组成的。它要实现网络之间的数据传输，必须做两件事：数据传输目的地址和保证数据迅速可靠传输的措施。其中，保证数据迅速可靠传输的措施由第5.3节所述的TCP/IP协议以及相关网络设施来保障，而数据传输目的地址则由IP地址给定。

1）IP地址

IP地址是网际协议中用于标识发送或接收数据报设备的一串数字，即为Internet主机的一种数字型标识。

IPv4是由标准组织互联网工程任务组（Internet Engineering Task Force，IETF）于1981年定义，它是一个32位的IP地址。随着互联网的发展，网络地址（IPv4）逐渐被消耗殆尽，虽然当前的网络地址转换以及无类别域间路由等技术可延缓网络地址匮乏的现象，但为了解决根本问题，从1990年开始，互联网工程工作小组开始规划IPv4的下一代协议，其宗旨除了要解决即将到来的IP地址短缺问题外，还要考虑未来更多的扩展可能性。1994年，IETF会议正式提议IPv6发展计划，并于1996年8月10日成为IETF的草案标准，最终IPv6在1998年12月由互联网工程工作小组以互联网标准规范（RFC 2460）的方式正式公布。IPv6的地址长度为128位，是IPv4地址长度的4倍，其地址数量号称可以为全世界的每一粒沙子编上一个地址。但是，由于IPv6的设备成本等问题，目前IPv4在互联网流量中仍占据主要地位，IPv6的使用增长缓慢。据报道，在2022年4月，通过IPv6使用Google服务的用户百分率首次超过40%。

随着IPv4消耗殆尽，许多国家已经意识到了IPv6技术所带来的优势，特别是中国，已通过一些国家级的项目推动了IPv6下一代互联网的全面部署和大规模商用。

（1）IPv4。

最初设计互联网络时，为了便于寻址以及层次化构造网络，规定IPv4由两部分构成，一部分是网络标识（net id），另一部分是主机标识（host id），长度共为32位。Internet的网络地址可分为五类（A类、B类、C类、D类、E类），如图5-35所示，每一类网络中IP地址的结构，即网络标识长度和主机标识长度都有所不同。根据网络标识长度和主机标识长度，可以容易计算出Internet整个IP地址空间的各类网络数目和每个网络地址中容纳的主机数目。

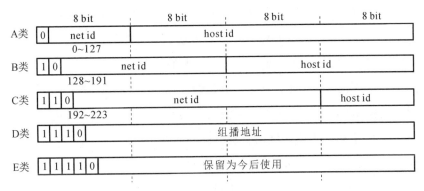

图5-35　Internet网络地址分类

凡是以0开始的IP地址均属于A类网络。A类网络IP地址的网络标识长度为7位，主机标识长度为24位。规定127.0.0.0~127.255.255.255为特殊的IP地址，表示主机本身，用于本地机器的测试；规定0.0.0.0~0.255.255.255是保留地址，用来表示所有的IP地址。因此A类地址的范围是从1.0.0.0到126.255.255.255，表示可用的A类网络有126个，每个网络能容纳16777214个主机。

凡是以10开始的IP地址都属于B类网络。B类网络IP地址的网络标识长度为14位，主机标识长度为16位。B类地址的范围是从128.0.0.0到191.255.255.255，表示可用的B类网络有16382个，每个网络能容纳6万多个主机。

凡是以110开始的IP地址都属于C类网络。C类网络IP地址的网络标识长度为21位，主机标识长度为8位。C类地址的范围是从192.0.0.0到223.255.255.255，表示可用的C类网络达209万余个，每个网络能容纳254个主机。

需要注意，在以上三种主要IP地址类型里，各保留了一个区域作为私有地址，其地址范围分别是：A类地址中的10.0.0.0 ~ 10.255.255.255；B类地址中的172.16.0.0 ~ 172.31.255.255；C类地址中的192.168.0.0 ~ 192.168.255.255。所谓私有地址，是指在互联网上不使用，而只用在局域网中的地址，这些只在局域网中使用的地址可通过网络地址转换技术（Network Address Translation，NAT）转换为公网IP，进而与互联网设备进行通信。

综上所述，A类网络地址数量最少，可以容纳多达1600多万个主机的大型网络；B类网络适用于中等规模的网络；C类网络适用于主机数不多的小型网络。

D类IP地址第一个字节以1110开始，用于多点广播（Multicast）。它是一个专门保留的地址，范围从224.0.0.0到239.255.255.255。目前这类地址被用在多点广播中，标识共享同一协议的一组计算机，用来一次寻址一组计算机。

E类IP地址以11110开始，为将来的应用而保留。其范围从240.0.0.0到255.255.255.254，255.255.255.255用于广播地址。

（2）子网划分。

为了解决IPv4地址资源紧缺和地址分配问题，子网掩码技术应运而生，这是一种虚拟IP技术。一方面，通过子网掩码将A、B、C三类地址划分为若干子网，从而显著提高了IP地址的分配效率，有效解决了IP地址资源紧张的局面。另一方面，在企业内网中，为了更好地管理网络，网管人员也利用子网掩码所起的作用，人为地将一个较大的企业内部网络划分为更多个小规模的子网，再利用三层交换机的路由功能实现子网互联，从而有效解决了网络广播风暴和网络病毒等诸多网络管理方面的问题。

子网掩码不能单独存在，它必须结合IP地址一起使用。IP地址是计算机在网络内的唯一标识，而子网掩码则用于划分子网，它将某个IP地址划分成网络地址和主机地址两部分。子网掩码是一个32位地址，左边是网络位，用二进制数字"1"表示，1的数目等于网络地址位的长度；右边是主机位，用二进制数字"0"表示，0的数目等于主机地址位的长度。这样做是为了让掩码与IP地址执行按位与运算时用0遮住原主机数，而不改变原网络段数字，而且很容易通过0的位数确定子网的主机数（主机数目是2的主机位数次方−2，因为主机号全为1时表示该网络的广播地址，全为0时表示该网络的网络号）。

例如，对于IP地址设置为205.139.27.109、子网掩码设置为255.255.255.224的主机，其所在子网及该主机的主机号的计算方法如表5-2所示。

表5-2　解析子网和主机地址

地址	网络			子网	主机
205.139.27.109	11001101 10001011 00011011			011	01101
255.255.255.224	11111111 11111111 11111111			111	00000
与运算	11001101 10001011 00011011			011	
子网号	205	139	27	96	

首选将IP地址和子网掩码分别转换为其二进制形式。由子网掩码可知，前面3个"1"表示子网网络位，说明205.139.27.0~205.139.27.255地址段可划分为2^3=8个子网；后面5个"0"表示主机位，说明每个子网中可有2^5−2=30台主机。将IP地址与子网掩码进行"与"（AND）运算，可得子网网络地址为202.139.27.96，该子网可容纳30台主机，这些主机的地

址范围是202.139.27.97~202.139.27.127，而本主机是该子网中编号为109的主机。需要提醒的是，A、B、C三类IP地址都有其默认子网掩码，分别为255.0.0.0、255.255.0.0、255.255.255.0，当子网掩码为默认子网掩码时，表示该主机IP为无子网的IP地址。

划分子网时，要确定所需的子网数和主机数，然后根据网段进行划分。例如，某个小型公司有行政、研发、营销、售后4个部门，每个部门各有40台计算机接入公司局域网交换机，现在要在192.168.1.0网段为每个部门划分子网，那么该如何设置子网掩码呢？每个子网的地址范围又分别是什么呢？

首先，C类地址192.168.1.0网段共有256个地址，划分为4个子网（2^2），则每个子网可以有$2^6-2=62$个地址，满足公司需求。因此设定子网掩码的最后一个字节为11000000，转换成十进制后子网掩码为255.255.255.192。在4个子网中，第1个子网的可用IP地址范围是192.168.1.1~192.168.1.62；第2个子网的可用IP地址范围是192.168.1.65~192.168.1.126；第3个子网的可用IP地址范围是192.168.1.129~192.168.1.190；第4个子网的可用IP地址范围是192.168.1.193~192.168.1.254。

可见，子网掩码用于屏蔽IP地址的一部分，以区别网络标识和主机标识，同时它可将一个大的网络划分为若干个小的子网络，此时，通过子网掩码，可知一台主机所在的子网与其他子网的关系，子网内可以通信，跨子网不能通信，子网间使用路由器通信。在实际应用中，还可使用变长子网掩码技术对子网进行层次化编址，以便更有效地利用现有的地址空间。而且，每台有IP地址的主机可以通过使用私有地址和NAT技术、路由技术等构建一个大的网络，以应对IP地址不足的问题。

（3）IPv6。

IPv6是端到端的连接通信，不需要子网、网络号、主机号，也就不需要子网掩码技术。但由于目前比较普遍的现象是在IPv4上使用隧道的方式应用IPv6，要完全淘汰IPv4还需要相当长的时间，因此现在还需要子网掩码。

IPv6地址总共有128位，为了便于人工阅读和输入，与IPv4地址一样，IPv6地址也可以用一串数字字符表示。IPv6地址使用十六进制表示，将地址划分成8个块，每块16位，块与块之间用冒号（:）隔开。例如：

1002:003B:456C:678D:890E:0000:0000:56G7

由于IPv6地址比较长，为了表达更简洁，规定对地址块为0的情况，可以化简。化简原则如下：

①全0块"0000"，可以化简为"0"。

②多个全0块，可以化简为"::"。

③一个IPv6地址中只能出现一个"::"，出现多个全0块时，"::"要化简最长的一段，没有最长的情况下化简最左侧的一段。

④ "::" 可以出现在地址开头或结尾。

IPv6 地址分为单播地址、组播地址、任播地址三种类型。其中任播地址只能是目标地址，不能做源地址，且只能分配给路由器使用。组播地址是面向一组设备进行发送的地址。单播地址就是我们经常使用的地址，单播地址又可分为可聚合全球单播地址（即公网地址）、链路本地地址、站点本地地址（私网地址）。不同类型的地址有不同的前缀，如本地单播地址的前缀为 FE80，公网地址的前缀是 001，组播地址的前缀是 FF 等。IPv6 的地址空间由 IANA（The Internet Assigned Numbers Authority，互联网数字分配机构）组织分配。

2）域名和 URL 地址

IP 地址是一种数字型的标识，这种标识对计算机网络来讲自然是最有效的，但是对使用网络的人来说却不便记忆，为此，人们使用字符型标识来替代 IP 地址，这就是域名（Domain Name）。例如，对于 IP 地址 23.78.13.197，其对应的域名为 www.amazon.com。

DNS 是进行域名和与之相对应的 IP 地址转换的服务器。DNS 中保存了一张域名和与之相对应的 IP 地址的表，以解析消息的域名。简单来讲，DNS 服务器就相当于一个 114 查号台，上网计算机向这个 DNS 服务器发送一个域名（例如，www.amazon.com），DNS 服务器就会返回一个 IP 地址（例如，23.78.13.197），以实现进一步通信。

域名需要注册在 DNS 服务器中才能在互联网上使用。国际上，由 Internet 域名与地址管理机构（Internet Corporation for Assigned Names and Numbers，ICANN）来承担域名系统管理、IP 地址分配、协议参数配置以及主服务器系统管理等职能，我国则委托中国互联网络信息中心（China Internet Network Information Center，CNNIC）负责。一般域名采用层次结构命名，每一级域名之间使用点号分隔。例如，一个常用的 4 层次域名可写为：

主机名.机构名.网络名.最高层域名

其中，最高层域名又称第一级域名或顶级域名，国家地区顶级域名使用各个国家的代码表示，如 .cn（中国大陆）、.hk（中国香港）、.mo（中国澳门）、.tw（中国台湾）、.eu（欧盟）、.us（美国）、.jp（日本）、.uk（英国）等。除此之外，顶级域名还包括通用顶级域名，例如 .com（供商业机构使用）、.net（供网络服务供应商使用）、.edu/.gov/.mil（供美国教育机构/美国政府机关/美国军事机构使用）、.org（供不属于其他通用顶级域类别的组织使用）等。

除顶级域名外，还有二级域名，就是靠近顶级域名左侧的字段。例如：在 zh.wikipedia.org 中，wikipedia 就是二级域名。三级域名则是靠近二级域名左侧的字段，从右向左依次有四级域名、五级域名等。具体编制域名时，需要按照相关国家、组织、机构的规定进行设计。例如，我国的二级域名包括网络所在领域类别以及行政区域类别，如 .gov（政府部门）、.ac（科研机构）、.edu（教育科研机构）、.com（工商金融企业）、.net（互联网络信息中心）、.org（非营利性组织）等均属于领域类别二级域名，而 .bj（北京市）、.sh（上海市）、.tj（天津市）、.he（河北省）、.sx（山西省）等则对应于国内各省、自治区、直辖市。

例如，北京市公安局的域名为 gaj.beijing.gov.cn，北京市第八中学的域名为 no8ms.bj.cn。

在为域名中的每一级域名命名时，注意不同类型的域名可能有不同的命名规则。这里只简单介绍英文域名命名规则。

（1）只能使用英文字母（a~z，不区分大小写）、数字（0~9）及"-"（英文连接符），不能使用空格及特殊字符（如!、$、&、?等）。

（2）"-"不能连续出现，不能单独注册，也不能放在开头或结尾。

（3）每一级域名长度不超过63个字符，域名总长度则不超过253个字符。

在访问 Internet 上的资源时，只知道域名还不够，同时还要知道该资源的访问方式，即使用何种资源服务类型命令去访问。统一资源定位符（Uniform Resource Locator，URL）负责实现互联网信息访问，它可定位到预访问的具体资源所在位置，并使用对应的访问方法打开资源。例如在浏览器中输入：

https://www.cau.edu.cn/docs/cindex.html

其中：https表示网页访问协议，即当前访问的对象是一个网页。常用的资源访问协议包括http/https（超链接多媒体资源Web服务）、ftp（用户计算机和远程服务器连接）、telnet（用户计算机与主机远程登录连接）等。在资源访问协议后需要添加冒号和双正斜杠符号。

www.cau.edu.cn表示域名，此处也可以用对应的IP地址替代，表示服务器主机的地址。有些情况下，服务器主机使用特殊的端口提供服务，此时要在这部分之后添加冒号以及端口号，才能访问到资源服务的端口。当省略端口部分时，将采用默认端口访问。

从域名及端口后面的第一个"/"开始到最后一个"/"为止，是虚拟目录部分，该部分指出目标资源的访问路径。

路径之后是文件名部分，该部分指出了待访问的目标文件，如果省略该部分，则表示访问该路径下的默认文件名的文件。根据访问对象的不同，有时文件名后还需要添加锚和参数部分，以确切获取到所需访问的具体目标。

3）终端联网设置

一般个人计算机或智能终端联网首先通过有线或无线接入局域网，通过局域网接入互联网。篇幅所限，这里不涉及智能手机通过基站接入4G/5G/卫星网络后联入互联网的情形。

联网设备本身需要安装有网络适配器，它是一个用于将计算机连接到局域网络的设备，一般包括无线网络适配器和以太网适配器，通常也称无线网卡和以太网卡。无线联网设备通过网络适配器连接到无线路由器/无线交换机，有线联网设备通过网卡连接到交换机/集线器，而这些设备最终将通过与调制解调器相连而联入互联网。有关调制解调器接入 Internet 的内容这里不再赘述，请读者参考相关产品以及 ISP 的安装指导和说明。

个人计算机或智能终端接入某个局域网时，一般使用操作系统提供的功能来实现。在 Windows 10 中，右键点击"开始"后选择"网络连接"，也可通过输入命令、从"开始"菜单或快捷菜单中选择执行"设置"等方式打开"设置",即打开如图5-36所示的本机网络和Internet的状态。其中左侧是导航窗口,中间是导航条目的具体包含信息和操作链接,右侧是帮助或相关设置链接。本机的网络和Internet导航栏条目包括"状态"、"WLAN"、"以太网"、"拨号"、"VPN"、"飞行模式"、"移动热点"和"代理"。其中,"状态"用来显示当前联网的状态并可进行相应的设置;"WLAN"用来设置无线网络连接;"以太网"用来设置有线网络连接、"拨号"用来设置拨号网络连接;"VPN"用来创建虚拟专用网络(Virtual Private Network,VPN)连接;"飞行模式"用来设置飞行模式,使用户可以快速关闭计算机上的所有无线通信;"移动热点"用来将本机设为让其他设备共享网络连接的热点,或者让本机共享其他已联网设备的热点;"代理"用来设置代理服务器。由于"状态"给出了较为全面的信息和设置入口,这里我们以该导航条目为例说明联网的相关知识和设置。

图5-36 "设置"窗口及"网络和Internet"内容

"状态"导航条目所对应的内容包括"网络状态"和"高级网络设置"两部分内容。其中"网络状态"栏展示了当前可用网络的性质、名称等相关信息以及相关设置功能;"高级网络设置"栏针对网络适配器、网络共享等进行选择或设置。

在"网络状态"栏,可以看到本机是通过无线Wifi连接到Internet的,无线网络的名称为"veya01"。点击无线局域网(WLAN)的"属性",可以打开该无线网络的具体设置信息,包括"在信号范围内时自动连接"设置、"网络配置文件"选项以及"配置防火墙和安全设置"链接、"随机硬件地址"设置、"按流量计费的连接"设置、当前IP设置相关信息以及"IP设置"编辑功能。点击"数据使用量",可查看各应用程序的流量使用信息,并可设置流量上限。点击"显示可用网络",将打开当前探测到的、本机所在的各个无线网络,用户可选择其一进行网络接入,当然,前提条件是用户拥有所要接入网络的接入信息,如用户名和密码等。

在"高级网络设置"栏，点击"更改适配器选项"可以查看本机中的网络适配器，如无线网卡、以太网卡、蓝牙适配器等。无线网卡或以太网卡用来接入Internet或局域网，蓝牙用来组建或加入个域网（Personal Area Network，PAN）。点击"网络和共享中心"可更改当前网络的高级共享设置以及媒体流式处理选项设置。点击"网络疑难解答"可启动网络检测过程，以帮助诊断和解决网络问题。

无论是有线连接还是无线连接，在IP设置时均可选择自动（DHCP）或手动，在上述"网络状态"的"IP设置"栏，点击"编辑"即可开启IP设置过程，如果设置为"DHCP"，则表示由路由器或交换机自动给接入终端分配地址；如果设置为"手动"，则接下来需要选择设置的IP是IPv4还是IPv6。选择IPv4后出现的"编辑IP设置"窗口如图5-37所示。

图5-37　"编辑IP设置"窗口

在"编辑IP设置"窗口中，需要输入IP地址、网关、DNS等信息，这些信息可以从局域网网络管理员处获取。以上IP设置界面还可使用传统方法打开，通过右键点击某个网络适配器后，再选择快捷菜单中的"属性"，可打开如图5-38左图所示的"WLAN属性"对话框，从项目列表中选择"Internet协议版本4（TCP/IPv4）"，点击"属性"按钮，打开如图5-38右图所示的"Internet协议版本4（TCP/IPv4）属性"对话框，在该对话框中可设置IP地址相关信息。

图5-38　打开IP设置

如果选择DHCP方式接入网络，对于有线连接，可直接联网使用，但对于无线连接，还需要选择欲接入的无线局域网络，然后输入用户名和密码信息后才能够联网。无线联网过程可以在上述"显示可用网络"链接打开的无线网络列表中点击某个网络后选择"连接"后开启，也可在Windows 10操作系统的任务栏的无线网络标识符处通过同样的操作开启。

在确认网络物理连接和以上网络设置均正常的情况下，联网设备可以正常使用网络资源了，要测试网络是否正常工作，可使用前述的ping等命令来进行。

2. Internet提供的基本服务

Internet提供的服务有WWW服务、电子邮件服务、文件传输服务、网络新闻组服务、远程登录服务、基于Web的服务等。

1）WWW服务

万维网（WWW）是世界范围的超文本（Hypertext）服务。超文本文件是用HTML语言（HyperText Markup Language，超文本标记语言）编写的，它是一种结构化的文档，通过超级链接方法将文本中的文字、图像、动画、声音、表格等信息媒体相关联。这些相互关联的信息媒体可以保存在同一文件中，也可以保存在不同的文件中，或者是地理位置相距遥远的某台计算机上的文件。这种组织信息方式将分布在不同位置的信息资源用随机方式进行连接，为人们查找、检索信息提供了极大便利。

超文本文件按照超文本传输协议（HyperText Transfer Protocol，HTTP）或HTTPS（HyperText Transfer Protocol Secure）进行传输，当用户使用浏览器（比如edge）浏览互联网信息（比如某个网页）时，目标信息将通过HTTP/HTTPS协议从Web服务器传送到客户端的浏览器。需要说明的是，因为安全问题，目前HTTPS协议已逐渐取代了HTTP协议。

需要提醒的是，搜索引擎即为Internet中的一个"WWW服务器"，它的主要任务是在Internet中主动搜索其他WWW服务器中的信息并对其自动索引，其索引的内容存储在可供查询的数据中。搜索引擎根据一定的策略、运用特定的计算机程序从互联网上采集信息，在对信息进行组织和处理后，为用户提供检索服务，将检索到的相关信息展示给用户。优秀的通用搜索引擎包括Google、百度、Bing必应、Yahoo、搜狗、360、神马等。另外还有专业的搜索引擎，比如Google Scholar、有道、中国知网等。不同的搜索引擎可能提供了不同的搜索技巧，比如多个关键字搜索、完全匹配搜索、逻辑搜索等，读者在使用这些搜索引擎时需留心学习这些技巧，以提高搜索效率。

浏览器的主要功能是将用户要访问的Web资源呈现出来，它需要从Web服务器请求资源，并将其显示在浏览器窗口中，资源的格式通常是HTML，也包括PDF、Image及其他格式。用户用URL来指定所请求的资源的URI（Uniform Resource Identifier，统一资源标识符），即该资源所在的具体访问位置。目前，流行的浏览器包括edge、Chrome、Firefox、Safari、搜狗、360、QQ等。不同的浏览器提供的功能大同小异，都有一个便于使用的用户界面，其中包括用来输入 URI 的地址栏、前进/后退按钮、刷新按钮、书签按钮等，用户可使用这些按钮辅助快速找到并浏览 Internet 信息，还可使用浏览器提供的其他诸多功能，如新建标签页、新建窗口、收藏夹、历史记录、缩放、打印、扩展功能等，还可对浏览器进行设置。

总之，WWW 服务解决了 Internet 上的信息传递问题，用户可以在互联网上方便地利用链接从一个站点跳转到另外一个站点，让用户可以方便浏览 Internet 上的网页以及存储的信息。

2）电子邮件服务

电子邮件服务（E-mail 服务）是指通过网络传送信件、单据、资料等电子信息的通信方法，它是根据传统的邮政服务模型建立起来的，当我们发送电子邮件时，这份邮件是由邮件发送服务器发出的，并根据收件人的地址判断对方的邮件接收器而将这封信发送到该服务器上，收件人要收取邮件也只能访问这个邮件接收服务器才能完成。

电子邮件服务涉及几个重要的 TCP/IP 协议，主要包括 SMTP、POP3 及 IMAP。简单邮件传送协议（Simple Mail Transfer Protocol，SMTP）是电子邮件系统中的一个重要协议，规定了发送程序和接收程序之间的命令和应答，它负责将邮件从一个"邮局"传送给另一个"邮局"。邮件到达后首先存储在邮件服务器的电子信箱中。如果用户希望查看和管理这些邮件，可以通过 POP3（Post Office Protocol Version3，邮件投递协议版本 3）协议将这些邮件下载到用户所在的主机。IMAP（Internet Mail Access Protocol，互联网邮件访问协议）比 POP3 版本更新，该协议使得用户对邮件的状态修改，比如标记为已读、添加或删除标签、把邮件移动到其他文件夹等，都会在远端服务器上体现出来。当用户计算机上的 IMAP 客户程序打开 IMAP 服务器的邮箱时，用户就可以看到邮件的首部。若用户需要打开某个邮件，则该邮件才传到用户的计算机上。

电子邮件服务可以由专门的电子邮件服务商提供，也可以由机关、公司、学校等提供局域网服务的单位来提供。提供电子邮件服务的单位负责为用户提供 SMTP 服务器以及 POP3 或 IMAP 服务器。我国比较著名的电子邮件服务商包括 163 邮箱、126 邮箱、QQ 邮箱、新浪邮箱、139 邮箱等，用户需要注册电子邮箱时，可登录选择的电子邮件服务商网站提交申请。

用户可以使用电子邮件服务提供单位提供的在线邮件服务，对于那些提供 SMTP 服务器以及 POP3 或 IMAP 服务器的电子邮件服务提供单位，用户也可以使用电子邮件客户端连接这些 SMTP 服务器以及 POP3 或 IMAP 服务器，以实现离线的电子邮件收发。目前比较流行的电子邮件客户端包括 Windows Mail、Outlook、网易邮箱大师、Foxmail、雷鸟、Mesign 等，读者可根据需要登录相关网站下载安装，并按不同客户端提供的教程来配置电子邮件账户、收发电子邮件。

现在，电子邮件服务已成为最常见、应用最广泛的一种互联网服务。通过电子邮件，用户可以与Internet上的任何人交换信息。与传统邮件相比，电子邮件具有传输速度快、内容和形式多样、使用方便、费用低、安全性好等特点。

3）文件传输服务

文件传送协议（File Transfer Protocol，FTP）是目前互联网最广泛的应用之一，它是一种在互联网中进行文件传输的协议，基于客户端/服务器模式。用户可以通过FTP命令与远程主机连接，从远程主机上把共享软件或免费资源拷贝到本地计算机（客户机）上，也可以从本地计算机上把文件拷贝到远程主机上。

FTP服务器是按照FTP协议在互联网上提供文件存储和访问服务器的主机，FTP客户端则是向服务器发送连接请求，建立数据传输链路的主机。比较流行的FTP软件包括FileZilla、WinSCP、Xftp、FlashFXP等，使用这些软件可构建文件服务器，并对文件服务器进行管理。

4）网络新闻组服务

新闻组（Newsgroup）是一个分布式互联网交流系统，即一个基于网络的计算机组合，这些计算机被称为新闻服务器，不同的用户通过一些软件可连接到新闻服务器上，阅读消息并参与讨论。新闻组是一个完全交互式的超级电子论坛，是任何一个网络用户都能进行相互交流的工具。新闻组通常是一个讨论组，虽然它与万维网上的论坛在功能上是比较相似的，但在技术上却完全不同。新闻组使用NNTP（Network News Transport Protocol，网络新闻传输协议），供用户在新闻组中下载或发表帖子，同时负责新闻在服务器之间的传送。

作为客户端/服务器架构的另一个例子，NNTP与FTP的操作方式很像，而且简单得多。新闻组使用特定的客户端来阅读和发送讨论的内容，常见的客户端包括Windows Mail、Opera、Outlook Express、雷鸟、Unison、NewsFire、NewsHunter等。

用户交流网Usenet是世界性的新闻组网络系统，是其他网络新闻服务器的主要信息来源，已成为新闻组（Newsgroup）的代名词。新闻组与WWW服务不同，WWW服务是免费的，任何能够上网的用户都能浏览网页，而大多数的新闻组则是一种内部服务，即一个公司、一个学校的局域网内有一个服务器，根据本地情况设置讨论区，并且只对内部机器开放，从外面无法连接。比较流行的新闻组包括Usenet.org、Google Groups、Yahoo! Groups、微软新闻组、奔腾新闻组、万千新闻组、希网新闻组、雅科新闻组、香港新闻组等。虽然目前我国对外开放的新闻组较少，但用途极大，如果充分利用其优势，包括结构清晰、交互直接、全球互联、主题鲜明、自由交流、可单方面过滤"不良"信息等，对于科教普及、专业探讨、信息宣传，乃至政策制定等均可起到良好的促进作用。

5）远程登录服务

在高性能计算机尚未普及的计算机发展早期阶段，人们将自己的低性能计算机连接到远程性能好的大型计算机上，一旦连接上，他们的计算机就仿佛是这些远程大型计算机上的一个终端，用户就仿佛坐在远程大型机的屏幕前一样输入命令，运行大机器中的程序。这种将自己的计算机连接到远程计算机的操作方式称为"登录"，称这种登录的技术为Telnet（远程登录），Telnet即为Internet的远程登录协议。Telnet使得用户可以坐在自己的计算机前通过Internet网络登录到另一台远程计算机上，这台计算机可以在隔壁的房间里，也可以在地球的另一端。当用户登录上远程计算机后，用户的计算机仿佛是远程计算机的一个终端，用户可以用自己的计算机直接操纵远程计算机，享受远程计算机本地终端同样的权力。在Windows 10中，可以使用命令行界面运行"telnet"命令登录远程主机。

Telnet有很多优点，比如，如果用户的计算机中缺少什么功能，就可以利用Telnet连接到远程计算机上，利用远程计算机上的功能来完成用户要做的工作，也就是说，Internet上所提供的所有服务，通过Telnet都可以使用。不过Telnet的主要用途还是使用远程计算机上所拥有的信息资源，如果用户的主要目的是在本地计算机与远程计算机之间传递文件，则使用FTP会有效得多。

现在，Telnet的使用越来越少，主要因为：第一，个人计算机的性能越来越强，致使对于在其他计算机中运行程序的要求逐渐减弱；第二，Telnet服务器的安全性欠佳，因为它允许他人访问其操作系统和文件；第三，Telnet使用起来不是很容易，特别是对初学者。

6）基于Web服务

近年来，兴起的还有一种基于Internet的技术，即基于Web的服务（Web Service），它使用Web（HTTP/HTTPS协议）方式接收和响应外部系统的某种请求，从而实现远程调用，它使得Internet不仅是数据传输的平台，也变成传递服务的平台。具体来讲，网络服务Web Service是指一些在互联网上运行的、面向服务的、基于分布式程序的软件模块，网络服务采用HTTP和XML（eXtensible Markup Language，可扩展标记语言）等互联网通用标准，使人们可以在不同的地方通过不同的终端设备访问Web上的数据。目前，Web Service应用发展迅速，如网上订票、查看订座情况、订购天气预报服务等。网络服务Web Service在电子商务、电子政务、公司业务流程电子化等各应用领域具有广泛的应用前景。

除了以上叙述的Internet应用外，互联网还提供其他服务，如第3章中提到的远程桌面连接、目前比较普及的网上聊天、BBS实时信息交流服务、论坛、News流媒体服务等。随着互联网与人们日常生活的相互融合和渗透，相信各领域的新的应用会不断涌现出来，也会不断地扩展人与世界互联的范围并提高互联品质。

5.5 小结

相较于传统的通信方式，计算机网络通信技术显示出多样性更强、渗透性更广、融合性更高等优势。互联网通信技术将计算机作为通信的基本载体，以网络为通道，通过互联网进行通信并实现资源共享的一种网络技术。不论是声音、图形、图像，还是音频、视频，都可以在互联网上传输。互联网通信技术打破了传统的地域和空间的限制，使得信息可以快速地传输到目的地。当前互联网的发展日新月异，如新浪、百度、淘宝、京东、腾讯、字节跳动、华为、小米等公司在各自的领域里持续创新，对互联网发展的贡献令世人瞩目。随着我国从国家战略高度不断推动互联网、大数据、人工智能与实体经济的深度融合，以及加快数字中国、网络强国和智慧社会建设等任务要求，当前及今后很长一段时间，我国信息化发展将会占据重要角色，成为世界和平发展的重要力量。

思考题

一、选择题

1.IPv6描述正确的是_____。

A.IPv6的地址是64位   B.IPv6的地址是128位

C.IPv6是中国主导的通信标准   D.IPv6现在仅在大学试用

2.IPv4地址包括多少比特_____。

A.32   B.4   C.128   D.64

3.能看到网络路由节点的命令是_____。

A.tracert   B.ping   C.ipconfig   D.lookup

4.判断和对方IP地址是否联网的命令是_____。

A.ping   B.nslookup   C.ipconfig   D.dir

5.在计算机网络中，为了使计算机或终端之间能够正确传送信息，必须按照_____来相互通信。

A.信息交换方式   B.网卡   C.传输装置   D.网络协议

二、思考题

1.TCP/IP网络协议栈由哪几个层次组成？每个层次都有什么作用？

2.TCP协议和UDP协议之间的区别是什么？

3.列出你所了解的互联网产品，并按照出现的历史排序，分析该互联网产品的背景和发展潜力。

第6章

信息和网络安全

信息和网络安全是指信息网络的硬件、软件及其系统中的数据受到保护，不受偶然的或者恶意的原因而遭到破坏、更改、泄露，系统能连续、可靠、正常地运行，信息服务不中断。维护信息和网络安全事关我国政治、军事、经济以及科学等各个领域，不仅涉及个人利益、企业生存、金融风险等问题，还直接关系到社会稳定和健康发展等诸多方面，因此具有重大战略意义。了解网络面临的各种威胁，防范和消除这些威胁，实现真正的信息和网络安全已经成为网络发展中的重中之重。

6.1　什么是信息和网络安全

信息和网络安全是一门涉及计算机科学、网络技术、通信技术、密码技术、应用数学、数论、信息论等多种学科的综合性学科。信息和网络安全的根本目的就是使内部信息不受外部威胁，因此信息通常要加密。

为保障信息安全，要求有信息源认证、访问控制，不能有非法软件驻留，不能有非法操作等。信息安全技术主要包括用户身份验证、访问控制、数据完整性、数据加密、病毒防范等内容。信息安全主要具有以下五个特点。

（1）可用性。对用户而言，网络服务必须是可用的，即授权用户可以访问网络并按需存取信息，以及当网络受到何种程度的攻击时仍然能够正常服务。

（2）保密性。保证相关信息不泄露给未授权的用户或实体。

（3）完整性。保证信息在传输的过程中没有被未经授权的用户的篡改，保证非法用户无法伪造数据。

（4）可控性。可控性是指对信息和信息系统实施安全监控管理，防止非法利用信息和信息系统。

（5）不可否认性。不可否认性是保证一个节点不否认其发送出去的信息，这样就能保证一个网络节点不能抵赖它以前的行为。

计算机网络安全即是指利用计算机网络管理控制和技术措施，保证在一个网络环境里，数据的保密性、完整性及可使用性等受到保护。

6.2　信息和网络安全隐患

由于早期网络协议对安全问题的忽视以及当前约束操作信息行为的法律法规还不完善，存在很多漏洞，这就给信息窃取、信息破坏者以可乘之机。威胁信息系统安全的主要来源包括：非授权访问、信息泄露、拒绝服务。其中，非授权访问是指某一资源被某个非授权的人或以非授权的方式使用；信息泄露是指保护的信息被泄露或透露给某个非授权的实体；拒绝服务则是指信息使用者对信息或其他资源的合法访问被无条件地阻止。

具体的威胁信息与网络安全的手段有很多，常见的威胁有以下几种。

（1）窃听。用各种可能的、合法的或非法的手段窃取系统中的信息资源和敏感信息。例如搭线监听通信线路中传输的信号，或者利用通信设备截取工作过程中产生的电磁泄漏有用信息等。

（2）业务流分析。通过对系统进行长期监听，利用统计分析方法对诸如通信频度、通信的信息流向、通信总量的变化等参数进行研究，从中发现有价值的信息和规律。

（3）假冒。通过欺骗通信系统（或用户）达到非法用户冒充成为合法用户，或者特权小的用户冒充成为特权大的用户的目的。我们平常所说的黑客（Hacker，是指研究如何智取计算机安全系统的人员。他们利用公共通信网络，如电话系统和互联网，以非正规手段登录对方系统，掌握操控系统之权力）大多采用的就是假冒攻击。

（4）旁路控制。攻击者利用系统的安全缺陷或安全性上的脆弱之处获得非授权的权利或特权。例如，攻击者通过各种攻击手段发现原本应保密，但是却又暴露出来的一些系统"特性"，利用这些"特性"，攻击者可以绕过防线守卫者而侵入系统的内部。

（5）授权侵犯。被授权以某一目的使用某一系统或资源的某个人，却将此权限用于其他非授权的目的，也称内部攻击。

（6）抵赖。这是一种来自用户的攻击，涵盖范围比较广泛，比如，否认自己曾经发布过的某条消息、伪造一份对方来信等。

（7）计算机病毒。这是一种在计算机系统运行过程中能够实现传染和侵害功能的指令或程序代码，破坏磁盘中的程序和数据，可自我复制，其行为类似病毒，故称为计算机病毒。计算机病毒具有隐蔽性、破坏性、潜伏性、可激发性和传染性等特点，可以通过存储介质、网络等媒介传播和扩散，例如，使用外来软件或光盘，或者随意打开陌生电子邮件等都有可能感染病毒。一旦感染计算机病毒，计算机和软件系统的正常运行将可能受到某种程度的干扰（计算机病毒中也有良性病毒，这种病毒的目的是恶作剧式的，并不破坏系统及用户的资料，不影响用户的使用），甚至使主板遭到破坏，造成计算机瘫痪。计算机病毒主要包括引导型病毒、文件型病毒、网络病毒、复合型病毒等，有效的应对措施是安装防病毒软件并定时升级。

计算机的理论和系统并不是完美的，各种操作系统、安全协议和数据库系统的脆弱性，夹杂着很多人为因素，这使得信息和网络安全的弱点与威胁长久存在。如何正视从技术到管理方面的问题，有针对性地防御来自网络内部与外部的威胁，对信息与网络安全至关重要。

6.3　信息和网络安全策略

信息和网络安全策略是一组规则，它们定义了一种组织要实现的、降低信息与网络安全风险的安全目标和实现这些安全目标的途径。信息与网络安全策略描述的是总体的安全目标和方向，不会因为技术产品的升级而过时，一信息安全策略应该能够使用几年甚至十几年的时间。

6.3.1　信息和网络安全策略的制定

信息和网络安全策略有别于技术方案，该策略只是描述一个组织保证信息和网络安全的途径的指导性文件，它不涉及具体做什么和如何做的问题，只需指出欲达成的目标。在信息安全策略中不规定使用什么具体技术，也不描述技术配置参数。信息和网络安全策略的另外一个特性就是可以被审核，即能够对组织内各个部门信息安全策略的遵守程度给出评价。信息和网络安全策略的描述语言应该是简洁的、非技术性的和具有指导性的。

制定信息和网络安全策略应该是一个组织（或单位）保证信息和网络安全的第二步，在制定信息和网络安全策略之前，首先要确定安全风险量化和估价方法，明确一个组织要保护什么和需要付出多大的代价去保护。风险评估也是对组织内部各个部门和下属雇员相对于组织重要性的间接度量。一般对于一个业务组织，不存在不计成本的信息和网络安全策略。因此，信息和网络安全策略的制定者要根据被保护信息和网络的重要性决定保护的级别和开销。安全风险评估要回答的问题包括：组织的信息资产是什么？威胁有哪些？弱点是什么？哪些信息对维护组织正常的业务运转和实现赢利必不可少？哪些种类的风险是需要特别预防的？

信息和网络安全策略的建立和执行会增加下属部门的工作负担，因此开始执行的时候很可能遭到抵触，进而导致在信息安全策略方面的投资预算不能立刻奏效。

信息和网络安全策略的制定者应综合风险评估、信息对业务的重要性，以及管理考虑、组织所遵从的安全标准，从而制定出组织的信息和网络安全策略，可能包括下面的内容。

（1）使用策略。描述设备使用、计算机服务使用和雇员的安全规定，以保护组织的信息和资源安全。包括设备是否需要单独房间存放，哪些人有权力使用设备，以及使用设备是否需要登记等。

（2）网络管理策略。制定在计算机网络上实施、管理、监视和维护安全性的原则、过程和准则。包括访问网络并修改其特征的规则和法律程序，对于通过 Web/Internet 的访问进行治理和管理，在网络节点和设备上实施安全性程序（访问控制），基于角色/特权的策略，例如，识别任何用户可以在网络上执行的授权和未授权服务/过程等。

（3）反病毒策略。提出有效减少计算机病毒对组织威胁的一些指导方针，明确在哪些环节必须进行病毒检测。

（4）审计策略。描述信息的审计要求，包括审计小组的组成、权限、事故调查、安全风险估计、信息安全策略符合程度评价、对用户和系统活动进行监控等活动的要求。

（5）敏感信息策略。对于组织的机密信息进行分级，按照它们的敏感度描述安全要求。

（6）内部策略。描述对组织内部的各种活动安全要求，使组织的产品服务和利益受到充分保护。

（7）Internet 接入策略。定义在组织防火墙之外的设备和操作的安全要求。

（8）口令防护策略。定义创建、保护和改变口令的要求。

6.3.2　信息和网络安全策略的执行

组织机构制定出信息和网络安全策略之后，还需要制定一系列的配套标准来规定各部门的人员遵守。

比如"敏感信息策略"中要求财务部门对部分数据进行加密。那么财务部门如何落实这些要求呢？财务部门需要制定相关的配套标准，比如，财务人员对其他部门的人员进行相关培训，以实现数据加密，具体采取的措施有：① 所有安装 Windows 10 的财务部门计算机应该利用内置加密文件系统将所有文件夹和子文件夹配置成自动加密文档方式；② 所有人员必须将公司的文件和信息存放在加密的硬盘分区上；③ 计算机技术部负责保管内置加密文件系统的恢复密钥，此密钥只能由计算机技术部经理和内部审计经理访问。类似地，对于智能终端设备中信息的加密、对于电子邮件消息的加密等，仍然需要规定其他的标准。这样，条目"敏感信息策略"规定的加密策略才能保证得到执行。在这些标准里，要明确说明使用什么产品对什么类型的信息进行加密。这样做带来的好处是：① 策略描述了总体的安全目标和方向，不会因为技术产品的升级而过时；② 充分考虑不同部门的业务差异，各个部门的安全要求可能很不相同，各个部门通过制定不同的部门标准可以获得一定的自主空间；③ 详细的标准便于雇员查找、了解和学习安全规定。

信息安全策略是具有明确的时效性的，在一个组织机构内设立的信息和网络安全策略必须向其职员和各个部门明确这些策略和标准的有效期，以避免因为对时间理解错误而引起麻烦的局面。

支持并服从信息和网络安全策略是一个艰难的过程，过于频繁地使用安全警告最终会降低大家的注意力。采用以业务为中心的对话方式，提醒员工所面对的信息有较大的价值并给予特别的保护是行之有效的措施。有策略就要用手段来推行。信息和网络安全策略最好由组织或机构主管部门颁布，除此之外，开设内部培训课程、开通内部安全热线、向公司员工发送宣传信息安全策略的邮件等都是有效实施信息和网络安全策略的手段。

总之，制定并执行信息和网络安全策略需要付出大量的努力，也是一个持续的过程，比如，需要起草和更新标准、需要对雇员进行培训等。组织机构在制定并执行信息和网络安全策略之后，安全问题就成为组织机构日常业务工作的一部分，安全工作就走向制度化。为了减少信息和网络安全策略维护中的工作量，可以使用一些信息和网络安全策略管理工具，如配置管理、规则设置管理、口令管理、缺陷管理、补丁管理、用户管理等。

6.3.3 主动和积极防御策略

为了支持信息和网络安全策略的执行，保证信息系统的安全，美国国家安全局提出了PDRR模型。PDRR就是四个英文单词的首字符：Protection（防护）、Detection（检测）、Response（响应或反应）、Recovery（恢复）。这四个部分构成一个动态的信息安全周期，如图6-1所示。

我国学者在PDRR前面添加一个W、后面添加一个C，形成WPDRRC模型，它提供了六大功能：预警（Warning）功能、保护功能、检测功能、反应功能、恢复功能、反击（Counter-Attack）功能。WPDRRC模型如图6-2所示，其外围是依次连接的预警、保护、检测、反应、恢复、反击六个环节，内层是人、政策、技术三个逐步扩展的同心圆。人是核心；中圈是政策，政策是桥梁；外圈是技术，技术是落实WPDRRC的六个环节。由以上六个环节以及人、政策（包括法律、法规、制度）和技术三大要素构成我国特有的、宏观的、积极的信息和网络安全保障体系结构。

因为信息安全保障不是单一因素的，不只是技术问题，而是人、政策和技术三大要素的结合。六个环节之间有动态反馈关系，三大要素之间有层次关系，技术通过人来利用相应的政策和策略去操作。

预警环节的基本宗旨是根据以前掌握的系统脆弱性和对当前犯罪趋势的了解，预测未来可能受到的攻击和危害。作为预警，首先要分析威胁到底来自什么地方，是什么方式，系统可能有什么脆弱性，组织的资产有什么等，并对其进行综合评估，就可以分析出该组织面临着什么风险，采用什么强度的方式可以消除、避免、转嫁这个风险，从而在组织能够承受的适度风险的基础上考虑如何建设信息和网络系统。在系统建成投入运转后，前面时间段的预警对下一个时间段的后续环节能够起到警示作用，甲地的警示可以为乙地获得后续防御环节的提前量。如果甲地在这个时间段里了解到黑客攻击、病毒泛滥等因素，乙地得到警示就可能提前打好补丁，保障下一个时间段的安全。

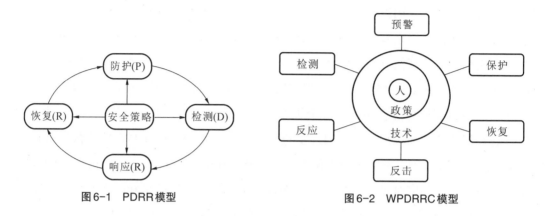

图 6-1　PDRR 模型　　　　图 6-2　WPDRRC 模型

保护环节是采取一切手段来保护组织信息系统的保密性、完整性、可用性、可控性和不可否认性。我国已经提出实行计算机信息系统的等级保护问题，各组织可依据不同等级的系统安全要求来完善自己系统的安全功能和安全机制。

检测环节是利用技术工具来检查系统存在的脆弱性，系统脆弱将可能为黑客攻击、白领犯罪、病毒泛滥等提供机会。这些技术工具包括脆弱性扫描、入侵检测、恶意代码过滤等。组织应该形成动态检测的制度，建立报告协调机制，尽量提高检测的实时性，以应对日益严重的信息和网络安全威胁。

反应环节是对危及安全的事件、行为、过程等及时做出响应和处理，杜绝危害进一步扩大，保障组织的系统能够提供正常的服务。建立反应的机制至关重要，在此基础上不断强化实时性，以提升快速响应的能力。

恢复环节是指对任何意外的突发事件可能造成的服务中断与数据受损，在最短时间内完成恢复操作。这个环节取决于组织要有计划地对所有数据和运转系统进行备份，这样就可以在遇到灾难性事件时马上可以最大限度地恢复系统和数据。

反击环节是指利用技术工具依法侦查犯罪分子的犯罪线索、犯罪依据，形成取证能力和打击手段，依法打击犯罪分子和网络恐怖主义分子。在网络和数字化环境中，针对信息和网络安全犯罪，要进行相应的取证、证据保全、举证、起诉和打击，就要发展相应的媒体修复、媒体恢复、数据检查、完整性分析、系统分析、密码分析破译、追踪等技术工具。

6.4　信息安全标准与法律法规

随着现代信息技术的迅猛发展，网络已成为人们传递信息和获取信息的有效途径。信息网络的全球化使得信息和网络的安全问题也变得全球化，我们需要面对来自世界范围的攻击、数据窃取、身份假冒等的威胁。为了进一步打击计算机犯罪，保护信息资源免遭非授权的有意或无意泄漏、修改、损害、破坏，信息安全标准化以及相关法律法规的日益完善成为关键所在。

计算机犯罪是指行为人通过计算机操作所实施的危害计算机信息系统（包括内存及程序）安全，以及其他严重危害社会的并应当处以刑罚的行为。计算机犯罪产生于20世纪60年代，目前已呈猖獗之势，已成为各个国家重点防范和打击的对象。对于计算机犯罪，除了大众教育之外，还需要从信息安全标准化以及相关法律法规的不断健全和完善方面进行应对，以最大限度地保障个人的合法权益和社会公共利益。信息安全标准是我国信息安全保障体系的重要组成部分，是政府进行宏观管理的重要依据；而相关法律法规则是为保障信息和网络安全保驾护航，有效应对信息网络安全的法制对策。

国际上的信息安全标准化组织主要包括国际标准化组织（ISO）、国际电工委员会（IEC）、国际电信联盟（ITU）以及Internet工程任务组（IETF）。我国由国家标准化管理委员会统一管理全国标准化工作，其下属的全国信息技术安全标准化技术委员会（CITS）负责全国信息技术领域以及与国际信息安全标准化组织相对应的标准化工作。目前，信息安全标准包括信息技术安全性评估标准、信息系统安全等级保护标准等，对信息的安全等级划分以及安全考核指标等均进行了详细的规定。

在全球信息化条件下，为了应对暴力恐怖势力、民族分裂势力以及宗教极端势力对国家信息和网络安全、社会生活安全以及政治安全带来的威胁和挑战，我国本着依法治国的理念，制定了各项信息与网络安全相关法律法规。尤其是党的十八大以来，以习近平同志为核心的党中央从总体国家安全观出发对加强国家信息和网络安全工作做出了重要的部署，对加强信息和网络安全法制建设提出了明确的要求。相关立法部门应适应我国网络安全工作新形势、新任务，不断完善与网络安全相关的法律法规。现行的重要信息和网络安全法律法规简要总结如下。

1. 适用于网络运营者及个人信息控制者的法规和标准

（1）《计算机软件保护条例》。

《计算机软件保护条例》（以下简称《条例》）于2001年12月20日颁布实施。《条例》是体现我国政府保护计算机软件知识产权的第一部政策法规。《条例》对各民事主体保护软件著作权的义务和法律责任进行了规定，明确了涉及认定违法侵权行为的法律责任，明确了涉及软件出版者、制作者、发行者、出租者的法律责任，明确了涉及复制品持有人的法律责任，明确了涉及软件合法复制品所有人的法律责任，也明确了涉及软件开发法律责任的例外规定。

（2）《中华人民共和国网络安全法》。

《中华人民共和国网络安全法》（以下简称《网络安全法》）于2017年6月1日起施行。它是我国第一部全面规范网络空间安全管理方面问题的基础性法律，是我国网络空间法治建设的重要里程碑。它提出了网络空间主权、网络安全与信息化发展并重以及共同治理的三大基本原则。它制定了网络安全战略，明确了网络空间治理目标，提高了我国网络安全政策的透明度。它还进一步明确了政府各部门的职责权限，完善了网络安全监管体制；强化了网络运行安全，重点保护关键信息基础设施；完善了网络安全义务和责任，加大了违法惩处力度，并将监测预警与应急处置措施制度化、法制化。

其中，针对关键信息基础设施，《网络安全法》在数据本地存储和出境安全评估、网络安全等级保护、网络安全审查、容灾备份、远程维护和保密协议等方面提出了比一般网络经营者更为严格的保护要求。

（3）《中华人民共和国数据安全法》。

《中华人民共和国数据安全法》（以下简称《数据安全法》）于2021年9月1日起施行。《数据安全法》从数据安全制度、数据安全保护义务、政务数据安全与开放等角度对在中国境内开展的数据活动，包括数据的收集、存储、加工、使用、提供、交易、公开等进行了规定。《数据安全法》明确了数据是指任何以电子或者非电子形式记录的信息。其中第四章"数据安全保护义务"值得各企业在合规过程中进行参考。另外，第二十五条规定的"国家对与维护国家安全和利益、履行国际义务相关的属于管制物项的数据依法实施出口管制"，也与2020年公布的《出口管制法》相呼应。

（4）《中华人民共和国个人信息保护法》。

《中华人民共和国个人信息保护法》（以下简称《个人信息保护法》）于2021年11月1日起施行。在已有法律法规相关条款之上，提出了更多个人信息处理规范。首先，第三条规定特定情况下的域外适用效力，具有"长臂管辖"的效果。其次，"知情同意"不再是个人信息处理的唯一合法性基础，增加了订立合同必须保护自然人的重大利益等合法基础。最后，提出了合法性原则、最小必要原则、公开透明原则等处理个人信息的基本原则。

（5）《信息安全技术——个人信息安全规范》。

《信息安全技术——个人信息安全规范》于2020年10月1日起施行。该规范的上一版本规定了个人信息控制者在收集、存储、使用、共享、转让、公开披露等个人信息处理环节中的行为。2020版的修订增加了用户画像的使用限制、个性化展示的使用，增加了对各项服务分别征求同意的要求及平台接入第三方的管理要求等。2020版还修改了"征求授权同意的例外"、"个人信息主体注销账户"等。同时，2020版对个人生物识别信息的存储、转让及共享提出了特别要求。

（6）《信息安全技术 个人信息安全影响评估指南》。

《信息安全技术 个人信息安全影响评估指南》于2021年6月1日起施行。该指南明确了展开个人信息安全影响评估的时间点、原理及流程等。关于安全评估机制，《网络安全法》中规定了个人信息在跨境传输以及网络安全事件发生后的安全评估；《个人信息保护法》规定了提出事前风险评估的要求，提供了更多的操作细则，使个人信息安全的评估方法更清晰。

（7）《贯彻落实网络安全等级保护制度和关键信息基础设施安全保护制度的指导意见》。

《贯彻落实网络安全等级保护制度和关键信息基础设施安全保护制度的指导意见》于2020年9月发布。该意见对网络安全等级保护制度和关键信息基础设施安全保护制度提出了要求。其中，保障重点是关键信息基础设施和第三级以上的网络。在《网络安全法》第31条的基础上确认了根据网络在国家安全、经济建设、社会生活中的重要程度及其遭到破坏后的危害程度等因素，实施网络安全等级保护制度。本意见指出，应将符合认定条件的基础网络、云平台、大数据平台、物联网、工业控制系统、智能制造系统、新型互联网、新兴通信设施等纳入关键信息基础设施。

（8）《信息安全技术网络安全等级保护定级指南》。

《信息安全技术网络安全等级保护定级指南》于2020年11月1日起施行。该指南从定级原理及流程、定级对象、保护等级等方面落实了不涉及国家秘密的等级保护对象的安全保护等级方法和定级流程。与网络安全等级保护制度保持一致，根据对象在国家安全、经济建设等方面的重要程度，以及一旦遭到破坏或数据遭遇泄漏后的侵害程度等，将安全保护等级分为五级，并针对不同的级别提出保护要求。

（9）《信息安全技术 网络数据处理安全要求》。

《信息安全技术 网络数据处理安全要求》于2022年4月15日起施行。该要求规定了网络运营者在利用网络开展数据收集、存储、使用、加工、传输、提供、公开等处理活动中应遵循的规范和管理的要求。该要求的一大亮点是，针对突发公共卫生事件中个人信息保护的合规要求作出了规定，包括个人信息服务协议、个人信息的收集与调用，应对工作结束后的个人信息处理等问题。

2. 适用于关键信息基础设施运营者的法规和标准

（1）《网络安全审查办法》。

《网络安全审查办法》自2022年2月15日起施行。该办法为确保关键信息基础设施供应链安全提供了具体规定。关键信息基础设施运营者在采购网络产品和服务前，需对产品和服务投入使用后可能带来的国家安全风险进行预判，如果发现有影响或者可能有影响国家安全的，应当事前向网络安全审查办公室（网络安全审查办公室设在国家互联网信息办公室，负责制定网络安全审查相关制度规范，组织网络安全审查）申报网络安全审查。该办法要求掌握超过100万个用户个人信息的运营者在国外上市前，必须申报网络安全审查。网络安全审查的重点领域包括电信、广播电视、能源、金融、国防科技工业等，关键信息基础设施保护工作部门可以制定本行业、本领域预判指南。具体内容方面，属于审查范围的网络产品和服务主要指核心网络设备、高性能计算机和服务器、大容量存储设备、大型数据库和应用软件、网络安全设备、云计算服务等。

（2）《关键信息基础设施安全保护条例》。

《关键信息基础设施安全保护条例》于2021年9月1日起实施。该条例旨在建立专门的保护制度，明确各方的责任和保障措施，进一步健全关键信息基础设施安全保护法律制度体系。该条例明确了关键信息基础设施范围和保护工作原则目标，明确了监督管理体制，完善了关键信息基础设施认定机制，同时也明确了运营者责任义务、保障措施以及法律责任。

3. 适用于App及小程序运营者的法规和标准

（1）《常见类型移动互联网应用程序必要个人信息范围规定》。

《常见类型移动互联网应用程序必要个人信息范围规定》于2021年5月1日起施行。它规定了地图导航、网约车等38类常见App必要个人信息的范围，并针对不同类型的App规定了个人信息处理的要求。例如，网络直播类、拍摄美化类等App可在不需要个人信息的情况下使用其基本功能。

（2）《网络安全标准实践指南——移动互联网应用程序（App）收集使用个人信息自评估指南》。

《网络安全标准实践指南——移动互联网应用程序（App）收集使用个人信息自评估指南》于2020年7月25日起施行。它提供了App收集使用个人信息的6个评估点：是否公开收集使用个人信息的规则，是否明示收集使用个人信息的目的、方式和方位，是否征得用户同意后才收集使用个人信息，是否遵循必要原则，是否经用户同意后才向他人提供个人信息，是否提供删除或更正个人信息功能或公布投诉、举报方式等信息。

（3）《信息安全技术 即时通信服务数据安全指南》。

于2020年12月24日起实施。该指南规定了即时通信服务可以收集、使用、交换、存储、传输、删除的数据种类、范围、方式、条件等。值得一提的是，该指南还专门针对未成年人应用即时通信服务的保护措施，以及可能产生网络诈骗的个人信息安全进行了相关规定。

（4）《互联网信息服务管理办法》。

《互联网信息服务管理办法》根据2011年1月8日《国务院关于废止和修改部分行政法规的决定》修订。该办法将互联网信息服务区分为属于经营电信业务与不属于经营电信业务，对执法机构和分工给予了明确标准，对网络接入服务提供者的要求增多，对教育、新闻等领域的要求更具体，并增加了一系列与网络安全、个人信息保护相关的规定。与现行法规和标准比较，大多数条款的修订都是在现有基础上提出的进一步要求。

（5）《互联网用户公众账号信息服务管理规定》。

《互联网用户公众账号信息服务管理规定》自2021年2月22日起施行。该规定对公众账号信息服务平台及公众账号生产运营者提出了一系列要求，包括新增生态治理、数据保护、个人信息保护等平台主体责任。该规定还针对账号分类注册、主体资质核验、打击网络谣言等问题新增多个条款。该规定也要求公众账号信息服务平台加强对公众账号信息服务活动的监督管理，及时发现和处置违法违规信息或行为。

（6）《互联网用户账号信息管理规定》。

《互联网用户账号信息管理规定》于2022年8月1日施行。该规定旨在加强对互联网用户账号信息的管理，弘扬社会主义核心价值观，维护国家安全和社会公共利益，保护公民、法人和其他组织的合法权益，促进互联网信息服务健康发展。该规定明确了账号信息注册和使用规范，要求互联网信息服务提供者应当制定和公开互联网用户账号信息管理规则、平台公约，明确账号信息注册、使用和管理相关权利、义务。该规定还明确了开展监督检查和追究法律责任的相关要求，规定网信部门会同有关主管部门建立健全工作机制，协同开展互联网用户账号信息监督管理工作。

（7）《网络信息内容生态治理规定》。

《网络信息内容生态治理规定》于2020年3月1日施行。该规定明确了网络信息生产者、网络信息内容服务平台及网络信息服务使用者鼓励发布、不得发布及应该防范的内容。此前的相关规定主要出现在《互联网信息服务管理办法》中，而随着网络环境的变化，网络诈骗、人肉搜索等新情况层出不穷，因此，该规定对《互联网信息服务管理办法》中的九项禁止性内容进行了扩充，并明确将网络信息内容生产者、网络信息内容服务使用者一并纳入管理范围。

6.5 小结

没有信息化就没有现代化，因此信息和网络安全是事关国家安全和国家发展、广大人民群众工作和生活的重大战略问题。当今世界，信息技术日新月异，对国际政治、经济、文化、社会、军事等领域的发展均产生了深刻影响，信息和网络安全问题也日益突出，在新时代下如何建设安全、健康的网络空间，是我国从网络大国迈向网络强国的重要使命。维护信息和网络安全不仅要掌握与发展相关的核心技术及手段，还要面向实际，充分分析安全隐患，制定科学的安全策略并贯彻执行这些安全策略，同时，还要不断完善相关法律法规来为其保驾护航。总之，维护信息和网络安全是全员的责任，不仅需要政府、企业、社会组织的参与，更需要广大网民的参与，这样网络安全这道防线才能筑牢、网络生态才能持续向好。

思考题

一、选择题

1.计算机网络的安全是指_____。

A.网络中设备设置环境的安全　　　　　B.网络使用者的安全

C.网络中信息的安全　　　　　　　　　D.网络的财产安全

2.保证信息在传输过程中没有被未经授权用户的篡改，保证非法用户无法伪造数据是信息安全的_____性质。

A.完整性　　　　　B.保密性　　　　　C.可用性　　　　　D.可控性

3.计算机病毒是一种_____。

A.软件故障　　　　B.硬件故障　　　　C.程序　　　　　　D.生物病毒

4.PDRR模型中的P指的是_____。

A.防护　　　　　　B.检测　　　　　　C.响应　　　　　　D.恢复

5.以下叙述正确的是_____。

A.传播计算机病毒也是一种犯罪的行为

B.在BBS上发表见解，是没有任何限制的

C.在自己的商业软件中加入防盗版病毒是国家允许的

D.利用黑客软件对民间网站进行攻击是不犯法的

二、思考题

1.什么是信息和网络安全？

2.分析当前国际国内形势下我国互联网存在的安全隐患。

3.阐述积极防御策略及其优势。

4.分析我国信息和网络安全相关现行法律法规，你认为在哪些方面还缺乏管理？

第7章

常用 Microsoft Office 办公软件

常用应用软件有很多，包括 QQ、Microsoft Office、WPS Office、微信、Chrome、360 安全卫士等，这里我们仅介绍常用的 Office 办公软件以及其他常用工具软件。

办公软件是指协助人们进行文字处理、表格制作、幻灯片制作、图形图像处理、数据库处理等方面工作的软件。目前，我国使用的办公软件套装主要是 Microsoft Office 和 WPS Office，它们都包括一组常用的组件满足办公需求。Microsoft Office 办公软件套装中有 Word、PowerPoint、Excel、Outlook、Publisher、Access、OneNote 等组件，这里我们主要介绍 Microsoft Office 2016 版本中的 Word、Excel 和 PowerPoint，当使用更高版本的软件时，只要了解它们与 2016 版本的不同之处即可。

7.1 Word

Word 提供了文字编辑、排版管理、表格处理、文档管理、拼写和语法检查、制作 Web 页面、打印输出管理等强大的功能，具有操作直观、所见即所得、图文集成能力强等优点，且与 Office 家族其他成员之间具有协同性。

7.1.1 Word 2016 简介

Word 又称字处理软件，其生成文件称为文档，文档的扩展名为 ".docx"。Word 2016 的工作界面如图 7-1 所示，由标题栏、功能区、编辑区、状态栏等区域组成。在该界面中，所有的命令都通过功能区直接呈现出来，用户可以快速找到想要使用的命令。

图 7-1 中各部分简要说明如下。

① 为标题栏，显示正在编辑的文档的文件名以及软件名称，还包括标准的"最小化"、"还原"、"关闭"以及"功能区显示选项"按钮。

② 为自定义快速访问工具栏，在此提供常用的命令，例如"保存"、"撤销"、"恢复"

等。快速访问工具栏的末尾是一个下拉菜单，可在其中添加其他常用命令，还可以设置快速访问工具栏的显示位置。

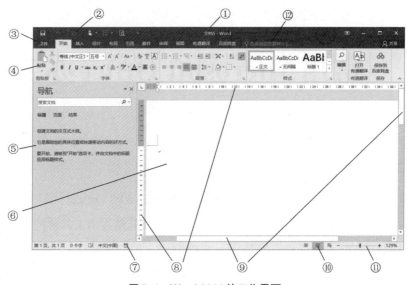

图7-1　Word 2016的工作界面

③ 为"文件"菜单，收集了对文档本身而不是文档内容的命令，例如"新建"、"打开"、"另存为"、"打印"和"关闭"等。

④ 为功能选项卡和功能区，包括"开始"、"插入"、"设计"、"布局"、"引用"、"邮件"、"审阅"、"视图"等若干功能选项卡及其对应的功能区，文档编辑、排版等工作所需的命令均位于此处。功能区的外观随着监视器的大小而改变，Word会通过更改控件的排列方式来压缩功能区，以适应较小的监视器。

"开始"选项卡中包括剪贴板、字体、段落、样式和编辑五个组，主要用于帮助用户对文档进行文字编辑和格式设置，是用户最常用的功能区。

"插入"选项卡包括页面、表格、插图、加载项、媒体、链接、批注、页眉和页脚、文本和符号十个组，主要用于在文档中插入各种元素。

"设计"选项卡包括文档格式和页面背景两个分组，主要用于选择和设置文档主题、设置水印、设置页面颜色和页面边框等项目。

"布局"选项卡包括页面设置、稿纸、段落、排列四个组，用于帮助用户设置文档页面样式。

"引用"选项卡包括目录、脚注、引文与书目、题注、索引和引文目录六个组，用于实现在文档中插入目录等比较高级的功能。

"邮件"选项卡包括创建、开始邮件合并、编写和插入域、预览结果和完成五个组，该功能区的作用比较专一，专门用于在文档中进行邮件合并方面的操作。

"审阅"选项卡包括校对、语言、中文简繁转换、批注、修订、更改、比较和保护八个组，主要用于对文档进行校对和修订等操作，适用于多人协作处理长文档。

"视图"选项卡包括视图、显示、显示比例、窗口和宏五个组，主要用于帮助用户设置操作窗口的视图类型，以方便操作。

"格式"选项卡板块平常不显示，只有涉及相关操作时才显示。例如插入一张图片后，当鼠标点击该图片时，"格式"板块立即自动显示，其中提供了用于编辑当前对象的功能。

开发人员还可添加"开发工具"功能板块，该板块默认不显示，只有点击"文件/选项"命令打开"Word选项"窗口，并在其中的"自定义功能区"对应的"主选项卡"下面提供的功能选项中勾选"开发工具"后才会显示。"开发工具"共有6个小功能区块，分别为代码、加载项、控件、映射、保护和模板，用于开发VBA程序。

另外，用户还可通过安装第三方插件的方式添加其他功能板块，如图中的"有道翻译"和"百度网盘"均为第三方提供的功能板块。

⑤ 为导航窗格，可通过点选或取消"视图/显示"功能组中的"导航窗格"复选框来打开或关闭。导航窗格提供了三种方法用于帮助用户快速进行文档查找和定位，包括"标题"导航定位、"页面"导航定位以及"结果"导航定位。

⑥ 为编辑窗口，显示正在编辑的文档的内容，用户文档编辑工作中的绝大部分工作均在此窗口完成。

⑦ 为状态栏，显示有关正在编辑的文档的信息，如总页数、当前页、总字数等。

⑧ 为水平标尺和垂直标尺，用于显示和控制页面格式。可通过"视图/显示"功能组中的"标尺"复选框来打开或关闭。

⑨ 为水平滚动条和垂直滚动条，用于更改正在编辑的长文档的显示位置。

⑩ 为视图按钮，单击某一按钮可切换至其视图方式下，这里有三个按钮，包括阅读视图、页面视图和Web版式视图，可帮助用户使用不同的视图对文档进行不同的观察和处理。实际上，Word共提供了五种视图，其使用技巧将在Word基本操作部分进行详细说明。

⑪ 为缩放拖放条，通过拖动中间的缩放滑块可以更改正在编辑的文档的缩放设置。

⑫ 为帮助搜索框，当本机连接网络时，将自动连接Word在线帮助；当断开网络时，将为用户展示本机安装Word时装载的本地帮助信息。

7.1.2 基本操作

Word的基本操作包括启动和退出Word、文档操作、文档编辑、更改默认设置、文档视图使用等。

1. 启动和退出Word

启动Word有多种方法，可以直接双击桌面上的Word图标打开，或者从"开始"菜单找到 Word 2016 点击打开，也可以通过在右键快捷菜单中选择"新建"，再在展开的子菜单中选择"Microsoft Word 文档"来启动 Word。当首次启动 Word 时，可能会出现 Microsoft 软件许可协议。

若要退出 Word，在任务栏上找到 Word 图标后右键单击并选择"关闭窗口"。当桌面上只有一个文档打开时，单击窗口右上角的"×"按钮，可在关闭文档的同时也退出 Word。

需要注意的是，如果自上次保存文档以来进行了任何更改，退出 Word 时将显示一个消息框，询问是否要保存更改。若要保存更改，则单击"是"。若要在不保存更改的情况下退出，则单击"否"。单击"取消"则会取消退出 Word 的操作，Word 继续保留在运行状态。

2. 文档操作

新建文档常使用三种方法：① 启动 Word 后自动新建文档；② 在 Word 运行情况下点击"文件/新建"菜单命令，选择"空白文档"或某个模板，即可新建文档；③ 在某个文件夹中，通过在右键快捷菜单中选择"新建"，再在展开的子菜单中选择"Microsoft Word 文档"来启动 Word 并新建文档。

打开已有文档可以：① 直接找到目标文件所在位置后双击打开；② 通过"文件/打开"菜单命令，找到目标文件所在位置，双击该文件或选择文件后点击"打开"。

保存文档时，该文档将存储为计算机或网络位置中的文件。用户可以稍后打开该文件进行操作，不会因为退出 Word 程序或关机而丢失工作。保存文档一般使用三种方法：① 单击工具栏上的"保存"按钮；② 使用"文件/保存"菜单命令；③ 利用 Word 的自动保存功能，此时需要打开"文件/选项"命令打开"Word 选项"对话框，在左侧导航栏中选择"保存"，在右侧的保存选项中可设置文档自动保存的时间间隔、保存格式、默认保存位置等。需要说明的是，当新建文档第一次被保存时，会打开"另存为"对话框，可在此选择文档保存位置，并在"文件名"框中输入文件名，单击"保存"即可。当文件需要被换名保存时，需使用"文件/另存为"命令，打开"另存为"对话框，在此选择文档保存位置，并在"文件名"框中输入新的文件名后保存。

Word 允许同时打开多个文档并在多个文档之间切换，方法包括：① 单击任务栏上的 Word 图标，选择目标文档；② 使用"视图"中提供的命令工具，其中"切换窗口"可以直接定位到要切换到的目标文件；"全部重排"可将目前所有打开的文档全部排放在桌面上，此时点击"并排查看"即可同时打开"同步滚动"，使得操作鼠标滚动轮时，所有文档都被同时操作。此时可通过点击"重设窗口位置"来纵分屏幕查看文档。对于重排的文档，双击某文档的标题条即可切换到该文档；③ 使用"Alt+Tab"快捷键来切换文档，此时需要注意的是，该快捷键可用来切换所有桌面上打开的应用程序。

关闭文档则使用"文件/关闭"命令，或者单击窗口右上角的"×"按钮，也可将鼠标悬停在任务栏 Word 图标上时将显示所有打开的 Word 文档，此时单击某个需要关闭的文档小窗口右上角的"×"按钮即可。

3. 文档编辑

文档编辑操作包括文档的输入、选定、删除、复制、粘贴、定位、查找和替换、自动更正等。Word 提供了实现这些操作功能的工具，以帮助用户高效、精准地完成文档编辑任务。

1）输入文本

文档输入是从插入点输入文本信息，插入点就是光标所在的位置。新建文档时，插入光标默认定位在文档起始位置，打开文档时，光标定位在首个字符的前面。用户可自行设置插入点，使用键盘或鼠标将光标移到插入点即可。Word 还提供了即点即输功能，在页面视图或者 Web 版式视图中任意处双击鼠标左键，即可将插入光标定位在此处。

输入时既可输入英文，也可输入中文，只要系统中安装了相应的输入法就可进行该语言文字的输入。一般安装操作系统后在任务栏中会显示输入法图标，如果安装了不同的输入法，可使用鼠标点击输入法图标进行切换，也可按"Alt+Shift"组合键进行切换，如果安装时选择了组合键，则可使用它进行切换。输入英文时有大小写转换问题，在小写输入状态，按住"Shift"键即可输入大写字母；可使用"CapsLock"键输入长段的大写字母，此时如果按住"Shift"键则可输入小写字母。中文输入时需要选择中文输入法，如果系统中安装了多个中文输入法，则需选择其中之一即可。

中英文混合输入时需要注意全角和半角问题，所谓半角就是指 ASCII 编码表以内的字符，它们都占一个字节，一个打印宽度；而全角则是指在 ASCII 编码表以外，如 GBK、BIG5、Unicode 等编码规则下的、多字节的字符，屏幕打印宽度通常是两个宽度，即一个汉字宽度。简言之，ASCII 以内的就叫半角字符，以外的就叫全角字符。一般来讲，中英文混合输入时，英文使用半角，中文使用全角，此时用户不需要改变输入法，只要在中文输入法下即可实现。但是，对于标点符号来说，半角的符号和全角的符号完全不同，此时如需使用半角符号，可使用"Shift"键或鼠标单击切换为英文输入之后再输入符号，输入完成后如需切换回中文，再按一次"Shift"键或鼠标单击即可。

当插入键盘上没有的符号时，可单击"插入/符号/符号"命令，在下拉窗口中将显示出最近插入过的符号，如果其中没有欲插入的符号，则可在下拉窗口中选择"其他符号"，在随后弹出的"符号"对话框中查找欲插入的符号。一般在"符号"对话框的"字体"下拉列表中选择合适的字体后，再从"子集"下拉列表中选取相应的子集，在其下面的列表框中将列出相应字体的符号，选中要插入的符号，单击"插入"按钮即可。

2）选定文本

当需要选择大段的文本进行操作时，可以使用鼠标或键盘来选择。使用鼠标进行选择时，可按表 7-1 所示进行。

表7-1　鼠标选择文本操作

选取目标	鼠标操作	备注
选取某行文本	↗+鼠标单击	将鼠标移至行首，待光标变成斜向上的箭头时单击
选取某个句子	Ctrl+鼠标单击	此时将选择一个完整的句子，即到句号为止的一句话
选取某个段落	左侧双击/鼠标三击	将鼠标定位在某一段左侧/段中任意位置，双击/三击鼠标
选取一个矩形区域	Alt+鼠标拖动	将鼠标定位在拖动的起始点，可以向任意方向拖动
选择一个连续区域	Shift+鼠标首尾单击	将鼠标定位在区域的起始点，终点可以在任意位置
选取非连续区域	Ctrl+鼠标拖动	用鼠标选择第一个区域后，再按住Ctrl键选择其他区域
选取全文	↗+鼠标三击	将鼠标移至某行首，待光标变成斜向上的箭头时三击

使用键盘进行选择时，可按表7-2进行操作。

表7-2　键盘选择文本操作

按钮	作用
Shift+↑	向上选定一行
Shift+↓	向下选定一行
Shift+←	向左选定一个字符
Shift+→	向右选定一个字符
Ctrl+Shift+↑	使选定内容扩展至段首
Ctrl+Shift+↓	使选定内容扩展至段尾
Ctrl+Shift+←	使选定内容扩展至上一个单词结尾或上一个分句开头
Ctrl+Shift+→	使选定内容扩展至下一个单词结尾或下一个分句开头
Shift+Home	使选定内容扩展至行首
Shift+End	使选定内容扩展至行尾
Shift+PgUp	使选定内容向上扩展一屏
Shift+PgDn	使选定内容向下扩展一屏
Alt+Shift+PgUp	使选定内容扩展至文档窗口开始处
Alt+Shift+PgDn	使选定内容扩展至文档窗口结尾处
Ctrl+Shift+Home	使选定内容扩展至文档开始处
Ctrl+Shift+End	使选定内容扩展至文档结尾处
F8+方向键	扩展选取文档中具体的某个位置
Ctrl+Shift+F8+方向键	纵向选取整列文本
Ctrl+小键盘数字键5，Ctrl+A	选定整个文档

3）删除、剪切、复制、粘贴、撤销和恢复操作

在当前光标下，分别使用"Backspace"键或"Delete"键可向前或向后删除一个字符或

汉字；而使用"Ctrl+Backspace"或"Ctrl+Delete"组合键则可向前或向后删除一个词。

如果对选中的文本应用删除、复制或剪切命令，则可以对整个选中的文本进行相应的操作。选定文本后删除，可以使用"Delete"键、"Backspace"键实现。若选定文本后，使用"Ctrl+C"、"开始/剪贴板/复制"命令，或者右键快捷菜单中的"复制"命令，则选中文本被拷贝到剪贴板上待用。点击剪贴板功能组的展开箭头，则显示剪贴板上所有的内容，可对其中某项或全部项进行相关操作。剪切选定文本，可使用"Ctrl+X"、"开始/剪贴板/剪切"命令，或者右键快捷菜单中的"剪切"命令，此时选中文本被转移到剪贴板上待用。

粘贴操作即针对剪贴板上的内容进行，将光标移至待粘贴处，使用"Ctrl+V"、"开始/剪贴板/粘贴"命令，或者右键快捷菜单中的"粘贴"命令，即可将剪贴板当前选项粘贴到光标指定位置。注意，粘贴功能提供了多种选项应对不同的需要，其中快捷粘贴选项有三个，"保留源格式"选项为默认选项，执行此选项时会保留复制文本的源格式；执行"合并格式"选项会去除源格式中的大多数格式，但是会保留强调文本的一些格式，如加粗、倾斜、下划线等，而待粘贴文本的字体、字号、颜色等基本属性则会被去除，合并使用当前光标处原有的文本格式特征；"仅保留文本"选项将去除待粘贴文本的所有字体格式信息，合并使用当前光标处原有的文本格式特征，同时也会去除所有的非文本元素，如图片、图形、表格等非字符对象，如果待粘贴目标中包含表格，则Word会将其转换为一系列段落。需要提醒的是，针对不同的粘贴对象和粘贴需要，应该选择不同的粘贴方式，例如，在粘贴图片时，可从"选择性粘贴"选项中选择某个适用的粘贴方式。另外，还可通过"设置默认粘贴"选项来修改默认的设置。

可利用剪切和粘贴方法移动选中文本，Word也提供了鼠标拖动的方法来移动选中文本。拖动时如果同时按住"Ctrl"键，则将选中文本复制拖动到目标位置，从而实现复制和粘贴操作功能。

撤销和恢复操作是针对最近完成的步骤进行，若要撤销，可使用"Ctrl+Z"或快速访问工具栏上的"撤销"命令。如果要撤销多个步骤，可连续进行撤销操作，也可点击快速访问工具栏上的"撤销"命令旁边的箭头，在列表中选择要撤销的操作。注意，有的命令无法撤销，如保存文件、单击"文件"选项卡上的命令等操作。对于撤销的操作，可以进行恢复，使用"Ctrl+Y"或快速访问工具栏上的"恢复"命令进行操作。恢复操作还可用作对简单操作的重复命令，例如当进行一次粘贴后，要重复粘贴，即可使用"Ctrl+Y"或快速访问工具栏上的"重复粘贴"（"恢复"）命令进行操作。

4）定位、查找和替换

Word提供了多种方法在文档中进行快速查找和定位。利用键盘进行文档定位的方法如表7-3所示。当定位到某页面之后，可拖动垂直滚动条或水平滚动条浏览查找目标。

表7-3　常用键盘定位快捷键

快捷键	作用	快捷键	作用
Home	移动到行首	End	移动到行尾
PgUp	上移一屏	PgDn	下移一屏
↑	上移一行	↓	下移一行
←	左移一个字符	→	右移一个字符
Ctrl+Home	移至文档开头	Ctrl+End	移至文档末尾
Ctrl+PgUp	移至屏幕顶端	Ctrl+PgDn	移至屏幕底端
Ctrl+↑	上移一段	Ctrl+↓	下移一段
Ctrl+←	左移一个单词	Ctrl+→	右移一个单词
Alt+Ctrl+PgUp	移至文档窗口顶端	Alt+Ctrl+PgDn	移至文档窗口末尾

利用导航窗格也可以实现文档快速定位和查找。在导航窗格中，"标题"导航定位使用"标题"选项卡，此时显示各级标题列表，点击某个标题，就会自动定位到相应位置；单击"页面"选项卡即可使用"页面"导航定位，文档即以缩略图的形式分页列出，此时单击某缩略图，就会自动定位到相应的位置。也可以利用导航窗格上方的搜索框来实现关键字导航定位。输入关键字后回车，单击"结果"选项卡即可浏览搜索结果，其中列出了包含该关键字的导航链接，单击这些链接即可快速定位到文档的相应位置。点击搜索框右侧的箭头可展开下拉菜单，在其中点击"选项"可设置搜索选项；点击"高级查找"可打开"查找和替换"对话框并进入"查找"子窗口，可在此设置搜索选项并进行目标文本查找；点击"替换"同样可打开"查找和替换"对话框并进入"替换"子窗口，在此设置需要查找的目标文本以及欲替换的文本，利用子窗口的按钮进行查找和替换；点击"转到"同样可打开"查找和替换"对话框并进入"定位"子窗口，在此可根据页、节、行、书签、批注、脚注、尾注、域、表格、图形、公式、对象和标题进行查找、定位。文档分节，以及插入书签、批注、尾注等的方法将在文档布局、对象插入和处理以及其他文档编辑技术小节中介绍。搜索关键字导航可按在搜索框中输入的关键字进行搜索，点击"结果"即可看到搜索结果的导航链接，单击这些链接可以快速定位到文档的相应位置。

值得一提的是，在"开始/编辑"功能区也提供了"查找"、"替换"命令，它们的使用方法如上所述。该功能区还提供了"选择"命令，点击下拉箭头打开所有选项，其中"全选"用来选择全部文档；"选择所有格式类似的文本（无数据）"用来选择具有类似格式的文本；"选择对象"用来选择非文本对象，如图片、组合图形及其元素等；"选择窗格"则打开一个"选择"窗格，可在其中选择对象、设置对象隐藏等。

4. 选项设置

Word提供了强大的选项设置功能，不仅可以用来设置前面所叙述的文档默认保存位置以及添加"开发工具"功能板块，还可用来设置校对、显示、版式、语言、加载项、自定义功能区等选项。使用"文件/选项"菜单打开"Word选项"窗口后即可进行各导航项对应的选项的查看和设置。

常规选项允许用户更改Word和文档副本的用户界面、个性化和启动设置。在"用户界面"选项区域设置用户界面相关选项，例如，选中"用户界面选项"区域中的"选择时显示浮动工具栏"选项，即可在选择文本时显示"浮动工具栏"，提供对格式设置工具的快速访问。在"对Microsoft Office进行个性化设置"区域可设置Word工作窗口主题、背景等。在"启动选项"区域可设置启动默认打开的文件扩展名以及其他启动Word时的选项，例如清除"启动选项"区域中的"在阅读视图下打开电子邮件附件及其他不可编辑的文件"选项前面的复选框，则可在"页面视图"中打开电子邮件附件，而不是在阅读视图中打开。

显示选项允许用户对屏幕显示或打印选项进行设置。"页面显示选项"区域可设置页面显示内容、荧光笔标记以及悬停时显示文档工具提示等。"始终在屏幕上显示这些格式标记"区域提供了对格式或段落等特殊标记的显示设置。"打印选项"区域则提供了对打印内容、打印方式的设置，例如选择"打印在Word中创建的图形"复选框，则可打印所有绘图对象；清除此复选框可能会加快打印过程，此时Word会打印一个空白框来表示每个绘图对象。

校对选项提供了校对键入拼写错误和语法错误的功能，可在此进行更正拼写和语法的详细设置。选择"自动更正选项"则打开"自动更正"子窗口，在此可使用不同的选型卡片窗口进行不同内容和格式的更正，在"自动更正"选择卡中，除了可进行自动更正选项设置外，还可选中或取消"键入时自动替换"操作，当选中该操作时，如果键入"替换"栏文本或符号，键入后会自动更正为"替换为"栏的对应文本或符号。用户可以自行添加"替换"和"替换为"词条，也可选择并删除某自动更正词条。需要补充的是，在Word"审阅"的"拼写和语法"功能区也提供了更正拼写或语法错误的交互操作功能，可在Word提供的更正选项列表中选择正确项进行"更改"操作。

保存选项提供了对保存格式、自动保存间隔、自动恢复文件保存位置、默认文件保存位置、签出文件保存位置等的设置功能，请参考前述内容。

版式选项提供了对中文版式选项设置的功能，包括首尾字符设置、字距调整以及字符间距控制。

语言选项中列出了计算机所安装的语言列表，可从中选择一种语言来编辑文档，也可在此添加或删除某种编辑语言。另外，它还提供了选择用户界面和帮助语言的功能。

高级选项允许用户自定义编辑任务、文档显示、打印首选项等。在"编辑选项"区域可设置替换字词、选定字词、绘图、段落格式等选项；"剪切、复制和粘贴"区域用来选择如何在同一文档或不同文档和应用之间粘贴内容与设置格式；"图像大小和质量"区域用来对打开的文档或所有新文档应用图像大小和质量设置;"图表"区域允许自定义格式和标签跟随数据点;"显示文档内容"用来选择格式设置、文本和图像选项;"显示"区域用来设置度量格式、是否显示滚动条和选择"最近使用的文档"列表中所示的文档数;"打印"区域用来优化文档硬复制版本的外观或更改打印机纸张大小;"打印此文档时"区域用来对打印内容进行设置;"保存"区域用来设置保存备份副本、自动将更改保存到模板,或允许备份保存;"共享该文档时保留保真度"用来确定当与不同 Word 版本的用户共享文档时,是否要保留文档的外观;"常规"区域用来设置打开文件时的反馈、格式转换等,可通过点击其中的"文件位置"按钮改变 Word 文档保存的位置;"以下对象的布局选项"区域允许设定打开的文档或所有新文档中相关对象的布局。

自定义功能区选项为用户提供了个性化办公环境的设置功能。该选项也可通过右键单击功能区任意处,在弹出的菜单中选择"自定义功能区"来打开。在"自定义功能区和键盘快捷键"窗口(见图 7-2)中,左边列表框是供选择的命令,右边列表框是选择的命令;左边列表框中是"常用命令"的子命令,如果想选择其他命令,可以单击"从下列位置选择命令"下拉列表框,从弹出的下拉列表中选择即可。右边列表框已经列出了 Word 的九大功能区和其他功能区。在添加功能区时,需要在右侧某个选项卡下面先建立组,才能把在

图 7-2　自定义功能区

左侧选中的命令添加到新组中。如在"开始"选项卡下创建一个新组后，即可从左侧命令集中选择若干命令"添加"到新组中，如图 7-2 所示，点击"确定"按钮后，会发现在"开始"选项卡的"样式"和"编辑"功能区之间多了一个叫"新建的组"的功能区，该功能区中包含了所添加的工具。也可选择"新建选项卡"，在其中建立若干组，将左侧命令工具添加到这些组中，点击"确定"按钮后会发现，新建的选项卡是在主选项卡下，即与"开始"、"插入"、"设计"等平齐。删除选项卡或功能组的方法是，选中目标后点击"<<删除"按钮，再单击"确定"按钮即可完成。

快速访问工具栏选项用来设置快速访问工具栏中的命令工具。其窗口与自定义功能区选项相仿，只是添加命令工具更简单些，无须创建选项卡或组，直接从左侧列表框中选中某个命令，点击"添加>>"按钮即可把该命令添加到快速访问工具栏。

加载项可用来查看和管理 Microsoft Office 中加载的组件。该选项卡在"加载项"区域列出了所有已加载的模板和组件。如果需要加载新的模板或组件，在"管理"下拉列表中，选择需要加载的模板或组件类型，然后单击"转到"。例如要加载 Word 模板，则可在"管理"下拉列表中选择"Word 加载项"，单击"转到"打开"模板和加载项"窗口，在其中单击"模板"选项卡，在"共用模板及加载项"下列出了已加载的模板，单击"添加"按钮可切换到包含欲添加的模板或加载项所在的文件夹，选中新的模板点击"确定"按钮即可。对于不经常使用的模板和加载项程序，建议卸载以节省内存并提升 Word 的速度。卸载时，在点击"转到"后出现的对话框中，选择要禁用或删除的加载项，要禁用加载项，仅需取消选中其名称前面的复选框即可；若要卸载加载项，请选择该加载项，然后单击"删除"按钮，单击"确定"按钮保存更改并返回到文档。

信任中心选项涉及使用 Microsoft Word 文档时的安全性设置，允许用户进行安全设置和隐私设置，以确保计算机安全。点击"信任中心设置"按钮即可打开"信任中心"对话框，在其中可查看和管理受信任的发布者、受信任位置、受信任的文档、受信任的加载项目录、ActiveX 设置、宏设置、受保护的视图、消息栏、文件组织设置以及隐私选项设置等。

5. 文档视图

Word 2016 为用户提供了五种视图方式来显示文档内容，分别是页面视图、阅读视图、Web 版式视图、大纲视图和草稿视图。

新建文档后，默认视图即为页面视图。选择"视图/视图/页面视图"命令或者通过单击状态栏右侧的"页面视图"即可打开当前文档的页面视图。页面视图有利于编辑操作，使用频率很高，它的页面与打印输出结果完全相同。

阅读视图为用户快速浏览和阅读文档提供了便利，它以图书的分栏样式显示 Word 文档，"文件"按钮、功能区等窗口元素被隐藏起来。在阅读视图中，用户还可以单击"工具"按钮选择各种阅读工具，调节页面比例等，但不能在此视图中对文档进行编辑。选择"视图/

视图/阅读视图"命令或者通过单击状态栏右侧的"阅读视图"即可打开当前文档的阅读视图。

Web版式视图为用户展示了文档在Web浏览器中的外观,它不会显示页码和章节号等信息,但可在此视图中进行编辑。选择"视图/视图/Web版式视图"命令或者通过单击状态栏右侧的"Web版式视图"即可打开当前文档的Web版式视图。Web版式视图适用于发送电子邮件和创建网页。

大纲视图可用于创建文档大纲并显示标题的层级结构,可以方便地折叠和展开各种层级的文档。在大纲视图中,每行的前面都有一个灰色的小圆圈,文字只显示在文档的宽度范围内,并没有显示到整个屏幕。可以在大纲视图中编辑内容,或者整段、整节、整章地移动,或者进行层级调整。选择"视图/视图/大纲视图"命令即可打开当前文档的大纲视图,选择功能区的"关闭大纲视图"即可回到文档页面视图。大纲视图往往用于创建文档大纲、长文档的快速浏览和层级调整。

草稿视图取消了页面边距、分栏、页眉页脚和图片等元素,仅显示标题和正文,是较节省计算机系统硬件资源的视图方式。选择"视图/视图/草稿"命令即可打开当前文档的草稿视图,在该视图中可以进行编辑。

Word除提供以上几种视图用于满足不同的使用需求之外,还在"视图"选项卡中提供了"显示"、"显示比例"、"窗口"等功能组。其中"显示"功能组可以用来设置是否显示标尺、网格线以及导航窗格。"显示比例"功能组用于文档缩放、多页显示、调整页面宽度等,Word窗口右下方的缩放拖放条也可用来快速缩放文档。"窗口"功能组可以将打开的多个文档进行重排、为某文档新建窗口、拆分当前文档来方便阅读和编辑,以及将当前窗口切换为不同文档等。使用拆分功能时,在欲拆分处执行"视图/窗口/拆分"命令,Word将同一文档拆分为两部分,这样更容易对照上下文进行文档编辑,可通过拖曳拆分线上下箭头来移动拆分位置;取消拆分时,执行"视图/窗口/取消拆分"命令,或者鼠标双击拆分线上下箭头即可。

7.1.3 格式设置

Word提供了丰富的字符格式、段落和页面格式管理功能,利用这些功能可以制作章节清晰、重点突出、风格鲜明的文档。

1. 字符格式设置

字体和字号是字符比较重要的特征。字体是指文字的书写风格,在Word中用户可以选择多种经典字体,包括英文字体和中文字体等。字号是指文字的大小,在Word中可以选择字号,也可自行设置字号数值。Word提供了两种字号表示方法,中文表示法使用"初号"、

"四号"、"小四"等叫法，一般数字越小，则字号越大，比如"三号"字比"四号"字大，带"小"字的要比标准的该号字要小，比如"小二"要比"二号"字小；英文表示法使用阿拉伯数字表示，数字越大，则表示字体越大。

利用"开始/字体"功能组可以设置字体、字号、字形、字体颜色、字符底纹、文本背景、文本效果等，也可设置拼音标注、字符边框、带圈字符等特殊格式，这些功能均可通过点击"字体"功能区的相应按钮实现。点击"字体"功能区的扩展箭头，打开"字体"窗口，该窗口包括"字体"和"高级"两个选项卡。其中"字体"选项卡除了提供以上大部分格式设置功能外，还可在文字下面添加着重号、设置双删除线等；"高级"选项卡如图7-3所示，可在其中设置字符缩放比例、调整字符间距及其磅值、设置字符位置及其磅值等。

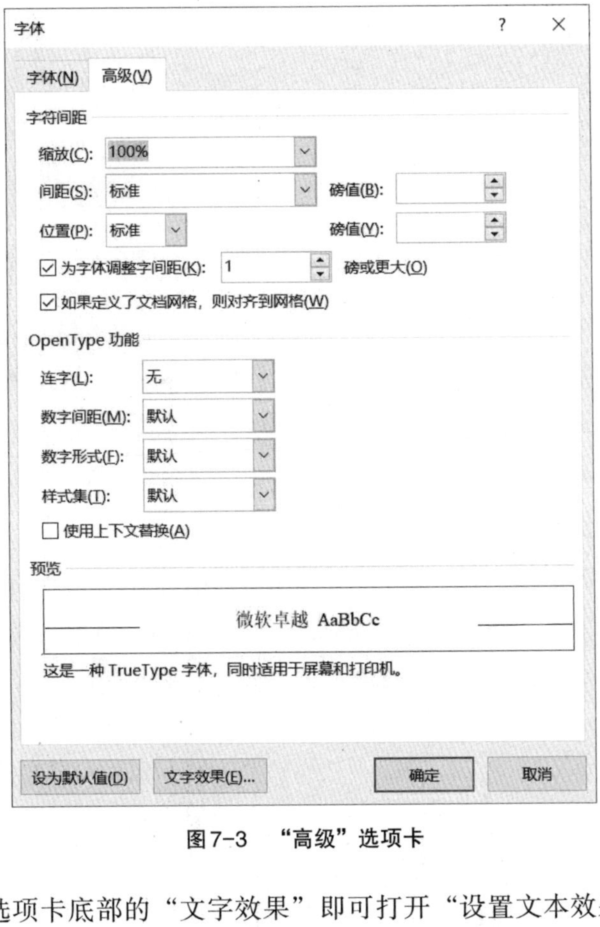

图7-3 "高级"选项卡

点击"高级"选项卡底部的"文字效果"即可打开"设置文本效果格式"窗口，在其"文本填充与轮廓"选项卡（见图7-4）中可设置文本填充与否、文本填充颜色和方式、文本加边框与否、边框线颜色和类型等；在其"文字效果"选项卡（见图7-5）中可设置选中文本的阴影、映像、发光、柔化边缘以及三维格式等不同的显示效果。与此相比，"开始/字体"功能组中的"文本效果和版式"命令则更为简单易用，它通过更改填充或轮廓，或者添加效果（阴影、映像或发光）来更改文本或艺术字的外观，而且它提供了若干阴影、映像、发光的文字效果版式供用户选择。值得注意的是，"文本效果和版式"命令中的"轮廓"功能设置的是文字的轮廓，并不是给选中文本添加边框。

图7-4　文本填充与轮廓选项

图7-5　"文字效果"选项卡

Word 提供了格式刷，以供用户重复使用相同的字体或段落格式，设置好字体格式后，可选中设置好格式的文本或将光标置于设置好格式的文本中间，然后单击"开始/剪贴板/格式刷"命令，则该文本的格式被复制，光标也变成带格式刷的光标，此时用鼠标选中某目标文本，即可将复制的字体格式应用到该目标文本。复制格式时，如果双击"开始/剪贴板/格式刷"命令，则可多次应用于目标文本。

对于设置的字体格式、显示效果等，可使用"开始/字体/清除所有格式"命令、"开始/样式/清除格式"命令或者"开始/样式/全部清除"命令清除，恢复为最初格式，但有些特殊情况需要用户自行取消格式设置，如设置带圈字符后，若想清除该格式，用户需要再次选中带圈文字，点选"带圈字符"命令，在"带圈字符"窗口的"样式"选项卡中选择"无"。

2. 段落格式设置

段落设置是以段落为单位进行操作，包括段落对齐、段落缩进、行距调整等，是文档排版中经常使用的手段。段落对齐设置包括左对齐、右对齐、居中对齐、两端对齐和分散对齐，其中两端对齐有利于在中英文混排时保持工整的版面。段落缩进包括无缩进、首行缩进和悬挂缩进。中文文章一般使用首行缩进2个中文字符的方式排版段落。悬挂缩进是指段落的第一行不缩进，段落的第二行及后面的行缩进，有些报刊版式选择悬挂缩进来突出显示。行距调整包括调整段前间距、段内行间距和段后间距，默认值分别为0行、单倍行距和0行。

"开始/段落"功能组除提供以上段落设置功能外，还提供了其他命令：为段落添加项目符号、编号、多级列表编号；段落排序；设置显示或隐藏编辑标记，以及文本格式控制。当点选"显示/隐藏编辑标记"时，文档中会显示空格、Tab（跳格键）、分节符等格式符号，取消"显示/隐藏编辑标记"则不显示这些编辑标记，但仍然会显示回车、换行符等标记。回车标记对于段落具有特殊的意义，当完成一个段落后按下回车键时，将另起一个段落，且新段落将自动应用上一段落设置好的格式。

需要提醒的是，"开始/段落"功能组中提供的文本格式控制命令只对选中的段落或文本起作用，其中"底纹"可为选中段落或文本添加背景颜色；"边框"可为选中段落或文本添加边框；"中文版式"则为选中文本提供纵横混排、合并字符、双行合一、字符缩放等功能。

点击"开始/段落"扩展箭头打开"段落"窗口，如图7-6所示，其中的"缩进和间距"选项卡也可完成段落对齐、段落缩进、行距调整等操作，且可进行更加精细的设置。"换行和分页"选项卡可针对跨页的段落进行特殊处理，对选中的文本框进行文字紧密环绕设定等。"中文版式"选项卡则提供了针对中文、中西文混排的特殊处理选项。

Word也提供了使用制表位来对齐段落文本的特殊功能，能够使用跳格键快速跳转到不同的制表位进行输入。使用Word窗口的标尺或者图7-6窗口下方的"制表位"按钮打开的对话框均可设计制表位。使用标尺设计制表位时，需先使用"视图/标尺"命令显示标尺，打开的标尺如图7-7所示。

图7-6 段落格式设置窗口

图7-7 标尺

标尺上除刻度外，还有四个按钮，分别是"首行缩进"、"悬挂缩进"、"左缩进"和"右缩进"，使用鼠标在标尺上拖动这些按钮可以进行相应的操作。注意，"悬挂缩进"和"左缩进"按钮在一起，上面的三角形表示悬挂缩进，下面的方形表示左缩进，使用时将鼠标指向三角形或方形，可以看到提示信息，确认是欲调整的缩进方式后再拖动鼠标。在标尺左侧有一个制表位按钮，点击它可在"首行缩进"、"悬挂缩进"及4种制表位之间切换，4种制表位包括左对齐、居中对齐、右对齐和小数点对齐，它们均对应不同的图标。切换到某种缩进或制表位图标后，使用鼠标在水平标尺某处点击，即可将缩进调整到此处，或者在此处添加选中的制表符。需要补充的是，当使用标尺进行缩进时，有时无论怎样拖动标尺，文字都不会完全对齐，此时按下Alt键，然后拖动标尺就可以对缩进量进行微调。

制表时，① 将鼠标定位在文档中欲制表的位置；② 点击标尺左侧的制表位按钮选择某制表符，在水平标尺上放置制表符；③ 重复②操作，直至完成制表设计工作；④ 进行文本或数字输入，结束一行输入后按回车，即可使用同样的制表位设计进行输入。输入时可以通过Tab键在不同的制表位之间迅速跳转。

也可通过图7-6窗口下方的"制表位"按钮打开的对话框进行制表，与上述方法类似，只是在对话框中可以精确设置制表位。

段落格式也可通过使用格式刷来复制，将光标置于设置好格式的段落中间，然后单击"开始/剪贴板/格式刷"命令，则该段落的格式被复制，光标也变成带格式刷的光标，此时用鼠标单击某目标段落，即可将复制的段落格式应用到该目标段落。复制段落格式时，如果双击"开始/剪贴板/格式刷"命令，则可多次应用于目标段落。

对于设置的段落或文本格式、制表位等，一般均可使用"开始/字体/清除所有格式"命令、"开始/样式/清除格式"命令或者"开始/样式/全部清除"命令清除，则段落或文本恢复为最初格式。对于制表位，还可在图7-6窗口下方的"制表位"按钮打开的对话框中进行清除。

值得一提的是，段落格式设置作为文档布局的重要内容，也可通过"布局/段落"功能区提供的命令来实现。

7.1.4　对象插入和处理

利用Word的插入选项卡，可插入和处理页面、表格、插图、音频、视频、链接、批注、页眉和页脚、文本以及符号等对象。针对不同的对象，Word提供了不同的工具对其进行处理。插入页面、页眉和页脚功能将在"5.文档布局"中介绍，本节主要介绍其他几种对象的插入和处理。

1. 表格插入和处理

表格结构简单、表达直观、组织灵活、适用性强，可用来展示一组具有相同或类似属性的数据。表格由行和列组成，组成表格的最小单位叫单元格。

1）插入表格

利用"插入/表格"提供的命令可以快速插入表格、打开对话框设置插入表格的细节、手动绘制表格、插入 Excel 表格对象、快速应用表格样式等。点击"插入/表格"功能区的下拉箭头，在展开的子菜单中选择"插入表格"即可打开"插入表格"对话框，如图 7-8 所示，在其中可以设置表格的列数、行数以及表格自动调整选项，按"确定"按钮后即在光标所在处插入如上设计的表格。手动绘制表格方法更加灵活，例如，可使用手动绘制方法插入如表 7-4 所示的表格。绘制复杂的表格一般综合采用自动插入和手动绘制相结合的方法来实现。

图 7-8 "插入表格"对话框

表 7-4 表格样例（单位：元）

价格项目 日期	开盘价	最高价	最低价	收盘价
2021 年 2 月 1 日	23.52	24.56	23.03	23.70
2022 年 2 月 1 日	23.85	24.23	22.12	23.95
2023 年 2 月 1 日	23.84	23.65	23.65	23.80

图 7-9 "将文字转换成表格"对话框

Word 提供了将文本转换为表格的功能。选中文本后，点选"插入/表格/文本转换成表格"命令，即可打开如图 7-9 所示的"将文字转换成表格"对话框，其中行数由 Word 按探测出的段落数自动确定，列数自动给出推荐值，最终需要用户自行确定，可根据文本中不同列之间的分隔符号来确定。设定完成后，按"确定"按钮即可实现文字转换成表格操作。

插入表格后，当光标定位到表格中或正在被操作的表格中时，在 Word 功能选项卡的最右边会扩展出"表格工具"选项，该选项包括"设计"和"布局"两个子选项卡，用来对表格及其内容进行相应的处理。利用"表格工具/布局/绘图"功能区的"绘制表格"和"橡皮擦"命令可在该表格的基础上添加或删除表格线，以帮助用户继续修改完善表格结构设计。

2） 选中表格、行、列、单元格

当将光标移动到表格中时，会发现在表格的左上角有一个表格标记，该标记称为表格的句柄，点击这个标记会选中整个表格，从而可对整个表格进行操作。例如，移动表格时，可使用鼠标点选表格句柄后拖动至理想位置；也可利用"开始/段落"中的对齐操作进行移动；或者使用"表格工具/布局/表/属性"命令或点击鼠标右键快捷菜单的"表格属性"打开"表格属性"对话框，如图7-10所示，利用其中的"表格"选项卡下的对齐方式确定表格位置。

图7-10 "表格属性"对话框

针对不同的功能，有时还需要选中行/列、单元格对象进行相应的操作。使用鼠标可选定一行/列或多行/列，首先将鼠标移至行左侧或列上方，对于行，当鼠标变成斜向上中空箭头时；对于列，当鼠标变成竖直向下实心箭头时，按下鼠标，即可选中该行或列；按住鼠标并拖动，则选中多行或多列。选中某单元格时，将鼠标移至该单元格左侧，当鼠标变成斜向上实心箭头时，点击鼠标即可选中该单元格。需要注意，按住Shift的同时选定行、列、单元格操作，可选择多个连续的行、列、单元格；按住Ctrl的同时进行上述操作，则可选择多个非连续的行、列、单元格。

当将光标定位在某个单元格或用鼠标选中某几个单元格后，使用"表格工具/布局/表/选择"命令也可以选中单元格、行或列，点击该命令对应的下拉按钮打开的下拉菜单中某项命令进行操作即可。

3) 表格编辑

在设计表格时，经常需要对表格进行修改和编辑，包括表格或表格元素的插入、删除、合并、拆分等，Word 提供了相应的功能供用户进行快捷的相关操作。

在表格中进行插入时，首先将光标定位到某一行、列或单元格，使用"表格工具/布局/行和列"功能区提供的插入行、插入列、插入单元格命令，或者点击鼠标右键选择菜单中的"插入"，在其下级菜单中选择插入行、插入列、插入单元格命令。插入行时，需要具体选择在当前行的上方或下方插入；插入列时，需要具体选择在当前列的左侧或右侧插入；插入单元格时，将打开如图 7-11 所示对话框，在此选择如何处理当前活动的单元格，以便确定插入位置；也可选择整行或整列插入，此时将自动在当

图 7-11   "插入单元格"对话框

前活动单元格的上方或左侧插入一行或一列。需要注意的是，当选中连续的多行、多列或多个单元格之后再进行上述插入操作，则可同时插入多行、多列或多个单元格。

也可使用 Tab 键或回车键在表格行尾插入行。当光标移到最后一个单元格时，按 Tab 键将在表格下方插入新的一行；此时如果使用鼠标将光标移至表格最后一行的外部，按下回车键也会在表格下方插入新的一行。

合并操作只针对单元格进行，拆分则是针对单元格或表格的操作。合并单元格时，首先需要选中若干连续的、需要合并的单元格，使用"表格/布局/合并/合并单元格"命令，或者点选右键菜单中的"合并单元格"，即可将多个单元格合并为一个单元格。拆分表格时，将光标放在需要上下拆分的某行中，使用"表格/布局/合并/拆分表"命令，即可将表格拆分为两部分，当前行变为新表的首行。拆分单元格时，使用"表格/布局/合并/拆分单元格"命令，或者点选右键菜单中的"拆分单元格"，在打开的对话框中设定欲拆分的行数和列数，点击"确定"按钮，当前单元格即被拆分为已设定行列数的多个单元格。

删除表时，可选中整个表格后点击鼠标左键或右键，选择其扩展菜单中的"删除表格"，也可使用"表格工具/布局/行和列"功能区中的"删除/删除表格"命令来实现。删除行、列、单元格时，可点选右键菜单中的"删除单元格"命令对应的子命令，也可使用"表格工具/布局/行和列"功能区中的"删除"命令对应的子命令来实现。

插入的表格可使用以下几种方法调整表格尺寸、表格行高和列宽：① 鼠标拖动调整。将鼠标置于欲调整表格、行或列边框处，待光标变成上下或左右的箭头时，即可按住左键拖动到理想位置。② 利用水平标尺和垂直标尺调整。点击表格，会发现在水平和垂直标尺上均有该表格的行列标记，使用鼠标可拖动这些标记来实现表格、行高和列宽的调整。③ 利用菜单命令调整。使用"表格工具/布局/单元格大小"功能区中提供的命令来实现自动调整或准确设定行高和列宽值；也可使用图 7-10 所示的"表格属性"对话框，在其"表格"、

"行"、"列"和"单元格"选项卡中可调整对应的尺寸。

4）数据输入和数据计算

向表格中输入数据时，可使用Tab键快速跳转到下一单元格，也可使用上、下、左、右箭头来移动光标，当光标定位在某个单元格时，即可在此单元格中进行数据输入。利用键盘进行快速定位的组合键如表7-5所示。

表7-5 键盘快速定位

按键	操作功能
Tab键	到下一个单元格
Shift + Tab	到前一个单元格
Alt + Home	到当前行的第一个单元格
Alt + End	到当前行的最后一个单元格
Alt + PgUp	到当前列的第一个单元格
Alt + PgDn	到当前列的最后一个单元格

Word提供了简单的数据计算功能。若要对表格中的一列或一行数字进行加法，首先将光标定位置于计算结果的单元格中，点击"表格工具/布局/计算"功能组中的"公式"命令，打开如图7-12所示的"公式"对话框，Word会自动探测当前列或行在当前单元格以上或以左是否是数字，如果是，则会自动在"公式"对话框的"公式"栏中给出求和公式，计算当前单元格上面或左侧的相邻连续数据的和。在"公式"对话框的"编号格式"栏中，可选择计算结果的表示格式，如设置小数点前后的数字位数等。

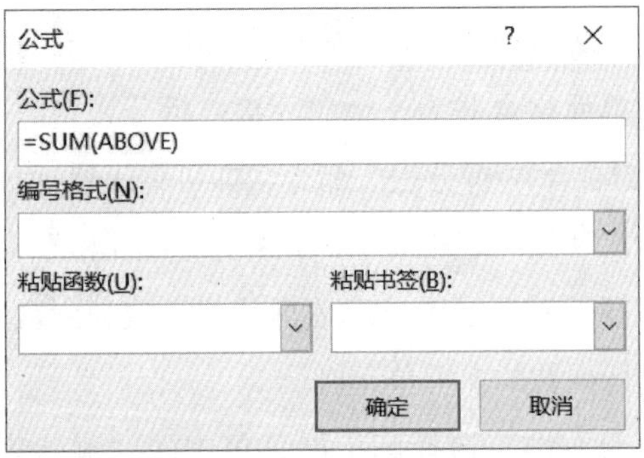

如果在公式栏没有自动给出计算公式，则需用户手动输入公式，可点击"公式"对话框中"粘贴函数"下拉列表查看供使用的公式。

图7-12 "公式"对话框

选定公式后，参考相应的手册或帮助文件，在"公示"栏补充函数所需的参数，然后点击"确定"按钮，即可实现输入的计算。

要对表格进行排序，点击"表格工具/布局/计算"功能组中的"排序"命令，打开如图7-13所示的"排序"对话框。排序关键字是重新排列记录顺序的依据，它可以有一个或多个，关键字的选择范围是表格首行所标识的列名，每个关键字对应的排序方式可以是升序或降序。排序时，首先按照主关键字进行排序，在主关键字所对应列中如果有相同的元素，则按次要关键字进行排序，以此类推。

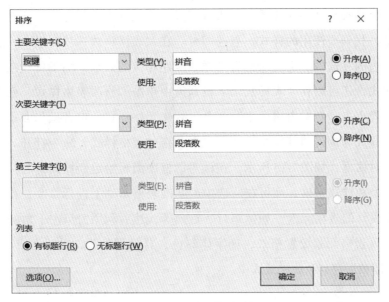

图7-13 "排序"对话框

"表格工具/布局/计算"功能组还提供了"重复标题行"
和"转换为文本"命令。其中"重复标题行"用于表格跨
页的情况，选中后将在每页显示标题行。将光标置于表格
首行后，"重复标题行"命令即变为可用的，选中即可。
"转换为文本"命令用于将表格转换为文本，点击后打开如
图7-14所示的"表格转换成…"对话框，在其中可设置单
元格内容之间的分隔符号，确定后即将表格转换为文本。

5）格式化表格

图7-14 "表格转换成…"对话框

表格格式化包括对表格中的数据进行格式化、表格数
据的位置和方向调整，以及表格本身格式化。其中数据格式化操作使用前述对文本或段落
的格式化方法实现，即选中表格数据后，利用"开始/字体"和"开始/段落"进行格式化。
注意，在一个单元格中可包含若干个段落，此时，可选中整个单元格对所有段落进行格式
设置，也可在单元格中选择某段落或其中的部分文本进行格式设置。

要调整单元格中数据占据的相对位置，可使用"表格工具/布局/对齐方式"功能组中提
供的各种对齐方式，或者使用图7-10所示的"表格属性"对话框中"单元格"选项卡中提
供的对齐选项进行设置。通过"表格工具/布局/对齐方式"功能组中提供的"单元格边距"
命令，用户还可自定义单元格边距和间距。文字方向的设置可使用"表格工具/布局/对齐方
式/文字方向"命令，也可点选右键菜单中的"文字方向"打开相应的对话框，在其中进行
详细设置。

"表格工具/设计"选项卡中提供了用于实现表格格式化的工具。在"表样式"组中，点

击"其他"下拉箭头打开当前样式库中所有样式，将鼠标指针悬停在各表格样式上可看到样式提示信息，找到要使用的样式，点选即可。在"表格样式选项"组中，选中或清除每个表格元素旁边的复选框，将对所选表格样式应用相应的效果。除了可以在样式库中选择现有的表格样式，还可以在"表样式"下拉列表中单击"修改表格样式"命令以修改现有的某样式，或者点击"新建表格样式"命令以新建表格样式，二者操作方式类似，这里以新建一个表格样式为例说明其使用方法。点击"新建表格样式"命令打开"根据格式设置创建新样式"对话框，如图7-15所示。在该对话框中编辑给定新样式的名称，从下拉列表中选择样式类型和样式基准，即可在所选中的基准表格基础上进行修改；在"将格式应用于"栏选择欲设计的表格元素，如标题行、首列等，然后利用窗口左下角的"格式"按钮提供的菜单为该表格元素设置格式，如字体颜色、背景颜色等，设计完成后点击"确定"按钮，该样式即被保存到当前样式库中。

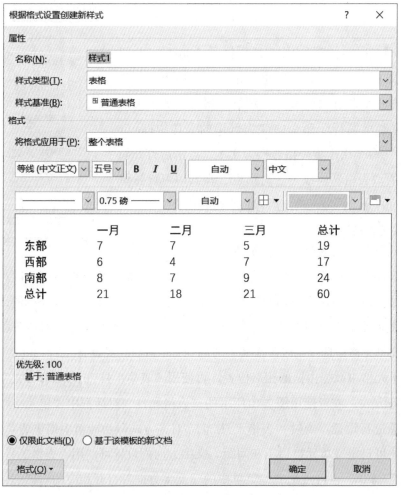

图7-15　"根据格式设置创建新样式"对话框

表格样式可以删除，选择欲删除的样式后点击右键，在子菜单中选择"删除表格样式"

即可。在目标表格上应用的样式也可以删除，在"表格工具/设计/表样式"功能组的下拉列表中单击"清除"即可。

　　表格的边框不仅包括表格的四条边框线，还包括表格的所有横线与竖线（即内线），因此，设置表格边框实际上就是设置这些线条。表格的底纹是指表格的背景颜色或背景图案。Word 提供了多种编辑表格边框和底纹的工具，一般使用"表格工具/设计"的"表格样式"和"边框"功能组来实现，或者点击"边框"功能组的扩展箭头打开"边框和底纹"对话框进行调整，使用图 7-10 所示的"表格属性"对话框中"表格"选项卡下的"边框和底纹"按钮也可打开"边框和底纹"对话框，如图 7-16 所示。在此对话框的"边框"选项卡中，"设置"栏中有五种样式，其中："无"表示不设置任何边框，包括内线；"方框"表示只设置四条外边框，内线全不显示；"全部"表示设置所有线条；"虚框"表示设置所有线条，但当在"样式"栏选择虚线时，则只作用在外边框；"自定义"则可按用户需求自行设计表格的每个元素。不管选择哪一种"设置"方式，预览图的左边和下边都会出现一些相应的图标，其中左边的图标用来设置横线的有无；下边中间三个图标用来设置竖线的有无，下边两边的有斜线和反斜线的图标用来设置斜线的有无。"样式"、"宽度"和"颜色"则用来设置对应表格元素的线型、线宽和颜色。设置底纹时，一般使用"表格工具/设计/表格样式"中提供的"底纹"命令实现，也可用图 7-16 中的"底纹"选项卡来设置，在其中设定填充颜色和填充图案。边框和底纹设置完成后点击"确定"按钮即可。

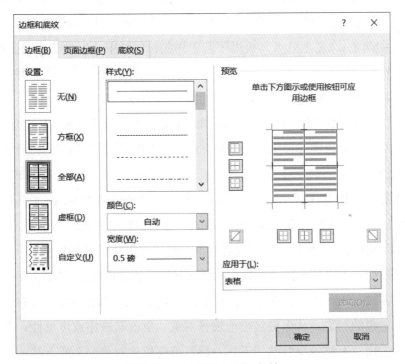

图 7-16　"边框和底纹"对话框

需要提醒的是，"表格工具/设计/边框"功能区的"边框样式"，或者右键菜单的"边框样式"选项，都有多种边框样式可供快速选择，其中的"边框取样器"可用于复制边框样式，复制后点击其他边框，则自动应用复制的边框样式。

对象与正文之间的关系设置称为图文混排。对于表格中的图文混排，我们可通过图7-10所示的"表格属性"对话框中"表格"选项卡下"文字环绕"提供的选项来设置，其中"无"表示表格占据整行；"环绕"则表示文字环绕表格排版。

2. 其他对象的插入和处理

Word也提供了插入其他对象，包括插图、音频、视频、链接、批注、文本以及符号的功能，方法与插入表格的类似，插入之后的编辑操作视对象不同而有所不同。

使用"插入"选项卡提供的功能可以插入插图，包括源自本机或网络的图片、Word自带的各种形状、能够直观表示信息的SmartArt、图表和屏幕截图。

（1）图片的插入和处理。

插入本机中保存的图片使用"插入/插图/图片"命令，插入网络图片则使用"插入/插图/联机图片"命令。随后定位到要插入图片所在的本地或网络位置，选中图片并点击"插入"即可。插入图片后切换到"图片工具/格式"选项卡，它提供了若干调整图片格式的功能，包括"调整"、"图片样式"、"排列"和"大小"。

在"调整"功能区，"删除背景"将自动删除不需要的部分图片，可在相关选项卡中对需要保留或删除的区域进行标记；"更正"能够改善图片的亮度、对比度或清晰度；"颜色"用来更改图片的颜色；"艺术效果"提供了若干样式，以使图片更像草图或油画；"压缩图片"用于压缩图片以减小其尺寸；"更改图片"可将当前图片更改为其他图片，但仍保存当前图片的格式和大小；"重设图片"将放弃对此图片所进行的全部格式设置。

"图片样式"功能区提供了若干种Word预定义的样式，用于更改图片的整体外观；"图片边框"为图片的形状轮廓选择颜色、宽度和线型；"图片效果"用于对图片应用某种视觉效果，例如阴影、发光、影像或三维旋转等；"图片版式"可将所选的图片转换为SmartArt图形，轻松地排列、添加标题并调整图片的大小，此时可利用SmartArt工具进行操作。点击该功能区的扩展按钮可以打开"设置图片格式"任务窗格来调整图片外观。

在"排列"功能区，"位置"用于放置对象并确定文字环绕对象的方式，点击"其他布局选项"可打开如图7-17所示的"布局"对话框并进行详细设置；"环绕文字"用来选择文字环绕对象的方式，如嵌入型、四周型、衬于文字上方等；"选择窗格"可打开"选择"窗口，查看所有对象的列表，从中更轻松地选择对象、更改其顺序或可见性；当多个对象叠加在一起时，使用"上移一层"或"下移一层"可将所选对象上移或下移一层，其扩展命令还包括"置于顶层"或"置于底层"等；"对齐"用于将对象与页面的边距、边缘或其他对象对齐，以更改所选对象在页面上的位置；"组合"将多个对象结合起来作为单个对象移动并设置其格式；"旋转"用于旋转或翻转所选对象。

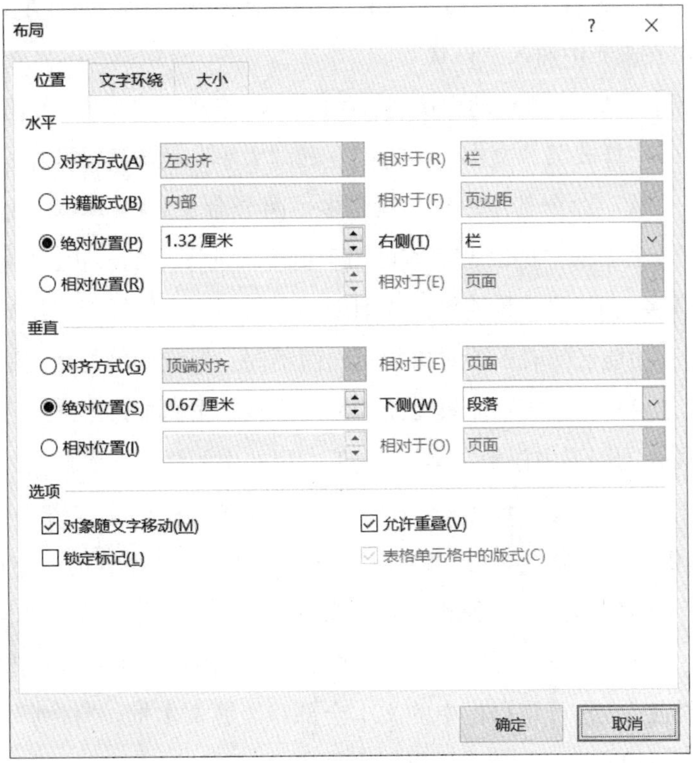

图 7-17　"布局"对话框

在"大小"功能区中，"裁剪"用于裁剪图片，其扩展命令还包括"裁剪为形状"（用于将图片裁剪为某种形状）、"纵横比"（用于设置图片的纵横比例）、"填充"（首次点选该命令用于调整区域，再次点选该命令将图片填充至整个区域，同时保持原始纵横比，区域外的将被裁剪掉）和"调整"（首次点选用于调整区域，再次点选该命令将在图片区域显示整张图片，同时保持原始纵横比）。该功能区的扩展按钮也可打开如图 7-17 所示的"布局"对话框。

需要提醒的是，当鼠标选中图片时，会在图片右上方看到一个"布局选项"按钮，使用该按钮可调整文字环绕图片的方式。后续介绍的其他对象也有该按钮，使用方法相同。

要删除图片，选中后使用"剪切"命令或按"Delete"键即可。该方法也适用于后续介绍的其他对象。

（2）形状的插入和处理。

"形状"类别包括线条、基本形状、箭头总汇、流程图、星与旗帜和标注，每类下面又有若干种形状，它们几乎囊括了常用的图形，使用起来非常方便。"形状"既可以独立地插入文档中，也可以插入绘图画布中。如果在文档的某处要插入多个"形状"，高效的方法是将它们都插入一个绘图画布中，这样方便排版和整体删除；如果只需插入一个"形状"，则直接插入文档中即可。

使用"插入/插图/形状"命令，此时鼠标变为"+"形状，在要插入"形状"的位置按住鼠标左键绘制即可。选择"插入/插图/形状/新建绘图画布"命令即可在文档中插入绘图画布，接下来就可以在画布中插入"形状"。

插入"形状"后，Word会自动切换到"绘图工具/格式"选项卡，它包括"插入形状"、"形状样式"、"艺术字样式"、"文本"、"排列"和"大小"功能区。其中"插入形状"功能区与"插入/插图/形状"命令基本一致，只是多了两个命令："文本框"命令用于绘制文本框；"编辑形状"命令中的"更改形状"可用于更改当前图形的形状，"编辑顶点"可将当前图形转换为任意多边形，"重排连接符"则用于对绘图画布中图形使用的连接符进行重新布置。"形状样式"功能区随着图形对象的不同而不同，但它们的使用方法均与前述"图片样式"的类似。"艺术字样式"功能只在插入的"形状"中添加文本之后才有效（使用右键快捷菜单即可在插入的图形中添加文本），用于应用选中的样式，除此之外，其提供的"文本填充"、"文本轮廓"和"文本效果"命令也可针对图形中的文本格式和效果进行设置。"文本"功能区提供了三个命令，"文字方向"命令用来设置文字方向；"对齐文本"命令用于更改图形中文字的对齐方式；"创建链接"命令可建立文本框（源）和空文本框（目标）之间的链接关系，从而使得输入的文本流向空文本框。创建链接后，点击源文本框，则该命令变为"断开链接"，它可将目标中的文本全部移至源文本框。"排列"和"大小"功能区与前述插入图片的相应功能类似，这里不再赘述。

值得一提的是，Word内置的形状只有椭圆，没有正圆，绘制正圆时选择椭圆后按住Shift键绘制即可，同理可绘制等边三角形。

删除单个形状时，选中后使用"剪切"命令或按"Delete"键即可。对于绘图画布中的一组图形，可使用上述方法删除其中一个图形，如果要删除全部，则需要选中绘图画布再作删除操作。

（3）SmartArt的插入和处理。

SmartArt是一种图形和文字相结合的表示形式，其类型包括"列表"、"流程"、"循环"、"层次"、"结构"、"关系"、"矩阵"、"棱锥图"和"图片"，常用于制作示意图、流程图、结构图等。其中，"列表"用来显示无序信息、分组的多个信息块或列表的内容，包括36种样式；"流程"用于显示在流程或时间线中的步骤，包括44种样式；"循环"用于以循环流程表示阶段、任务或事件的过程，也可用于显示循环行径与中心点的关系，包括16种样式；"层次结构"用于显示组织中各层的关系或上下级关系，包括13种布局样式；"关系"用于比较或显示若干个观点之间的关系，有对立关系、延伸关系或促进关系等，包括37种样式；"矩阵"用于显示部分与整体的关系，包括4种样式；"棱锥图"用于显示比例关系、互连关系或层次关系，按照从高到低或从低到高的顺序进行排列，包括4种样式；"图片"则包含一些可以插入图片的SmartArt图形，包括31种样式。

使用"插入/插图/SmartArt"命令打开"选择SmartArt图形"对话框，在此对话框中选择需要的SmartArt图形类型，点击"确定"按钮即可插入SmartArt图形，用户可点击图形中的各个占位符，用自己的图片或信息来替换这些占位符。

插入SmartArt图形后，自动出现"SmartArt工具"功能选项卡，可使用其中的"设计"和"格式"选项卡功能来编辑、修改图形的外观和内容。"设计"选项卡提供了"创建图形"、"版式"、"SmartArt样式"和"重置"功能区。在其"创建图形"功能区中，"添加形状"用于在SmartArt图形中添加形状；"添加项目符号"用于在图形中添加文本项目符号；"文本窗格"用于快速输入和组织图形中的文本；"升级"和"降级"用来增加或缩小所选项目符号或形状的级别；"从右向左"或"从左向右"用来调整图形的布局；"上移"和"下移"用来将序列中的当前所选内容向前或向后移动；"布局"则用来更改所选形状的分支布局（当使用组织结构图布局时才能使用此项）。"版式"功能区提供了若干布局版式以供选择和应用，用户可根据需要更改当前图形的版式。"SmartArt样式"功能区提供了各种样式用于更改图形的总体外观，另外，其中的"更改颜色"命令提供了各种不同的颜色选项，每个选项可以使用不同的方式将一种或多种主题颜色应用于图形中的形状。"重置"功能可取消对图形所做的全部格式更改。"格式"选项卡提供了"形状"、"形状样式"、"艺术字样式"、"排列"和"大小"功能区。在"形状"功能区中，"在二维视图中编辑"功能仅当SmartArt图形应用了三维样式时才能使用，用于将图形更改为二维视图，便于调整形状大小及移动；"更改形状"用于更改绘图形状，可使用该命令结合其他"格式"选项卡来自定义用户自己的SamrtArt图形；"增大"和"减小"命令用来增加或减小所选形状的尺寸。"格式"选项卡其他功能区的使用请参考前述内容，"形状样式"功能区用于调整所选形状或线条的视觉样式；"艺术字样式"功能区用于调整文本的艺术风格和显示效果；"排列"功能区用于对选中对象进行对齐、旋转等操作，并可调整对象之间以及对象和文本之间的相对位置；"大小"功能区则提供了调整形状或图片大小、位置布局等功能。

（4）图表的插入和处理。

图表是图像化的数据，用以准确和简单地表示数据变化与趋势。Word提供了简单的图表绘制功能，对于复杂的图表，可使用Excel绘制后插入或链接到Word文档中。Word提供了若干图表模板，包括折线图、饼图、条形图、XY（散点图）、直方图、箱型图等15种，对于不同的表达需求可选择不同的类型。

使用"插入/插图/图表"命令打开"插入图表"对话框，从窗口左侧子菜单中查看并选择图表类型，再从右侧选择子类型后，单击"确定"按钮即可插入所选类型图表，包括图表及其对应的预定义数据，更改这些预定义值，将立即反映在所选图表上，如果数据视图被关闭，则可通过右键菜单或"图表工具/设计/数据"功能区中的"编辑数据"命令打开数据视图。图表中除了展示数据系列外，还包括其他若干图表元素，图7-18所示为一个簇状柱形图图表及其主要元素。

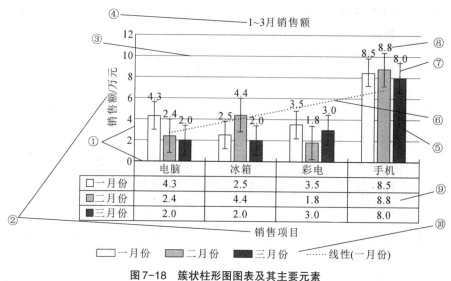

图7-18　簇状柱形图图表及其主要元素

图7-18中：① 为坐标轴，包括水平坐标轴和垂直坐标轴，用来标识数据的属性和大小；② 为坐标轴标题，直接单击或使用右键菜单"编辑文字"命令可修改；③ 为网格线，对应坐标的网格线，可显示水平方向和垂直方向的主要和次要网格线；④ 为图表标题，直接单击或使用右键菜单"编辑文字"命令可修改；⑤ 为数据系列，是数据的可视化表达；⑥ 为趋势线，表示某个数据系列的变化趋势；⑦ 为误差线，表示数据系列的误差范围；⑧ 为数据标签，表示数据系列的数据值；⑨ 为数据表，表示图表所对应的数据；⑩ 为图例，是图表符号或颜色所代表内容与指标的说明，有助于更好地认识图表。

当插入图表时，其右上角旁边会显示几个小按钮。"布局选项"按钮的使用方法如前所述；"图表元素"按钮即用来更改上述图表元素的格式、设置显示或隐藏图标元素等；"图表样式"按钮用来自定义图表的外观；"图表筛选器"按钮则用于显示或隐藏图表中的数据。

插入图表后，即可使用"图表工具"功能标签的"设计"或"格式"选项卡来调整图表展示的内容及格式。"设计"中包括"图表布局"、"图表样式"、"数据"和"类型"功能区。其中，"图表布局"功能区中包含"添加图表元素"命令，用来调整图表元素，还包含"快速布局"命令，用来更改图表的整体布局；"图表样式"功能区中包含不同的样式模板，用来更改图表的整体外观样式，同时它还包含"更改颜色"命令，用来自定义颜色和样式；"数据"功能区中提供了对图表数据进行操作的功能，"切换行/列"命令用来交换坐标轴上的数据，"选择数据"命令用来更改图表中所包含的数据区域，"编辑数据"命令下包含"编辑数据"和"在Excel中编辑数据"两个选项来对图表数据进行修改，"刷新数据"命令用来刷新选中图表以显示更新后的数据；"类型"功能区中包含"更改图表类型"命令，用于对选中的图表应用不同的类型。"格式"包括"当前所选内容"、"插入形状"、"形状样式"、"艺术字样式"、"排列"和"大小"功能区。其中，"当前所选内容"中，"设置所选内容格式"命令用于显示"格式"任务窗格，便于微调所选图表元素的格式；"重设以匹配样式"命令则可清除所选图表元素的自定义格式，将其还原为应用于该图表的整体外观样式。"格式"选项卡中其他功能区的使用与前述内容基本相同，这里不再赘述。

（5）屏幕截图的插入和处理。

屏幕截图可用于捕获已在计算机上打开的程序或窗口的快照。首先将光标定位到要插入屏幕截图的位置，单击"插入/屏幕截图"命令，则当前打开的活动程序窗口在"可用的视窗"库中显示为缩略图，可点选后插入整个程序窗口，也可使用"屏幕剪辑"工具选择部分窗口。当选择"屏幕剪辑"时，整个窗口将暂时变得不透明，当屏幕变为白色且指针变成十字形时，长按鼠标左键并拖动以选定要捕获的屏幕部分，此部分屏幕会形成快照自动插入文档中。在截图过程中，若放弃截图，则只需点击屏幕任意处即可回到当前文档。

需要提醒的是，从点击"屏幕剪辑"命令开始到窗口变得不透明之间有短暂的时间间隙，可在此间隙内调整要进行截图的数据源。另外，Word 中一次只能添加一个屏幕截图。插入屏幕截图后，即可使用"图片工具"选项卡中的工具编辑和增强屏幕截图。

（6）插入加载项。

加载项是通过添加自定义命令和特定功能，安装用于扩展 Word 功能的附加程序。使用"插入/加载项"功能区的"应用商店"或"我的加载项/查看全部"命令将打开"Office 相关加载项"窗口，可使用此窗口的"应用商店"选项卡寻找需要加载的程序，选中某加载项后点击"添加"按钮即可将其添加到文档中；插入加载项后，使用"我的加载项"选项卡可以查看、删除加载项。

使用"我的加载项/管理其他加载项"命令则可打开如图 7-2 所示的"Word 选项"对话框的"加载项"导航菜单所对应的窗口，在此窗口可以启用或禁止某个加载项，请参考第7.1.1 节中的内容进行相关操作。

使用"Wikipedia"命令可以加载维基百科加载项，加载后即在 Word 文档中打开一个 Web 子窗格，可利用该子窗格快速查询维基百科内容，而不必打开浏览器应用程序。

（7）插入媒体。

使用"插入/媒体/联机视频"命令可从各种联机来源中查找和插入视频，插入后即可点击播放，按"Esc"键退出播放。选中插入的联机视频后，可利用"图片工具"对其显示外观进行设置和调整。

（8）插入链接。

使用"插入/链接/超链接"命令可在文档中创建一个链接，指向某个网页、本机上的现有文件或新文件或电子邮件地址，以及指向当前文档中的特定位置。首先，定位到文档需要插入链接的位置，或者选择要用作超链接的文本或对象，使用"插入/链接/超链接"命令打开"插入超链接"对话框，如图7-19所示。在该对话框的"要显示的文字"栏输入用作超链接的文本，还可利用"屏幕提示"输入鼠标移动至该链接时的提示信息。在左侧选择要链接到的位置，在对应右侧中进行选择和定位链接源的地址，按"确定"按钮后即创建了指向该地址的超链接。

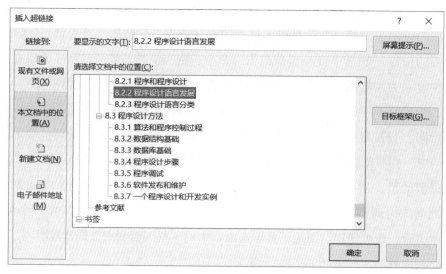

图7-19 "插入超链接"对话框

创建超链接后，可使用右键菜单中的"编辑超链接"命令进行修改、编辑和删除等操作；使用"打开超链接"命令重定向到链接源所在的地址；使用"复制超链接"命令复制超链接供粘贴用；使用"取消超链接"来删除所创建的超链接。

使用"插入/链接/书签"命令可插入书签。书签标记了要轻松查找的位置，可在文档任何位置添加书签，也可以为每个书签指定一个唯一的名称，便于识别。添加书签时，首先定位到文档中需要插入书签的位置，单击"插入/链接/书签"命令打开"书签"对话框，在该对话框的"书签名"栏中键入书签名称，然后单击"添加"按钮即可。添加书签后，即可创建指向该书签的超链接或者使用"查找和替换"中的定位命令等方式跳转到该书签处。删除书签时，使用"插入/链接/书签"命令打开"书签"对话框，选中某个书签后点击"删除"按钮即可。

使用"插入/链接/交叉引用"命令可插入交叉引用，交叉引用是包含自动生成标签的超链接，通过交叉引用能链接到同一文档的其他部分。例如，可以使用交叉引用链接到文档中其他位置出现的图表或图形。对于不存在的内容，是不能进行交叉引用的。因此，需确保待交叉引用的对象，如图表、标题、页码等已经创建。插入交叉引用时，首先定位到要插入的位置，单击"插入/链接/交叉引用"命令打开如图7-20所示的"交叉引用"对话框。

在"引用类型"框中，单击下拉列表选择要链接到的对象，可用对象列表取决于用户要链接到的项目的类型，如标题、页码、图表等；若允许用户跳转到所引用的项目，则需选中"插入为超链接"复选框；在"引用内容"框中，选择要插入文档中的信息；在"引用哪一个标题"框中，单击要引用的具体项目；单击"插入"按钮即可将引用的具体项目名称及其链接插入文档的指定位置。

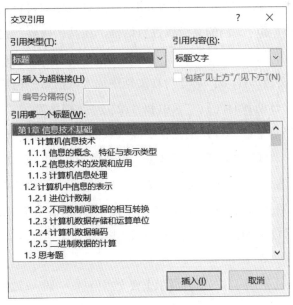

图7-20 "交叉引用"对话框

交叉引用以"域"的形式插入文档中。使用"域"的优点在于，插入的交叉引用所对应的内容如有更改，将鼠标定位在插入的交叉引用处，使用右键菜单中的"更新域"即可实现交叉引用的自动更新。要删除交叉引用，只要选中插入的交叉引用后按"Delete"键或使用剪切命令即可。

（9）插入文本。

Word提供了"插入/文本"功能向文档中插入文本对象，使得文档组成更加灵活和丰富。

文档部件是对某一段指定文档内容（如文本、图片、表格、段落等文档对象）的保存和重复使用。在"插入/文本/文档部件"功能区有"自动图文集"、"文档属性"、"域"等操作命令。"自动图文集"是文档部件库中的一个集合，用来收集需要重复使用的文字、段落、图片、表格等，用户可以选择需要重复使用的以上各项内容，选择"插入/文本/文档部件/将所选内容保存到文档部件库"命令，打开"新建构建基块"对话框，如图7-21所示，在"名称"栏输入基块名称，在"库"栏选择

图7-21 "新建构建基块"对话框

"自动图文集",则所选内容即被存入自动图文集。保存在自动图文集中的内容可使用"插入/文本/文档部件/自动图文集"命令重复使用。

使用"插入/文本/文档部件/文档属性"命令可插入文档的属性信息,这些信息是在"文件/信息"页中的"属性"区域显示的、由 Word 自动统计或用户自行输入的文档信息。点击"属性"下拉按钮可打开相应文档的高级属性对话框,在其"摘要"选项卡中可对文档属性内容进行输入和编辑。

使用"插入/文本/文档部件/域"命令可在文档中插入域信息,包括"编号"、"等式和公式"、"链接和引用"、"日期和时间"、"索引和目录"、"文档信息"、"用户信息"等。例如,欲在文档末尾输入文档总字数,首先定位在要插入域的位置,然后点击"插入/文本/文档部件/域"命令,在打开的"域"对话框中,"类别"框选择"文档信息","域名"列表框中选择"NumWords","格式"框选择想要的数字格式,点击"确定"按钮即可将当前文档的总字数输入插入位置,当文档有更新时,再定位到该插入域,使用右键菜单中的"更新域"更新。

"插入/文本/文档部件/构建基块管理器"命令用来管理文档部件,可编辑、删除或向文档插入选中的基块。

文本框可突出其所包含的内容,适合展示重要文本信息。"插入/文本/文本框"命令提供了内置的文本框类型,可从中选择适用的文本框风格。使用"绘制文本框"和"绘制竖排文本框"可自行绘制合适大小的文本框,并可对其进行格式编辑。此外,还可选择文本内容后点选"将所选内容保存到文本框库"命令,则选择内容被拷贝到文档部件库中,供用户重复使用。

使用"插入/文本/艺术字"命令可插入艺术字文本框,为文档增加一些艺术特色。在欲插入艺术字的位置使用该命令,即可插入选中样式的艺术字,随后输入文本,并使用"绘图工具/格式"选项卡中提供的各种功能对艺术字进行设置和修改,这些功能的使用方法同前述内容,这里不再赘述。

使用"插入/文本/首字下沉"命令可在段落开头创建大号文本。将光标定位在某个段落中,或者选中段首文本,即可使用该命令获得首字"下沉"或"悬挂"效果,还可通过点选"首字下沉选项"命令打开"首字下沉"对话框,在其中可设置字体、下沉行数等选项。

使用"插入/文本/签名行"命令可插入一个签名行,比如点击"图章签名行",即可指定必须签名的人。若要插入数字签名,则需获取一个数字标识,比如,可从经过认证的 Microsoft 合作伙伴处获取数字标识。

使用"插入/文本/日期和时间"命令可快速添加当前日期或时间。点击该命令后,在"日期和时间"对话框中设置适用的格式和语言等项目,按"确定"按钮后即可将日期和时间插入文档中。

使用"插入/文本/对象"命令可插入由其他应用程序或文件创建的对象,例如其他 Word文档或 Excel 图表。点击"插入/文本/对象/对象"命令将打开"对象"对话框,使用其中的

"新建"选项卡可向文档中插入一个新建的选定对象类型的对象;"由文件创建"选项卡可将指定文件的内容插入文档。插入对象也可以用图标形式显示,插入对象后,即可调用相应的应用程序对对象进行编辑。点击"插入/文本/对象/文件中的文字"命令可将文件中的文本插入当前文档,如果此时已选择文本框,则文件中的文本添加至该文本框;否则,将创建新的文本框,并将文件中的文本添加至此文本框。

(10)插入符号。

使用"插入/符号/公式"命令可向文档添加常见的数学公式,例如一元二次方程,用户也可使用数学符号库和结构构造较为复杂的公式。点击该命令的下拉箭头,从展开的下拉窗口的"内置"栏中选择某个公式即可插入,插入公式之后,即可在"公式工具/设计"选项卡命令中对公式进行编辑和修改,也可点击公式右侧出现的下拉箭头,利用展开的选项来设置公式是专业型还是线性、对齐方式以及另存为新公式(同"将所选内容保存到公式库"命令)等。以上方法也适用于"Office.com 中的其他公式"命令。如果选择"插入新公式"命令,则会自动插入公式占位符,可利用"公式工具/设计"选项卡命令在其中进行公式的输入和编辑。如果选择"墨迹公式"命令,则插入手写板对话框,可在其中手写公式,点击"插入"按钮后即可将手写公式插入文档,利用"公式工具/设计"选项卡命令可对手写插入的公式进行编辑。"公式工具/设计"选项卡的"工具"功能区提供了插入公式及调整公式显示形式等,还可通过点击扩展箭头打开"公式选项"对话框,在该对话框中可对公式的字体、显示等选项进行设置;"符号"功能区提供了公式可能用到的所有符号;"结构"功能区提供了 11 类公式结构,包括分数、上下标、根式、积分、大型运算符、括号、函数、导数符号、极限和对数、运算符和矩阵,每种结构都有向下的扩展箭头,点击后可显示该结构中收集的所有子结构形式,用户可从中选择与欲输入公式形式最贴近的一种结构进行插入,在此基础上再进行修改,最终编辑成自己想要的公式形式。

使用"插入/符号/符号"命令可添加键盘上没有的符号。点击该命令的下拉按钮,可看到最近使用的一些符号,点击"其他符号"打开"符号"对话框,其中包括"符号"和"特殊字符"两个选项卡,从中找到想要的符号后,点击"确定"按钮即可将该符号插入文档。为了便于输入,还可对需要经常输入的符号设置"自动更正"或"快捷键",设置好后,即可使用代表字符或组合键直接输入对应符号。

使用"插入/符号/编号"命令可向文档添加特定格式的数字。执行命令后将打开"编号"对话框,在"编号"栏输入欲输入的阿拉伯数字,在"编号类型"列表中选择想用的数字格式类型,点击"确定"按钮后即以选定类型的格式插入编号。

7.1.5　文档样式和格式

Word 除了调整前述的段落、文字格式外,还提供了调整文档样式和文档格式的方法。

文档样式是指文档中的标题、正文和引用等不同文本和对象的格式；文档格式则为整篇文档提供一个主题风格，凸显出专业风范。

1. 样式设置

样式就是字体、段落间距、缩进等设置的组合。为了方便用户对文档样式的设置，Word为不同类型的文档提供了多种内置的样式集供用户使用，使用适合的样式集可加快排版文档的速度。在"开始/样式"功能区中显示的就是某个被使用的样式集，用户可以根据需要修改文档中使用的样式集，也可以自定义用户自己的样式。

应用已有的样式很简单，选中某文本后直接点选"开始/样式"功能区提供的样式即可。如果先将光标置于文档某处后点选某样式，则从此开始输入的文本直接应用该样式。

如果用户需要的样式与文档当前已有的样式有少许的不同，或者还需添加一些格式，此时可以修改样式以符合需要。找到欲修改的样式（比如"标题1"）后单击右键，选择"修改"；或者点击"开始/样式"扩展箭头打开"样式"对话框，直接右击所需要修改的样式，然后点击"修改"，便可以打开"修改样式"对话框，如图7-22所示。在此对"标题1"格式进行修改和编辑，完成后点击"确定"按钮即可。

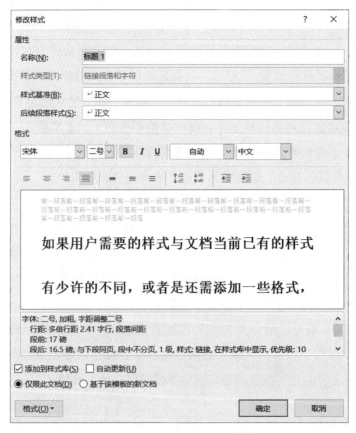

图7-22　"修改样式"对话框

用户还可新建自己的样式。点击"开始/样式"扩展箭头打开"样式"对话框，在该对话框中选择新建样式基准，一般选择"正文"，然后在该对话框最底部，点击"新建样式"按钮，将打开"根据格式设置创建新样式"窗口，其中可编辑的内容与图7-22所示的相同，在此编辑给定新样式的名称并完成其格式设置，点击"确定"按钮即可将该新样式添加到当前样式集中。

不管是修改的样式还是新建的样式，它只会存在当前文档中，在其他文档或者新建文档中并不存在，要在另一文档中使用该新建样式，则需要对此样式进行复制。点击"开始/样式"扩展箭头打开"样式"对话框，点击底部的"管理样式"按钮，打开"管理样式"对话框，点击其中的"导入/导出"按钮，打开"管理器"窗口，该窗口分为左右两部分，左边是待复制的样式及其所属文档，右边是欲复制到的文档或模板。点击"关闭文件"按钮可关闭指向文档，此时"关闭文件"变成"打开文件"按钮，点击"打开文件"按钮可选择新的欲打开模板或文档。源文件和目标文件选定好后，可使用"复制"、"删除"、"重命名"命令对左、右列表框中选中的样式进行相应的操作，操作完成后点击"确定"按钮即可。需要提醒的是，在当前文档中删除某样式时，只需找到欲删除的样式，单击右键后选择"从样式库中删除"即可。

2. 文档格式

使用"设计"功能选项卡对整篇文档的风格进行设置，其中包括"文档格式"和"页面背景"两个功能区。

使用"设计/文档格式"中的"主题"命令可为文档选择并应用某个主题，通过主题，可以轻松地协调文档中的颜色、字体和图形格式效果，并快速更新它们。也可以使用"颜色"、"字体"、"段落间距"和"效果"命令自定义一个主题，并使用"设为默认值"命令为所有新文档应用该主题。点击"颜色"下拉箭头可列出内置的若干颜色组合方案，第一组颜色是当前主题中的颜色，用户可在列出的组合中选择一种方案，或者点击"自定义颜色"打开"新建主题颜色"对话框，在此设计自己的颜色方案，比如可更改"超链接"和"已访问的超链接"的颜色。"字体"命令可为文档设置某种字体集，下拉箭头可列出内置的若干字体集，第一个字体集是当前主题应用的字体集，用户可在列出的选项中选择其中一种，或者点击"自定义字体"打开"新建主题字体"对话框，在此设计自己的字体集，并保存以便重复使用。"段落间距"命令用来设置文档各段落之间的间隔，可从列出的选项中选择，也可以点击"自定义段落间距"命令打开"管理样式"对话框进行详细设置。"效果"命令用来更改文档中对象的外观，主题效果包括阴影、映像、线条、填充等，用户可从列出的选项中选择一组适用于自己文档的效果。

更改当前文档主题时，只需使用"主题"命令选择其他主题即可；若要返回到默认主题,则从中选择"Office"。如果文档的一部分不适用整个文档主题,则需要选中这部分内容,并更改它所需的任何格式,例如字形、字号、颜色等。用户自定义的主题,可使用"设计/主题/保存当前主题"保存为.thmx文件,并将自动添加到主题列表中。

"设计/文档格式"还提供了多种文档样式模板供用户选择,从而更改整个文档的字体和段落属性。当主题被设定后,样式集就会更新,同样地,当使用"颜色"、"字体"、"段落间距"和"效果"命令对当前主题进行修改时,样式集也会随之更新。

"页面背景"用来为文档设置背景显示效果。"水印"命令组用于在页面内容背景中添加或删除虚影文字。点击其下拉箭头列出内置的水印样式供选择;也可使用其中的"自定义水印"打开"水印"对话框来设计图片水印或文字水印;"删除水印"可将文本中应用的水印删除;选中文本后,使用"将所选内容保存到水印库"将该文本保存为水印基块。"页面颜色"命令组用来设置文档的背景颜色和图案,点击其下拉箭头可选择某种主题颜色或标准色,也可点击"其他颜色"来进行选择或自定义颜色,或者可点击"填充效果"为文档设置背景颜色渐变方式、填充纹理、填充图案或填充图片。"页面边框"命令用来添加或更改页面周围的边框,该命令将打开"边框和底纹"对话框,使用方法请参考表格边框和底纹的设置。

图7-23 "页面设置"对话框

7.1.6 文档布局

文档布局功能用来帮助用户高效地完成文档排版工作,包括段落格式设置、页面设置、页眉和页脚设置以及图文混排设置等,段落格式设置前面已经叙述过,这里只介绍其他功能。页面设置包括文字方向、页边距、纸张方向、纸张大小以及分隔符等的设置,页眉和页脚设置用来为文档添加页眉和页脚,图文混排主要涉及文本和对象之间的相对关系处理。

1. 页面设置

"布局/页面设置"功能区提供了各种进行页面设置的功能,它提供了不同的分隔符来分隔文档内容,且提供了设置文档文字方向、页边距、纸张方向、纸张大小、分栏、行号、断字等功能。点击该功能区的扩展箭头,即可打开如图7-23所示的"页面设置"对话框,可用来补充细节的页面设置。

一篇大型文档逻辑上可以划分为若干章节，以便更加清晰、合理地组织文档内容，Word中使用分节符来实现这种逻辑划分。"分隔符"命令组中提供的"分节符"可以多种形式插入文档，其中"下一页"表示插入分节符后，将从下一页开始一个新节；"连续"表示插入分节符后，新节将从本页下一行开始；"偶数页"表示插入分节符后，新节将从下一偶数页开始；"奇数页"表示插入分节符后，新节将从下一奇数页开始。当将文档内容逻辑上划分为不同节之后，文档格式即可以节为单位进行设置。因此，在应用文档布局格式设置时，可选择该设置的应用范围，包括应用于整篇文档、本节或插入点之后。

"文字方向"命令组用来定义文档、文档某部分或所选文本框中的文字方向。点击下拉箭头可从中选择不同的文字方向样式，也可点选"文字方向选项"命令打开"文字方向-主文档"对话框进行设置和预览，完成后可在窗口的"应用于"栏中选择该设置将其应用于整篇文档、本节或插入点之后。

"页边距"命令组用来设置整个文档或文档某部分的边距大小。点击下拉箭头即可从几种常用的边距格式中选择，也可以点选"自定义边距"命令打开"页面设置"对话框的"页边距"选项卡，用户在此自定义页边距，设置完成后可选择将应用于整篇文档、本节或插入点之后。

"纸张方向"命令组为页面提供纵向或横向版式，点击下拉箭头即可选择，在"页面设置"对话框的"页边距"选项卡中也可实现设置，可在完成设置之后选择应用于整篇文档、本节或插入点之后。

"纸张大小"命令组为文档选择页面大小，点击下拉箭头即可从常用的纸张规格中选择，也可点击"其他纸张大小"命令打开"页面设置"对话框的"纸张"选项卡，在此进行设置、预览，并选择应用于整篇文档、本节或插入点之后。

"分栏"命令组将文本拆分为一栏或多栏。点击下拉箭头即可从预设格式中选择一种，也可点击"更多分栏"命令打开"分栏"对话框，在其中设置栏数、各栏的宽度和间距、进行预览，并选择应用于整篇文档、本节或插入点之后。需要补充的是，分栏操作也可针对选中文本进行，先选中文本，再使用"分栏"命令即可，此时相当于在选中文本的前后各插入一个分节符。

"分隔符"命令组除了提供用于逻辑分节的分隔符外，还提供了分页符、分栏符和自动换行符。使用"分页符"命令可插入分页符，标记当前页已结束，并开始一个新页。注意，"插入/页面"功能区也提供了插入分页符命令，除此之外，它还提供了插入文档封面和空白页的命令。点击"插入/页面/封面"命令的下拉箭头，即可从预设的封面样式集中选择应用某种样式；也可选择文本内容后点击"将所选内容保存到封面库"，则将保存为封面库基块，以便重复使用；点击"删除当前封面"则将删除文档的封面。点击"插入/页面/空白页"命令可在文档的任意位置添加空白页，相当于插入两个分页符。

"分隔符"命令组的"分栏符"用来插入分栏符，在已分好栏的文本块中插入分栏符，表示分栏符后面的文字从下一栏开始。"自动换行符"命令表示换行符后面的文字从下一行开始，但仍然属于同一个段落。

插入分隔符后，可使用"开始"功能选项卡的"显示/隐藏编辑标记"命令来显示或隐藏这些分隔符，定位到分隔符前面或后面，使用"Delete"或"Backspace"键删除。

"行号"命令组用来在边距中为文档每行添加行号或取消行号。点击下拉箭头设置是否添加行号、添加连续行号、每页重编行号、每节重编行号、禁止用于当前段落，点击"行编号选项"命令则可打开"页面设置"对话框的"版式"选项卡，在此窗口中点击"行号"按钮可打开"行号"对话框，在其中进行行号设置即可。

"断字"命令组用来设置当英语单词空间不足时的断字方式，选择"无"则不断字，单词移至下一行；"自动"将启用自动断字；"手动"则通过与人交互的方式进行断字；"断字选项"启动"断字"对话框，用来进行断字设置。

需要补充的是，使用"页面设置"对话框的"文档网格"选项卡还可更改每行字数和每页行数。文档网格包括水平方向的字符网格以及垂直方向的行网格，用来使文字成网格排列。显示文档网格线可在"视图/显示"功能区勾选"网格线"项，或者在"页面设置"对话框的"文档网格"选项卡中点击"绘图网格"按钮，打开"网格线和参考线"对话框，并在其中勾选"在屏幕上显示网格线"。

2. 页眉和页脚

页眉或页脚是在每一页顶部或底部重复出现的内容。使用"插入/页眉和页脚/页眉"和"插入/页眉和页脚/页脚"来插入页眉或页脚，点击它们的下拉按钮即可从展开的选项中选择某种页眉或页脚的样式。要删除插入的页眉或页脚，点击"插入/页眉和页脚/页眉"选项中的"删除页眉"，或者"插入/页眉和页脚/页脚"选项中的"删除页脚"即可。注意，删除页眉或页脚时，如果其中插入的横线未与页眉或页脚同时删除，则可选中页眉或页脚中的回车符，单击"开始/段落/边框"下拉按钮，从弹出选项中选择"无框线"即可删除这些横线。要删除页眉和页脚中的文字或图形，只需选中后按"Delete"键即可。

插入页眉和页脚之后，即可使用"页眉和页脚工具/设计"选项卡对其进行编辑。其中，"插入"功能区提供了"日期和时间"命令来插入当前日期或时间；"文档信息"命令用来插入有关文档的信息，如作者、文件名等；"文档部件"命令用来插入预设格式的文本、自动图文集、文档属性、域等；"图片"和"联机图片"命令用来插入本机或联机图片。"导航"功能区提供的"转至页眉"和"转至页脚"命令用来在页眉和页脚之间进行切换；"上一节"和"下一节"命令跳转至上一节或下一节的页眉或页脚位置；"链接到前一条页眉"命令处于选中状态时，表示当前节使用与前一节相同的页眉或页脚，当该命令处于关闭状态时，则可以为当前节创建不同于前一节的页眉或页脚。"选项"功能区提供的"首页不同"选项是指为文档第一页提供不同于其余部分的页眉和页脚；"奇偶页不同"选项用于指定奇数页与偶数页使用不同的页眉和页脚；"显示文档文字"选项则用来显示页眉或页脚以外的文档内容，关闭此选项则只能查看页眉和页脚的内容。"位置"功能区提供了页眉顶端距离和页脚底端距离的设置、插入制表位以对齐页眉或页脚中的内容等功能。点击"关闭页眉和页脚"按钮，则可退出页眉和页脚编辑，回到文档正文中。用户也可通过双击页眉或页脚以外的位置回到文档正文，反之，通过双击页眉或页脚位置进入页眉和页脚的编辑状态。

插入页码可使用"插入/页眉和页脚/页码"命令，点击下拉按钮即可选择页码插入位置，包括页面顶端、页面底端、页边距或者当前位置，再展开它们的下级选项菜单，可看到多种预定义的样式，从中选择一种外观样式，即可插入页码。同时，各下级选项菜单中也提供了"将所选内容另存为页码"命令，使用该命令，用户可以选择自定义风格的文本并保存为基块，以备重复使用。页码格式可以通过"插入/页眉和页脚/页码/设置页码格式"命令打开"页码格式"对话框进行设置，包括起始页码设置、编号格式设置等。要删除页码，可选中页码对象框后点击"Delete"键，或者"插入/页眉和页脚/页码/删除页码"命令。

3. 图文混排

图文混排主要是设置文档中插入的对象及其周围文本之间的相对位置关系，即设置其文字环绕方式以及对齐方式。

文字环绕方式有 7 种：嵌入型、上下型、四周型、紧密型、穿越型、衬于文字下方和浮于文字上方。选择嵌入型时，在对象左右两侧可以有文字；而选择上下型时，对象左右两侧都没有文字，对象独立占用几行的空间。选择四周型时，对象本身占用了一个矩形的空间，文字在这个矩形空间的四周环绕；选择紧密型时，文字会紧密环绕在对象四周显示。一般情况下，紧密型和穿越型的设置之间看不出差别，只有当对象是不规则的图形时会表现出差别，比如凹形图片，选择穿越型时会发现有部分文字在图片内部显示，好像穿越了一样。若对象设置为浮于文字下方，则会有部分文字显示在对象上；若设置为浮于文字上方，则文本被对象遮挡住。使用"布局/排列/环绕文字"命令，或者点击插入对象右侧的"布局"按钮即可进行图文混排设置。具体设置方法可参阅第 7.1.4 节内容。

除了直接使用上述方法设置对象的文字环绕方式，也可以将文本内容放置在文本框或表格中，以便更加容易地调整图片和文本的相对位置。

使用"布局/排列/对齐"命令，或者选中对象后点击"格式/排列/对齐"命令，可实现对多个对象的对齐操作，可选项包括左对齐、顶端对齐、横向分布、对齐边距、使用对齐参考线等。

7.1.7 其他文档编辑技术

除了前述功能，Word还提供了引用、审阅等功能，这里主要对其中一些常用命令进行简要介绍，关于具体使用方法，读者可以在学习前述内容的基础上，根据提示、导航，并充分利用Word中提供的离线和在线帮助等手段来指导功能操作的学习，同时，也可以从https://support.microsoft.com/zh-cn/office网站获得支持。

1. 引用功能

"引用"选项卡提供了插入目录、脚注、尾注、题注及索引等功能。

1）插入和更新目录

目录是指文档正文中的章节标题及其对应的页码，Word提供了自动目录、手动目录和自定义目录三种方法。自动目录时，Word会从文档标题中自动获取章节条目及其页码，自动插入当前光标定位处。选择自定义目录时，可以通过更改所使用的字体、层数以及是否使用虚线等来自定义目录的样式。对于自动目录和自定义目录，在修改文档时，目录会自动更新，也可使用F9键或右键菜单中的"更新域"命令来更新，此时需要选择是只更新页码还是整个目录，大多数情况下，需要更新整个目录。手动目录时，Word会提供一个带有占位符文本的目录模板，可以在此手动输入每个章节条目，手动目录不会自动更新。

使用"引用/目录/目录"命令组来实现以上功能，它提供了"手动目录"、"自动目录"、"Office.com中的其他目录"、"自定义目录"、"删除目录"以及"将所选内容保存到目录库"命令。同时"引用/目录"功能区还提供了"添加文字"命令用于快速将光标所在段落应用标题格式；"更新目录"命令用于对生成的目录进行域更新。

2）插入脚注和尾注

脚注和尾注是对文本的补充说明，由两个关联的部分组成：注释标记和对应的注释文本。脚注显示在页面底部，可以作为文档某处内容的注释，如添加在一篇论文首页下端的作者情况简介；尾注出现在文档末尾，列出引文的出处等。脚注或尾注上的数字或符号与文档中的引用标记相匹配。

插入脚注时，首先将光标定位于文档中需要插入脚注和尾注的位置，使用"引用/脚注"功能区的"插入脚注"或"插入尾注"命令，Word将在该文本处自动插入一个上标编号（编号起始值为1），而光标自动跳到页面底部或文档末尾，在这里插入脚注或尾注的注释内容。使用"引用/脚注"功能区中的"下一条脚注"命令可快速切换到下一条或上一条脚注或尾注；"显示备注"命令可跳转到文档脚注或尾注；右下角的扩展按钮将打开"脚注和尾注"对话框，可在该对话框中对脚注或尾注进行格式和样式设置、脚注和尾注互相转换等。

3）插入引文与书目

在学术写作中，引用其他作者的工作时需要提供其来源，此时可使用Word提供的插入引文与书目功能，包括设置引文和书目、插入引文和书目。

设置引文和书目时，使用"引用/引文与书目/管理源"命令，打开"源管理器"，点击"新建"按钮，在弹出的"创建源"对话框中，输入相关内容后点击"确定"按钮即可。

插入引文时，将光标移动到要插入引文的位置，使用"引文/引文与书目/插入引文"命令，选择合适的引文插入即可。插入书目时，光标移动到要插入书目的位置，使用"引文/引文与书目/书目"选择合适的引文插入即可。插入的引文和书目样式可以使用"引文/引文与书目/样式"进行更改。

4）插入题注

题注就是给图片、表格、图表、公式等项目添加的名称和编号，以方便读者进行查找和阅读。使用 Word 题注功能可以保证长文档中图片、表格或图表等项目能够顺序地自动编号，当移动、插入或删除带题注的项目时，Word 可以自动更新题注的编号。

使用题注功能首先要为相应的对象插入题注。将光标移至需要插入题注的位置，使用"引用/题注/插入题注"命令，弹出"题注"对话框，在其中设置题注标签等选项后，在"题注"栏中的题注标签和编号后面输入题注文本（也可在正文中输入），点击"确定"，即插入一个题注。插入题注后，可使用"引用/题注"功能区提供的"插入表目录"命令向文档中添加含题注的对象列表及其页码；"更新表格"命令更新图标目录；"交叉引用"命令在光标位置插入对具有题注的对象的引用。

5）插入索引

索引会列出文档中讨论的术语和主题，以及它们显示在其中的页面。创建索引时，通过提供主条目的名称和文档中的交叉引用来标记索引项，然后生成索引。用户可以为跨一系列页面的主题或引用其他条目的主题创建单个字词、短语或符号的索引项。

将某文本标记为索引项时，首先选择文本并使用"引用/索引/标记索引项"命令打开"标记索引项"对话框，在此设置主、次索引项以及其他选项或格式，单击"标记"即可标记索引项。若要对文档中显示该文本的各处都进行标记，则需单击"标记全部"。标记索引项后，Word 会添加特殊的"XE（索引项）字段"，其中包括标记的主条目和选择包括的任何交叉引用信息。

标记索引条目后，即可将索引插入到文档中。将光标定位到要添加索引的位置，使用"引用/索引/插入索引"命令，打开"索引"对话框，在此选择文本条目、页码、制表符和前导符的格式，点击"确定"即可。

删除索引时，选择整个索引项字段，包括大括号，然后按"Delete"键。若要更新索引，需单击索引，按 F9 或使用"引用/索引/更新索引"命令。

6）插入引文目录

引文是指引用的书籍、期刊等杂志的内容，也就是说哪些内容是从其他期刊引用过来的，当需要对文档中的所有引文统一建一个目录时，插入的就是引文目录。要插入引文目录，需要首先使用"标记引文"对引文进行标记，标记方法和插入引文目录方法均与索引类似。

2. 审阅功能

Word 提供了审阅功能，用以对文档内容进行校对、批注和修订等，这里只对常用功能进行简述。

在"审阅/校对"功能区，"拼写和语法"命令用于拼写和语法检查；"同义词库"提供了相同或相近意思的其他词汇；"字数统计"命令可自动统计文档字数、字符数、行数等。

批注用来表达审阅者个人对文档的意见。"批注"功能区提供了"新建批注"和"删除"命令用来插入或删除一个批注；"上一条"和"下一条"用来在相邻批注之间跳转；"显示批注"用来查看文档旁边的所有注释；"墨迹批注"可用来插入手写批注，此时可使用"笔"选择笔的样式和颜色，使用"擦除"来擦除批注中的墨迹。

修订用来跟踪对文档所做的更改，该功能在与他人合作完成文档时特别有用。在"修订"功能区中，"修订"命令可以打开或关闭修订功能；"所有标记"等命令供用户选择查看此文档修订的方式，包括"简单标记"、"所有标记"、"无标记"以及"原始状态"；"显示标记"命令用来选择要在文档中显示的标记类型，比如，可隐藏批注或格式更改等；"审阅窗格"命令可以打开审阅窗格，在列表中显示当前文档的所有修订。

"更改"功能区提供了与修订配合使用的若干功能。"接受"命令用来接受对当前内容所做的修订，可依次接受每一个修订，也可依次接受所有修订，选择相应选项即可；"拒绝"命令用来拒绝当前修订，其使用方法与"接受"命令相仿；"上一条"和"下一条"命令用来在相邻修订之间进行跳转。

"比较"功能提供了"比较"、"合并"和"显示源文档"命令，"比较"用来比较两个文档以查看它们之间的差异；"合并"可将来自不同作者的修订组合到单个文档中。

"保护"功能区中提供的"阻止作者"命令用来组织其他人更改所选文本，该命令项只有当文档被保存至支持共享的位置时才可用；"限制编辑"命令可限制其他人对文档进行内容编辑和格式设置，还可设置密码以启动强制保护，此时，只有输入密码才能解除文档保护。

7.1.8 文档文件操作

对文档文件的操作，除了前述的新建、保存、另存为、关闭、选项设置以及对文档信息属性的编辑之外，还包括保护、打印、共享、导出等功能。

Word 在"审阅/修订/保护"中提供了文档编辑保护功能，在"文件/信息/保护文档"命令组中还提供了其他文档保护功能："标记为最终状态"命令将文档标记为最终版本，并将其设置为只读，其他读者不能再对其进行修改；"用密码进行加密"可为文档添加打开密码，无密码则不能打开文件；"限制访问"命令可连接到权限管理服务器，用于授予用户不同的访问权限，同时限制其对文档进行编辑、复制和打印的权限；"添加数字签名"可向文档添加不可见的数字签名来确保文档的完整性。

打印文档时，使用"文件/打印"命令，可设置打印机选项、打印方式、打印范围、打印份数等。关于打印机的设置，请参考相关打印机指导手册。

Word 的"文件/共享"功能组中提供了"与人共享"命令，可以多人同时在线编辑存放在 OneDrive、OneDrive for Business 或 SharePoint Online 中的文档。此时，需要首先将文档保存在以上所列的共享位置，再设置共享伙伴，从而文档共享。除此之外，Word 还提供了"电子邮件"、"联机演示"以及"发布至博客"等多种方式进行文档共享，需要注意的是，有的功能需要拥有 Microsoft 账户才能使用。

"文件/导出"提供了文档导出功能，可使用"创建 PDF/XPS 文档"命令创建 PDF/XPS 类型的文档，也可使用"更改文件类型"命令将文档导出为其他类型文件。需要说明，以上导出功能也可使用"文件/另存为"命令实现。

7.2 Excel

Excel 提供了强大的表格制作、数据计算、数据展示以及数据管理等功能，是进行数据处理、图表绘制和数据共享的优秀软件。

7.2.1 Excel 2016 简介

Excel 又称电子表格软件，其生成的文件称为工作簿，工作簿的扩展名为".xlsx"。工作簿由若干工作表组成，一个工作簿默认包含 255 个工作表，当前正在工作的工作表称为活动工作表。每个工作表有一个标签，工作表标签就是工作表的名字。工作表是一个表格，包含 1048576 行×16384 列。单元格是工作表的基本单位，每个单元格都有一个地址，由工作表的"行号"和"列标"组成；行号用数字标记，列标用字母标记，例如，"G8"单元格表示第 8 行第 G 列（第 7 列）的单元格。一个活动工作表中只有一个单元格是当前工作单元格，称为活动单元格。

Excel 2016 窗口如图 7-24 所示，由标题栏、功能区、编辑区、状态栏等区域组成。图中各部分简要说明如下。

① 为标题栏，显示正在编辑的文档的文件名以及软件名称，还包括标准的"最小化"、

"还原"、"关闭"以及"功能区显示选项"按钮。

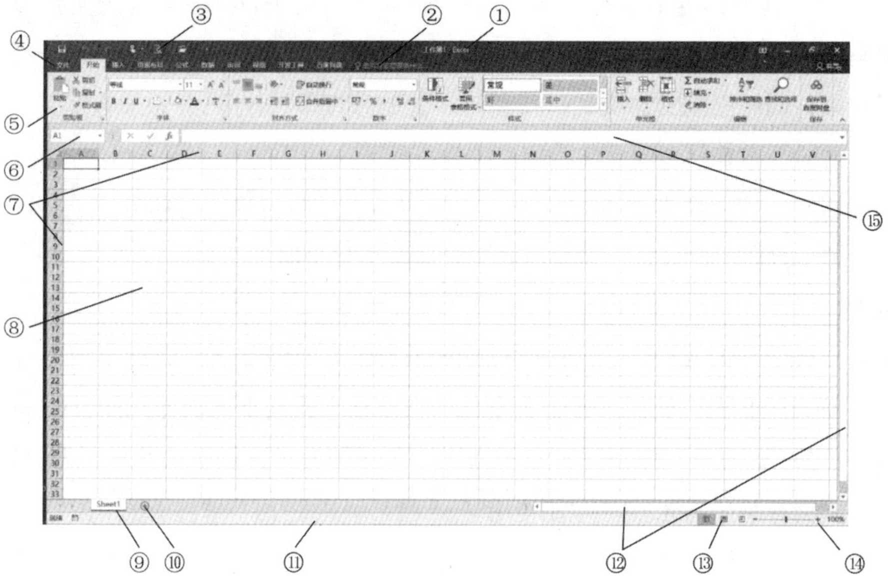

图7-24 Excel 2016窗口

② 为帮助搜索框,当本机连接互联网时,将自动连接Excel在线帮助;当断开网络时,将为用户展示本机安装Excel时装载的本地帮助信息。

③ 为快速访问工具栏,在此提供常用的命令,例如"保存"、"撤销"、"恢复"等。快速访问工具栏的末尾是一个下拉菜单,可在其中添加其他常用命令,还可以设置快速访问工具栏的显示位置。

④ 为"文件"菜单,用于收集文档本身而不是文档内容的命令,例如"新建"、"打开"、"另存为"、"打印"和"关闭"等。

⑤ 为功能选项卡和功能区,包括"开始"、"插入"、"页面布局"、"公式"、"数据"、"审阅"、"视图"等若干功能选项卡及其对应的功能区,数据格式化、数据计算和处理等工作所需的命令均位于此处。

"开始"选项卡中包括剪贴板、字体、对齐方式、数字、样式、单元格、编辑等七个组,主要用于帮助用户对文档进行数据编辑和格式设置。

"插入"选项卡包括表格、插图、加载项、图表、演示、迷你图、筛选器、链接、文本和符号十个组,主要用于在工作表中插入各种元素。

"页面布局"选项卡包括主题、页面设置、调整为合适大小、工作表选项以及排列等五个组,用于帮助用户设置工作表样式。

"公式"选项卡包括函数库、定义的名称、公式审核和计算等四个组,用于实现数据计算的功能。

"数据"选项卡包括获取外部数据、获取和转换、连接、排序和筛选、数据工具、预测、分级显示和分析等七个组，用于实现从外部程序导入数据以及数据分析等功能。

"审阅"选项卡包括校对、语言、中文简繁转换、批注、更改等五个组，主要用于对工作簿进行校对和修订等操作。

"视图"选项卡包括工作簿视图、显示、显示比例、窗口和宏等五个组，主要用于设置操作窗口的视图显示方式，以方便操作。

"格式"功能板块平常不显示，只有涉及相关操作时才显示。例如插入一张图片后，当点击该图片时，"格式"板块立即自动显示，其中提供了用于编辑当前对象的功能。

开发人员还可添加"开发工具"功能板块，该板块默认不显示，只有点击"文件/选项"命令打开"Excel选项"窗口，并在其中的"自定义功能区"对应的"主选项卡"下面提供的功能选项中勾选"开发工具"后才会显示。"开发工具"共包含4个功能区块，分别为代码、加载项、控件和XML，用于开发VBA程序。

另外，用户还可通过安装第三方插件的方式，添加其他功能板块，如图中的"百度网盘"，即为第三方提供的功能板块。

⑥ 为名称栏，用于显示当前选中单元格或区域的名称或范围。

⑦ 为工作表的行号和列标，用来确定单元格的位置。

⑧ 为工作表窗口，用来显示正在编辑的活动工作表的内容，此窗口是用户工作窗口。

⑨ 为工作表标签，用来显示工作表的名字。

⑩ 为"新工作表"按钮，用来插入新的工作表。

⑪ 为状态栏，主要显示工作表以及用户操作信息等。

⑫ 水平滚动条和垂直滚动条，用于更改活动工作表的显示位置。

⑬ 为"视图"按钮，单击某一按钮可切换至其视图方式下，这里有三个按钮，包括普通、页面布局和分页预览视图。

⑭ 为缩放拖放条，通过拖动中间的缩放滑块可以更改活动工作表的缩放设置。

⑮ 为数据编辑区，用来向活动单元格输入数据或公式。数据编辑区和名称栏统称为编辑栏，可在"视图/显示"功能区进行显示设置。

7.2.2　基本操作

Excel的基本操作包括建立新工作簿、保存工作簿、退出工作簿以及对工作簿进行操作，即输入和编辑工作表数据。

1. 启动和退出 Excel

直接双击桌面上的Excel图标，从"开始"菜单找到Excel 2016应用程序，或者在右键快捷菜单中选择"新建/Microsoft Excel工作表"均可启动Excel。

要退出 Excel，右键单击任务栏上的 Excel 图标并选择"关闭窗口"即可。当桌面上只有一个 Excel 工作簿打开时，单击窗口右上角的"×"按钮，可在关闭文件的同时也退出 Excel。需要注意的是，对进行过修改的工作簿，退出 Excel 时需确认是否要保存更改。

2. Excel 文件基本操作

启动 Excel 后，系统会自动启动新建文件导航，用户可选择"空白工作簿"，或者从模板集中选择某个模板，即可新建一个工作簿文件，用户可在保存该工作簿时重新为其命名。使用"文件/新建"菜单创建新的工作簿时也进行同样的操作。

如果没有从现有模板集中找到理想的模板，可在搜索框中输入关键字，点击"搜索"按钮搜索联机模板，选择需要的模板后点击导航页面的"创建"即可新建一个与模板文件一致的工作簿。用户也可将已编辑好的 Excel 文件另存为模板文件，此时，该模板将被收录在"个人"选项卡中，新建文件时可供选择。

在新建的空白工作簿中，自动包含设定数量的工作表，单击某个工作表标签，其就成为当前工作表，即可对其进行编辑操作。设定工作表的数量时，在"文件/选项"打开的对话框的"常规"对应的子窗口中找到"包含的工作表数"选项，设置其值，最大值为 255，当需要的工作表数超过 255 时，可使用"新工作表"按钮插入新的工作表。一个工作簿最多能够插入的工作表的个数受内存限制。

打开已有工作簿可以：① 直接找到目标文件所在位置后双击打开；② 通过"文件/打开"菜单命令，找到目标文件所在位置，双击该文件或选择文件后点击"打开"。

工作簿文件被修改后，使用快捷访问工具栏中的"保存"按钮，使用"文件/保存"或"文件/另存为"命令均可保存文件，也可在"文件/选项"打开的对话框中设置自动保存时间间隔以实现工作簿的自动保存。要关闭一个工作簿，单击"文件/关闭"命令即可。

Excel 允许同时打开多个工作簿并在它们之间切换，方法包括：① 单击任务栏上 Excel 图标，选择目标文件。② 使用"视图/窗口"功能区命令实现，"切换窗口"命令可直接选择要切换到的目标文件；"全部重排"将目前所有打开的工作簿全部排放在桌面上，此时点击"并排查看"即可同时打开"同步滚动"，当操作鼠标滚动轮时，所有工作簿都被同时操作。此时可通过点击"重设窗口位置"来纵分屏幕查看工作簿。对于重排的工作簿，双击某工作簿的标题条即切换到该工作簿；③ 使用"Alt+Tab"快捷键来切换工作簿，此时需要注意的是，该快捷组合键可用来切换所有桌面上打开的应用程序。

3. 使用工作表和单元格

1）使用工作表

（1）选定工作表。

直接单击工作表的标签，即可选定该工作表，在此之前选定的工作表被放弃，该工作表成为当前活动工作表。要选定相邻的连续多个工作表，单击第一个工作表的标签，按Shift键的同时单击最后一个工作表的标签。要选定不相邻的多个工作表，则按Ctrl键的同时单击要选定的工作表标签。要选定全部工作表，鼠标右键单击工作表标签，选择"选定全部工作表"。

注意，如果同时选定了多个工作表，则对当前工作表的编辑操作也会作用到其他被选定的工作表。例如，在当前工作表的某个单元格输入了数据，或者进行了格式设置操作，相当于对所有选定工作表同样位置的单元格执行同样的操作。

（2）插入新工作表。

要插入一个新工作表，可单击工作表标签右侧的"新工作表"按钮，或者按"Shift+F11"组合健，或者单击"开始/单元格/插入"命令的下拉按钮，在打开的下拉列表中单击"插入工作表"选项。Excel也允许一次插入多个工作表，首先选定一个或多个工作表标签，然后单击鼠标右键，在弹出的菜单中选择"插入"命令，即可插入与所选定数量相同的新工作表。Excel默认在选定的工作表左侧插入新的工作表。

（3）删除工作表。

要删除一个或多个工作表，首先需选定一个或多个要删除的工作表，再选择"开始/单元格/删除/删除工作表"命令，或者鼠标右键单击选定的工作表标签，在弹出的菜单中选择"删除"命令。

（4）重命名工作表。

要重命名工作表，首先双击工作表标签，输入新的名字即可，或者鼠标右键单击要重新命名的工作表标签，在弹出的菜单中选择"重命名"命令，输入新的名字即可。

（5）移动或复制工作表。

可使用鼠标在工作簿内移动工作表，首先选定要移动的一个或多个工作表标签，将鼠标指针指向要移动的工作表标签，按住鼠标左键沿标签向左或向右拖动工作表标签的同时会出现黑色小箭头，当黑色小箭头指向要移动到的目标位置时，放开鼠标按键，即完成移动工作表。

利用鼠标在工作簿内复制工作表时，首先选定要复制的一个或多个工作表标签，将鼠标指针指向要复制的工作表标签，同时按住Ctrl键和鼠标左键，沿标签向左或向右拖动工作表标签时会出现黑色小箭头，当黑色小箭头指向要复制到的目标位置时，放开鼠标按键，即完成复制工作表。

可利用"移动或复制工作表"对话框实现在一个工作簿内移动或复制工作表，也可以实现在不同的工作簿之间移动或复制工作表。这里只介绍在不同的工作簿之间移动或复制工作表，首先在一个Excel应用程序窗口下，分别打开源工作簿和目标工作簿，并使源工作簿成为当前工作簿；在当前工作簿中选定要"复制或移动"的一个或多个"工作表标签"；

单击鼠标右键，在弹出的菜单中选择“移动或复制工作表”命令，弹出如图7-25所示的“移动或复制工作表”对话框；在“工作簿”下拉列表框中选择要复制或移动到的目标工作簿；在“下列选定工作表之前”下拉列表框中选择要插入的位置；如果移动工作表，不勾选“建立副本”选项，如果复制工作表，勾选“建立副本”选项；单击“确定”按钮即可将工作表移动或复制到目标工作簿。

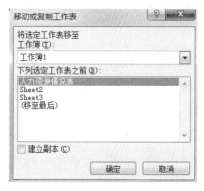

图7-25　“移动或复制工作表”对话框

（6）拆分和冻结工作表窗口。

拆分和冻结窗口可以帮助用户更好地查看和编辑数据。窗口拆分后，可同时浏览一个较大工作表的不同部分。一个工作表窗口可以拆分为“4个窗口”，如图7-26所示，每个窗口都可进行单独的操作。

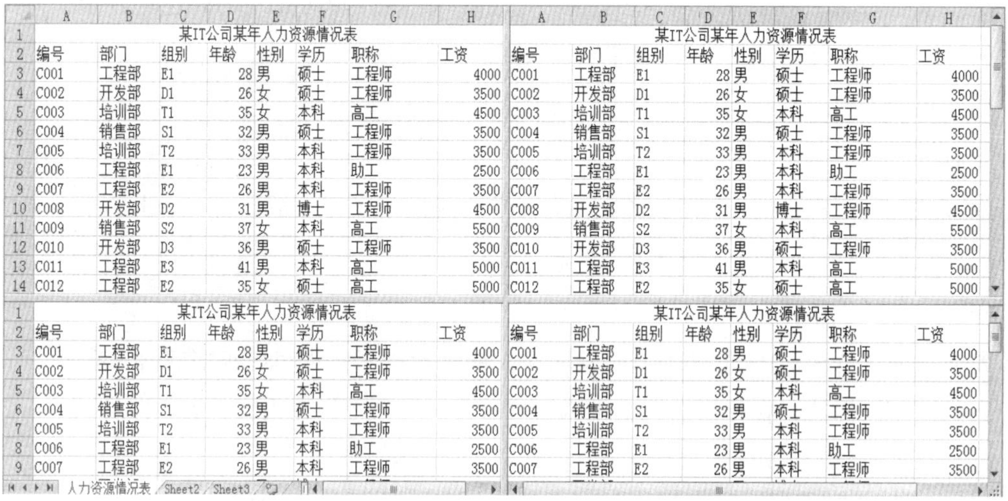

编号	部门	组别	年龄	性别	学历	职称	工资
C001	工程部	E1	28	男	硕士	工程师	4000
C002	开发部	D1	26	女	硕士	工程师	3500
C003	培训部	T1	35	女	本科	高工	4500
C004	销售部	S1	32	男	硕士	工程师	3500
C005	培训部	T2	33	男	本科	工程师	3500
C006	工程部	E1	23	男	本科	助工	2500
C007	工程部	E2	26	男	本科	工程师	3500
C008	开发部	D2	31	男	博士	工程师	4500
C009	销售部	S2	37	女	本科	高工	5500
C010	开发部	D3	36	男	硕士	工程师	3500
C011	工程部	E3	41	男	本科	高工	5000
C012	工程部	E2	35	女	硕士	高工	5000

图7-26　拆分工作表窗口

拆分窗口时，首先需要选择拆分中心，鼠标单击要拆分的单元格位置，使用“视图/窗口/拆分”命令，Excel将自动以选定单元格为中心，将工作表拆分为4个窗口，拖动水平滚动条或垂直滚动条即可对比查看工作表中的数据。可使用横向或纵向的拆分按钮（光标变成左右箭头或上下箭头）来调整拆分位置。

拆分窗口后，可选择“视图/窗口/冻结窗格”命令组的“冻结拆分窗格”命令来冻结窗格。冻结窗格后，上部和左侧窗格被冻结，只有下部和右侧窗格数据可滚动。要解除冻结，单击该命令组的“取消冻结窗格”命令即可。冻结窗格命令组也可单独执行，鼠标选定要拆分冻结的单元格位置后，执行“冻结拆分窗格”命令，自动从选定位置将工作表拆分并冻结；“冻结首行”和“冻结首列”命令将工作表首行或首列冻结，其余部分数据可滚动，点击“取消冻结窗格”命令，则取消冻结。

要取消拆分，可再次单击"视图/窗口/拆分"命令，即可取消拆分窗口。也可通过双击横向或纵向的拆分按钮来分别取消水平拆分线或垂直拆分线，当只取消1条拆分线时，窗口将变为2个拆分窗格。

2）使用单元格

（1）选定单元格。

将鼠标指针移至需选定的单元格上，单击鼠标左键，该单元格即被选定为当前单元格。如果在名称栏输入单元格地址，单元格指针即可直接定位到该单元格，如输入：D56，则位于D列和56行交叉处的单元格被选定为当前单元格。

（2）选定一个连续的单元格区域。

要选定一个单元格区域，可用鼠标左键单击要选定单元格区域左上角的单元格，按住鼠标左键并拖动到区域的右下角单元格，然后放开鼠标左键即选中单元格区域。另一种方法是，鼠标左键单击要选定单元格区域左上角的单元格，按住Shift键的同时单击区域右下角的单元格即选中连续的单元格区域。

在名称栏输入以冒号"："间隔的单元格区域地址，如D1:D56，则从D1到D56的连续单元格区域被选中。

（3）选定不相邻的单元格区域。

单击并拖动鼠标选定第一个单元格区域之后按住Ctrl键，使用鼠标选定其他单元格区域即可。另外，单击工作表行号可以选中整行；单击工作表列标可以选中整列；单击工作表左上角行号和列标处（即全选按钮）可以选中整个工作表。按住Ctrl键，再单击工作表其他行号或列标，可以选中不相邻的行或列。

在名称栏输入以逗号"，"间隔的单元格地址，如D1,D56，则D1和D56这2个单元格被选中。再如，输入D1:D9, E6:H9, K5表示选中了一个组合单元格区域：从D1到D9，从E6到H9，以及K5。

（4）插入行、列与单元格。

单击"开始/单元格/插入"命令组，选择其下的"单元格"、"行"或"列"命令即可进行、列与单元格的插入。如果在执行插入命令之前选择了若干行、列或单元格，则选定的行数、列数或单元格数即是插入的行数、列数或单元格数。需要注意，在插入单元格时，需要选择当前位置单元格移动的位置，选项包括"活动单元格右移"、"活动单元格下移"、"整行"和"整列"，"整行"和"整列"选项表示插入的是行或列。

（5）删除行、列与单元格。

选定要删除的行或列或单元格，单击"开始/单元格/删除"命令组，利用其中的"删除工作表行"、"删除工作表列"或"删除单元格"即可完成行、列或单元格的删除。此时，行、列，或单元格的内容和单元格将一起从工作表中消失，其位置由周围的行、列、单元格补充。需要注意的是，行号、列标并不随着行、列的删除而消失，但其内容会被替代。当删除单元格时，需要选择删除后其周围哪些单元格移动到该位置，选项包括"活动单元格左移"、"活动单元格上移"、"整行"和"整列"，"整行"和"整列"选项表示删除的是行或列。

需要提醒的是，若选定行、列或单元格后，按 Delete 键，将仅删除单元格的内容，空白单元格、行或列仍保留在工作表中。

（6）命名单元格。

为了使工作表的结构更加清晰，可为单元格命名。首先选定要命名的单元格，在名称框中（位于"数据编辑区"左侧）键入需命名的名称后回车即可。

4. 输入和编辑工作表数据

1）输入数据

输入和编辑数据时，首先需要选定某单元格使其成为当前单元格，即活动单元格。选中单元格后即可输入数据，也可将光标定位到单元格中再输入数据，此时可鼠标双击单击单元格，或单击单元格后使用 F2 功能键定位光标。输入和编辑数据也可以选中单元格后，将光标定位在数据编辑区进行。在单元格中输入数据时，还可使用自动记忆功能提高数据的输入效率。在输入数据时，如果数据的起始字符与该列其他单元格中数据的起始字符相同，Excel 会自动将符合的数据作为建议显示出来，并将建议部分反白显示。出现建议后，可根据具体情况选择以下操作：若要接受建议，按 Enter 键，建议的数据会自动被输入；如果不接受建议，则无须理会，继续输入数据，当输入一个与建议不符的字符时，建议会自动消失。

数据输入过程中，如果要取消输入，可以按"Esc"键或者点击数据编辑区左侧的"×"按钮；确认输入可以按"Enter"键或者点击数据编辑区左侧的"√"按钮。按"Enter"键确认输入后活动单元格默认向下移动，也可以在"文件/选项"对话框的"高级"对应的子窗口中找到"按 Enter 键后移动所选内容"选项，修改活动单元格移动方向。

可以向 Excel 工作表格中输入的数据类型包括：数值、文本、逻辑值、日期和时间等。数值是指可以用来参与数学计算的数字，包括整数、浮点数、金额、百分比等，数值输入后默认右对齐。文本的种类有多种，可以是汉字、英文、数字串、符号等，输入的文本默认左对齐。输入数字串时，会被自动识别为数值，可在该数值的前面添加单撇号"'"，即将其转换为文本。逻辑值只有两个：TRUE 和 FALSE，输入时大小写均可。Excel 为日期和时间型数字提供了多个国家的多种格式，输入时可根据具体要求使用进行设置。关于单元格中数字格式的设置，将在第 7.2.3 节详细介绍。

Excel 提供了数据输入检查的功能，称为数据有效性验证，比如一个数据如果超出了要求的范围则无法输入，并给出提示。利用"数据/数据工具/数据验证"命令打开如图 7-27 所示的"数据验证"对话框。

在"设置"选项卡中可设置验证条件，"允许"栏中可供选择的选项包括以下几部分。

　　•"整数"：将单元格限制为仅接受整数。

　　•"小数"：将单元格限制为仅接受小数。

　　•"列表"：从下拉列表中选取数据。

　　•"日期"：将单元格限制为仅接受日期。

　　•"时间"：将单元格限制为仅接受时间。

图 7-27　"数据验证"对话框

　　•"文本长度"：限制文本长度。

　　•"自定义"：适用于自定义公式，此时可按用户定义的公式进行输入。

设置好"允许"栏内容后，即可为设置对应的验证条件，比如数据的范围、列表的位置等。接下来即可在"输入消息"选项卡中自定义用户在输入数据时将看到的消息，选择"选定单元格时显示输入信息"复选框，则在用户选择或在所选单元格上悬停时显示此信息。在"错误警报"选项卡中自定义错误消息及其显示"样式"。点击"确定"即为某单元格社设置好了验证条件，如果用户尝试输入无效值，"错误警报"将会和自定义消息一起出现。

2）删除或修改单元格内容

要删除单元格内容，首先需要选定某单元格，或拖动鼠标选取要删除内容的单元格区域，或单击行或列的标题选取要删除内容的整行或整列，按"Delete"键即可删除选中单元格内容。需要注意，使用 Delete 键删除时，只有数据从单元格中被删除，单元格的其他属性，如格式等仍然保留。使用"开始/编辑"功能区的"清除"命令可实现更多的功能，可用来清除格式、内容、批注、超链接，选择其中的"全部清除"子命令则可彻底删除选定单元格区域的格式、样式以及内容。

修改单元格内容时，可单击单元格，输入数据后按 Enter 键即完成单元格内容的修改；或者，单击单元格，然后单击数据编辑区，在编辑区内修改或编辑内容。

3）移动或复制

要移动或复制单元格或单元格区域内容，可使用以下 2 种方法之一实现。

（1）使用选项卡命令。

选定需要被复制或移动的单元格区域，使用"开始/剪贴板"功能区中的"复制"或"剪切"命令，或者单击鼠标右键，执行"复制"或"剪切"命令，单元格区域的内容和格式即被复制到剪贴板。单击目标位置，点击"开始/剪贴板"命令组的"粘贴"按钮，或单击右键，选择"粘贴选项"下的相应命令，即可将复制内容按粘贴要求粘贴到目标位置。粘贴时可选择特定内容进行粘贴，各粘贴选项及其对应粘贴结果见表7-6。

表7-6　粘贴选项

粘贴选项	粘贴结果
粘贴	粘贴所有复制项，包括数值、公式、格式等
公式	只粘贴公式
公式和数字格式	粘贴公式以及单元格数字的格式
保留源格式	粘贴内容后还保留源格式
无边框	粘贴除单元格边框之外的所有内容
保留源列宽	粘贴单元格内容及其列宽
转置	粘贴时重新定位复制的单元格的内容，行中的数据将复制到列中，反之亦然
值	只粘贴单元格值
值和数字格式	只粘贴单元格中的值（而非公式）和数字格式
值和源格式	粘贴单元格中的值和单元格格式
格式	仅粘贴所复制数据的单元格格式
粘贴链接	引用源单元格而不仅粘贴单元格内容，粘贴后其内容将随源数据的改变而改变
图片	粘贴单元格图像
链接的图片	带有原始单元格链接的所复制图像（如果对原始单元格进行了任何更改，将在粘贴的图像中体现这些更改）

或者利用"开始/剪贴板/粘贴/选择性粘贴"命令打开"选择性粘贴"对话框，如图7-28所示，利用该对话框也可复制单元格中特定内容。其中"批注"命令仅粘贴所复制单元格附加的批注和注释；"有效性验证"命令将粘贴复制单元格的验证规则；"所有使用源主题的单元"命令采用应用至复制数据的文件主题格式复制所有单元格内容；"所有合并条件格式"命令仅粘贴复制单元中的内容和条件格式选项。在"运算"栏，如选择"无"，将指定不会对所复制的数据应用数学运算；如选择其他几项运算，则会将复制的数据与目标单元格或单元格区中的数据进行加、减、乘、除运算后，再将运算结果显示在目标区域。选中"跳过空单元"复选框时，当复制区域中出现空白单元格时，可避免替换粘贴区域中的值。单击"粘贴链接"命令可创建复制单元格的链接。

图7-28　"选择性粘贴"对话框

（2）使用鼠标拖动。

选定需要被复制或移动的单元格区域，将鼠标指针指向选定区域的边框上；当指针变成十字箭头形状时，按住鼠标左键拖动到目标位置，即可移动单元格内容和格式。如果在拖动鼠标的同时按住 Ctrl 键到目标位置，先松开鼠标，后松开 Ctrl 键，可复制单元格内容和格式。

4）添加批注

选定要添加批注的单元格，选择"审阅/批注/新建批注"命令，或单击鼠标右键选择"插入批注"命令，在随后弹出的批注框中输入批注文字。

5）插入超链接

为某个单元格或单元格区域建立超链接时，首先需要选定这些目标，使用"插入/链接/超链接"命令或右键快捷菜单中的"超链接"命令，打开"编辑超链接"对话框，余下操作与 Word 中插入超链接一样。

6）文本分列

Excel 提供了文本分列向导，可将一个或多个单元格中的文本拆分为多个。具体操作时，首先选择要拆分的文本的单元格或列，执行"数据/数据工具/分列"命令打开"文本分列向导"对话框，在其中，选择原始数据分隔的方式，包括"分隔符"和"固定宽度"两种，接下来设置具体分隔符的种类或者分列线的位置，然后再设置列数据的格式和数据分列的目标区域，点击"完成"即可。

7）自动填充单元格数据序列

（1）利用填充柄填充数据序列。

当在工作表中选择一个单元格或单元格区域后，在右下角会出现一个控制柄，当光标移动至控制柄时会出现"+"形状填充柄，拖动填充柄，可以实现快速自动填充。利用填充柄不仅可以填充相同的数据，还可以填充有规律的数据，即序列数据，比如，选中一个等差数列中的 2 个或多个数据，拖动填充柄，即可按等差规律填充数据序列。填充完成时，点击填充数列的末尾的"自动填充选项"按钮，可修改填充数据或其格式，包括"复制单元格"、"填充序列"、"仅填充格式"、"不带格式填充"以及"快速填充"。

（2）利用对话框填充数据序列。

利用"开始/编辑"功能区内的"填充"命令组填充一个数据序列，即可进行已定义序列的自动填充，包括数值、日期和文本等类型。填充时，首先在需填充数据序列的单元格区域开始处第一个单元格中输入序列的第一个数值（等比或等差数列）值或文字（文本序列），然后选定包含这个单元格以及待填充单元格区域，再按需要执行"填充"命令下的选项。"向下"、"向右"、"向上"、"向左"命令选项用来向不同方向进行数据序列填充。如果 Excel 中并不存在一个特定序列，则这些命令将填充相同的数据。"成组工作表"选项命令可将选中某个的工作表区域的数据同时填充到多个工作表中，命令使用方法是，首先选中源数据区域，然后可用鼠标+Shift或Ctrl选中多个连续或非连续的工作表，点击该命令即可。

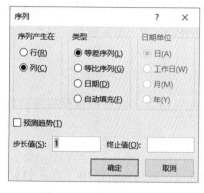

图7-29 "序列"对话框

使用"填充"命令组的"序列"命令可打开如图7-29所示的"序列"对话框。在其中可设置"序列产生在"中的行或列，序列类型、日期单位、步长值及终止值等，单击"确定"按钮即可填充序列。

Excel默认提供了若干数据序列，用户也可以自定义序列。使用"文件/选项"命令打开"Excel选项"对话框，在"高级"对应的子窗口中的"常规"选项组中找到"编辑自定义列表"命令，即打开如图7-30所示的"自定义序列"对话框，在"自定义序列"列表框中选择"新序列"，在"输入序列"中输入要自定义的新序列，序列各项目之间使用逗号或回车键分隔，输入完成后点击"添加"，则输入的新序列即被添加到"自定义序列"列表的末尾。注意，用户自行添加的自定义序列可选中后删除，而Excel中默认给定的自定义序列不能被删除。对话框下方还提供了"从单元格中导入序列"功能，点击右下方的数据选择按钮，选中工作表中已定义的数据序列后即可回到该对话框，点击"导入"即可将工作表中输入的序列添加到"自定义序列"列表中。

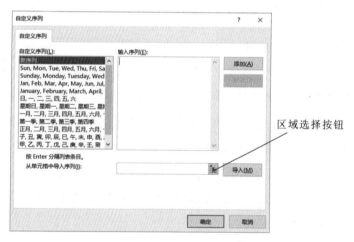

图7-30 "自定义序列"对话框

需要说明的是，Excel为用户提供了交互式区域选择的功能，使用如图7-30中所示的"区域选择按钮"来完成。使用时，点击此按钮，当前对话框将暂时关闭，区域选择的对话框将出现，用户可以使用鼠标点击、拖拉等方式快速选择要使用的单元格区域，点击区域选择对话框中的返回按钮，则刚才关闭的主对话框再次出现，随之在区域选择框中显示刚刚选中的单元格区域。Excel中经常使用该功能实现交互式单元格区域选取，比如使用公式、数据筛选、设置条件规则等。

5. 选项设置

使用"文件/选项"命令即可打开如图 7-31 所示的"Excel 选项"对话框,在此可设置常规、公式、校对、保存、语言、加载项、自定义功能区等选项。这里有的选项卡功能选项与 Word 选项设置大同小异,本节只介绍 Excel 特定的选项。

图 7-31 "Excel 选项"对话框

"常规"对应的子窗口中,在"新建工作簿时"选项组下的"包含的工作表数"栏可以设置一个工作簿默认包含的工作表数,范围是 1~255 个。

"公式"对应的子窗口用于更改与公式计算、性能和错误处理相关的选项,包括"计算选项"、"使用公式"、"错误检查"和"错误检查规则"选项组。

"高级"对应的子窗口提供了若干选项组,包括"编辑选项"、"剪切、复制和粘贴"、"图像大小和质量"、"打印"、"图表"、"显示"、"此工作簿的显示选项"、"公式"、"计算此工作簿时"、"常规"、"数据"等选项组。这些选项设置可以帮助用户更高效地编辑和使用工作簿,比如设置按"Enter"键后活动单元格的移动方向、设置自动插入小数点后位数、启动填充柄和单元格拖放功能等。

6. 工作簿视图

Excel提供了4种视图，新建一个工作表时默认显示的视图是"普通"视图，该视图没有打印线、标尺等元素，电子表格的制作和编辑一般均在此视图中完成。

"分页预览"视图用来查看和设置打印排版，分页预览视图会显示第几页，表示打印输出后在第几页纸张上，将鼠标移至分页符上可拖动调整分页位置。

"页面布局"视图用来查看打印文档的外观，它显示水平标尺和垂直标尺、页面的页眉和页脚并可以编辑，该视图是最接近打印效果的界面。进入该视图后，点击页眉或页脚区域，会出现"设计"选项卡，其中"页眉和页脚"功能区用来插入不同形式的页眉和页脚；"页眉和页脚元素"用来向页眉页脚的某个占位区中插入功能区所列元素；"导航"用来在页眉和页脚之间跳转；"选项"用来选择页眉页脚的显示设置。

"自定义视图"通过"视图管理器"对话框中提供的功能，可将当前显示和打印设置添加到"视图"列表中，保存为将来可以快速重复应用的视图。要使用某个自定义视图时，从"视图"列表中选择该视图，点击"显示"即可。

在"视图/显示"功能区提供了对视图内显示元素的选项，通过点选或取消相应选项改变视图外观，可设置的选项包括"标尺"、"网格线"、"标题"以及"编辑栏"。注意，当某选项变灰时表示此选项对此视图不适用。

通过应用"视图/显示比例"功能区命令，可缩放视图，使用"视图/窗口"功能区命令可实现窗格冻结以及窗口的切换、隐藏/显示、拆分、重排等功能。

7.2.3　格式化工作表

工作表编辑完后，可以利用Excel提供的各种格式命令来设置单元格内容和外观格式，设置和美化工作表。例如设置单元格内容格式、单元格和表格的边框线、工作表背景图案、工作表标签颜色、工作簿主题等内容。需要强调的是，模板是含有特定格式的工作簿，其工作表结构也已经设置，因此当利用某个模板创建工作簿时，相当于已经应用了该模板所设定的格式。

1. 设置单元格格式

1）设置数字格式

利用"开始/数字"功能区提供的命令，或者使用该功能区扩展按钮打开的如图7-32所示的"设置单元格格式"对话框，利用其中"数字"选项卡，即可改变数字在单元格中的显示形式。在功能区快捷命令中，"数字格式"下拉选项框用来选择单元格的格式，其中的"其他数字格式"也可打开"设置单元格格式"对话框。除此之外，还包括"会计数字格式"、"百分比样式"、"千位分隔样式"、"增加小数位数"和"减少小数位数"命令按钮。

图7-32　"设置单元格格式"对话框

数字格式的分类主要包括：常规、数值、日期、时间、货币、会计专用、百分比、分数、科学记数、文本、特殊和自定义。各种格式的说明见表7-7。

表7-7　单元格数字格式说明

格式	说明
常规	键入数字时所应用的默认数字格式。多数情况下，设置为该格式的数字以键入的方式显示。但如果单元格的宽度不够显示整个数字，则该格式将对带有小数点的数字进行四舍五入。该格式还对较大的数字（12位或更多）使用科学计数（指数）表示法
数值	用于数值的一般表示。可指定要使用的小数位数、是否使用千位分隔符以及如何显示负数
货币	用于一般货币值并显示带有数字的默认货币符号。可指定要使用的小数位数、是否使用千位分隔符以及如何显示负数
会计专用	也用于货币值，但是它会在一列中对齐货币符号和数字的小数点
日期	根据指定的类型和区域设置（国家/地区），将日期显示为日期值。以星号（*）开头的日期格式受在"控制面板"中指定的区域日期和时间设置更改的影响。不带星号的格式不受"控制面板"设置的影响
时间	根据指定的类型和区域设置（国家/地区），将时间序列号显示为时间值。以星号（*）开头的时间格式受在"控制面板"中指定的区域日期和时间设置更改的影响。不带星号的格式不受"控制面板"设置的影响
百分比	将单元格值乘以100，并将结果与百分号（%）一同显示。可指定要使用的小数位数
分数	根据所指定的分数类型以分数形式显示数字

格式	说明
科学记数	以指数计数法显示数字，将其中一部分数字用E+n代替，其中，E（代表指数）指将前面的数字乘以10的n次幂。例如，2位小数的"科学记数"格式将12345678901显示为1.23E+10，即用1.23乘以10的10次幂。可指定要使用的小数位数
文本	将单元格的内容视为文本，并在键入时准确显示内容，即使键入数字也是如此
特殊	将数字显示为邮政编码、电话号码或社会保险号码
自定义	允许修改现有数字格式代码的副本。使用此格式可以创建自定义数字格式并将其添加到数字格式代码的列表中。可添加200到250个自定义数字格式，具体取决于计算机上所安装的Excel的语言版本

在"设置单元格格式"对话框的"数字"选项卡的"分类"中选择"自定义"数字格式时，可在右侧子窗口的"类型"列表中选择某种现有格式，然后在此基础上编辑"类型"输入框中的格式，成为用户自定义的新格式，并自动保存在"类型"列表的末尾。所有用户自定义的格式也可在此窗口被选中并删除。

2）设置字体、背景

利用"开始/字体"功能区命令，或者使用该功能区扩展按钮打开如图7-32所示的"设置单元格格式"对话框，利用其中"字体"选项卡，可以设置单元格中内容的字体、颜色、下划线和特殊效果等。"开始/字体"功能区还提供了为设置单元格内容设置背景颜色的命令，而利用"设置单元格格式"对话框中的"填充"选项卡，除了为单元格设置背景色外，还可进行填充图案和填充效果等。字体和背景设置命令的使用和Word相仿，这里不再赘述。

3）设置对齐、合并单元格

利用"开始/对齐方式"功能区命令，或者使用该功能区扩展按钮打开如图7-32所示的"设置单元格格式"对话框，利用其中"对齐"选项卡，可以设置单元格中内容的对齐、文本方向、相邻单元格的合并等。单元格内容对齐方式包括顶端对齐、垂直居中对齐、底端对齐、左对齐、居中对齐、右对齐，还可使用左缩进或右缩进命令按钮调整单元格中内容的缩进量。此外，"方向"命令按钮可用于调整单元格中文字的方向；"自动换行"按钮用于多行显示文本；"合并后居中按钮"则用于选择如何合并单元格，其中又收纳了4个子命令。在4个合并单元格的子命令中，"合并后居中"用于将选择的多个单元格合并成1个较大的单元格，并将新单元格内容居中；"跨越合并"将相同行中的所选单元格合并到1个大单元格中；"合并单元格"将所选单元格合并为1个单元格；"取消单元格合并"将当前单元格拆分为多个单元格。需要注意的是，单元格合并功能只允许选定区域左上角的内容放到合并后的单元格中。

除了以上对齐和单元格合并命令外，使用"设置单元格格式"对话框的"对齐"选项卡还可实现更多的对齐方式、文本控制以及对文字方向的调整。

4) 设置单元格边框

利用"开始/字体"功能区中的"边框"命令按钮，或者使用"设置单元格格式"对话框中"边框"选项卡，均可进行边框设置。功能区的"边框"命令中提供了若干边框样式，还提供了自行绘制边框的工具。对话框的"边框"选项卡中也提供了设置边框有无、线条样式和颜色等命令。如果要取消已设置的边框，在对话框的"边框"选项卡中选择"预置"选项组中的"无"，或者在功能区的"边框"命令中选择"无框线"子命令，也可使用"擦除边框"命令进行手动擦除。

2. 设置列宽和行高

粗略设置列宽可使用鼠标进行。将鼠标指针指向要改变列宽或行高的列标或行号之间的分隔线上，鼠标指针变成水平或垂直双向箭头形状，按住鼠标左键并拖动鼠标，直至将列宽调整到合适宽度，放开鼠标即可。

也可使用"列宽"或"行高"命令精确设置列宽或行高。选定需要调整列宽或行高的区域后，选择"开始/单元格"功能区的"格式"命令，选择"列宽"或"行高"子命令即可精确设置列宽或行高。选择"自动调整列宽"或"自动调整行高"能够实现根据内容来自动调整列宽或行高的大小。"默认列宽"子命令则允许用户为列宽自行设定一个默认值。

3. 设置工作表标签颜色

设置工作表标签颜色可凸显某个工作表，辅助用户快速识别工作表。设置时，首先选定工作表，单击鼠标右键，在弹出的菜单中选择"工作表标签颜色"，即可设置工作表标签颜色。也可使用"开始/单元格"功能区的"格式"命令中的"工作表标签颜色"子命令实现设置。

4. 设置条件格式

使用条件格式可以对含有数值或其他内容的单元格，或者含有公式的单元格应用某种条件，当满足指定条件时，自动将单元格设置成相应格式，这有助于让数据模式和趋势更直观、更明显。用户可以将条件格式应用于单元格区域（选择或命名区域）、Excel 表甚至是数据透视表。条件格式的设置是利用"开始/样式"功能区中的"条件格式"命令组完成的。其中：

（1）"突出显示单元格规则"可为选定区域的单元格设置规则以及满足该规则的单元格格式。规则中包含"大于"、"等于"、"小于"、"介于"、"文本包含"、"发生日期"、"重复值"以及"其他规则"8 个选项，其中"大于"、"等于"、"小于"、"介于"规则适用于数值、日期和时间数据，用来设置数据的大小和范围条件；"文本包含"适用于文本型数据，用来设置子文本串条件；"发生日期"适用于日期型数据，用来设置日期条件；"重复值"可用来查找数据重复项或唯一项，适用于所有数据类型；"其他规则"打开如图 7-33 所示的

"新建格式规则"对话框，在该窗口中选择规则类型、编辑规则并设置格式。

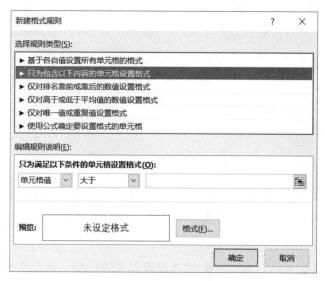

图7-33　"新建格式规则"对话框

（2）"项目选取规则"功能主要是针对一组数据，可以轻松地获取数据指标，包括数据的前10项、前10%、最后10项、最后10%、高于或低于平均值等。点选某一选项命令并设置格式后，Excel将对选定数据区域进行自动计算和统计，为满足条件的数据应用格式。"其他规则"使用方法如前所述。

（3）"数据条"是简单的条形图，是对数据的可视化。Excel分别提供了"渐变填充"和"实心填充"的多种样式，可从中选取一种样式，即可对选定区域数据进行可视化，在数据的基础上增加一组数据条，直接插入Excel单元格中，数据条的长短反映数据的大小，具有很强的可视化效果。

（4）"色阶"利用颜色渐变来表示一组数据的大小，颜色由深变浅，或采用几组颜色来表示数据的差异。Excel提供了多种色阶样式，从中选择一种应用到选定数据区域，即可实现数据的另一种可视化表达。

（5）"图标集"利用一组图案来表示数据间的差异，直观明了，形象生动，但每组图案数量有限，仅能表示几组数据系列。Excel分别提供了"方向"、"形状"、"标记"和"等级"几个类别的若干组图标，从中选择一组应用到选定数据区域，即可实现数据的简单分类可视化。

（6）"新建规则"命令打开如图7-33所示的"新建格式规则"对话框，使用方法同前述。"清除规则"命令用来清除所选单元格、工作表或透视表的设定规则。"管理规则"命令将打开如图7-34所示的"条件格式规则管理器"对话框，从中可以创建、编辑、删除和查看工作簿中的所有条件格式规则。

图7-34　"条件格式规则管理器"对话框

5. 使用样式

样式是单元格字体、字号、对齐、边框和图案等一个或多个设置特性的组合，将这样的组合加以命名和保存供用户使用。应用样式即应用样式名所包含的所有格式设置。样式包括内置样式和自定义样式。内置样式为 Excel 内部定义的样式，用户可以直接使用；自定义样式是用户根据需要自定义的组合设置，需要定义样式名。

样式设置是利用"开始/样式"功能区的"单元格样式"命令组完成的。点击该命令，根据具体需要从展开的选项集合中选择某种样式或数字格式即可。"新建单元格样式"命令打开"样式"对话框，在"样式名"栏输入自定义的样式名称，并为该样式设置格式，"确定"后，该样式将保存在"单元格样式"中供用户选择。"合并样式"命令用于将打开的工作簿中的样式复制到当前工作簿，在"合并样式"对话框的"合并样式来源"列表框中选择某工作簿，"确定"即可实现单元格样式复制。

6. 自动套用格式

自动套用格式是把已有的表格格式自动套用到用户指定的单元格区域，可以使表格更加美观，易于浏览。Excel 提供了不同颜色系列的格式，用户也可自定义表格样式以及数据透视表样式。

自动套用格式利用"开始/样式"功能区的"套用表格格式"命令组完成。点击该命令，根据具体需要从展开的格式集合中选择某种表格格式，在打开的"套用表格式"对话框中确定数据来源以及该表是否已有标题行，"确定"后即可对选定单元格区域应用选择的表格格式。"新建表格样式"和"新建数据透视表样式"命令操作方法类似，均在随后打开的对话框的"名称"栏输入自定义表格样式名称，随后在"表元素"列表框中选择某个表元素，对其进行格式设置，设置完成后"确定"，该表格样式即被保存在"套用表格格式"的格式库中，用户可点击选择重复使用。

7. 应用主题、颜色、字体和效果

Excel提供了多个主题样式，每个主题使用一组独特的颜色、字体和效果，通过应用主题可更新工作簿中工作表的样式，快速统一风格。同时，它也提供了不同的颜色主题、字体主题和效果主题，分别用来快速地整体更改工作簿的调色板、字体集和对象的外观效果。

使用"页面布局/主题"功能区提供的命令组实现以上功能，若要更改已选主题，只需从"主题"、"颜色"、"字体"或"效果"菜单中选择其他选项即可。若要返回到默认主题，选择选项中的"Office"即可。用户还可自定义颜色组合和字体组合，也可将自己的工作簿风格保存为当前主题。以上功能的详细操作方法请参考Word中相关内容。

8. 添加背景

为工作表设置背景图案可以让工作表具有像Windows墙纸一样的效果。使用"页面布局/页面设置"功能区的"背景"命令可为工作簿的某个工作表添加背景图案，执行该命令，在"插入图片"对话框中选择欲插入的图片，即可为当前工作表插入背景图片。要删除背景，执行"删除背景"命令即可。

7.2.4 公式与函数

公式是对工作表中的数据进行计算的表达式。利用公式可对同一工作表的各单元格、同一工作簿中不同工作表的单元格，以及不同工作簿的工作表中单元格的数值进行加、减、乘、除、乘方等各种运算。函数是预定义的公式，可用于执行简单的或复杂的计算，通过使用称为参数的特定数值，以特定的计算方法对这些参数执行计算。一个较为复杂的公式中可包含若干个函数，可对这些函数结果进行运算。在Excel表中，使用公式始终以等号开头。

1. 单元格地址的引用

当参与计算的对象是单元格时，需要对其地址进行引用。引用一个单元格时直接引用其地址，如A5，表示引用第A列第5行单元格；引用连续的单元格区域使用冒号（:）分隔符，如A5:A9，表示从A5到A9的5个单元格区域；当引用非连续的单元格区域时，使用逗号（,）隔开，如A5,A9,C4，表示引用A5、A9和C4这3个单元格。

根据复制公式时引用单元格地址是否发生变化，单元格地址又分为绝对地址、相对地址和混合地址3种，当光标定位在某个单元格引用时，使用F4功能键可在三者之间转换。使用名称也可实现对单元格地址的引用，另外，地址引用还可跨工作表进行。

1）相对地址

相对地址由列号和行号组成，形式如D3、A8。当含有该地址的公式被复制到目标单元格时，粘贴到目标单元格的公式并不是照搬原来单元格的内容，而是根据公式原始位置和复制到的目标位置的不同，推算出公式中单元格地址相对原始位置的变化，使用变化后的

单元格地址的内容进行计算。

例如，在C4、C5中的数据分别是60、50。如果在D4单元格中输入"=C4"，那么将D4向下拖动填充柄到D5时，D5中的内容就变成50，D5中的公式是"=C5"。D5与D4相比，列相同，行发生了变化（+1），因此粘贴后的公式列相同，行发生了变化（+1）。将D4向右拖动填充柄到E4，E4中的内容是60，E4中的公式变成"=D4"。E4与D4相比，行相同，列发生了变化（+1），因此粘贴后的公式行相同，列发生了变化（+1）。

2）绝对地址

绝对地址在列号和行号前分别添加"$"符号，形式如$D$3、$A$8。含有该地址的公式无论被复制到哪个单元格，公式永远是照搬原来单元格的内容，引用的单元格行列号都不会变化。例如：D1单元格中的公式"=($A$1+$B$1+$C$1)/3"，复制到E3单元格，公式仍然为"=($A$1+$B$1+$C$1)/3"，公式中单元格引用的地址不变。

3）混合地址

混合地址是指行或列中有一个是绝对引用，而另一个是相对引用的情形，其形式如D$3、$A8。当含有该地址的公式被复制到目标单元格时，相对引用部分会根据公式原始单元格位置和复制到的目标单元格位置推算出公式中单元格地址相对原始位置的变化，而绝对引用部分地址永远不变。

例如：将D1单元格中的公式"=($A1+B$1+C1)/3"复制到E3单元格，公式将变化为"=($A3+C$1+D3)/3"。

4）名称引用

在Excel中，可为单元格区域、函数、常量或表格定义名称。在工作簿中使用名称后，便可轻松地使用、更新、审核和管理这些名称。使用名称引用可使公式更加容易理解和维护。

为某单元格命名时，先选择该单元格，再在名称框中输入名称后回车即可。也可通过"公式/定义的名称"功能区的"定义名称"命令来创建。还可在选定要命名的区域后选择"公式/定义的名称"功能区的"根据所选内容创建"命令，打开"以选定区域创建名称"对话框，在该对话框中通过选中"首行"、"最左列"、"末行"或"最右列"复选框来指定该区域的名称。

定义名称后，即可使用"公式/定义的名称"功能区的"名称管理器"命令来管理、编辑和更新这些名称及名称对应的区域。使用"公式/定义的名称"功能区的"用于公式"命令可在需要输入对这些名称所对应区域的引用时，快速从名称列表中选择所需要的名称。

5）跨工作表的单元格地址引用

实际上，单元格地址的形式为：

[工作簿文件名]工作表名!单元格地址

在引用当前工作簿的各工作表单元格地址时，"[工作簿文件名]"可以省略；当引用当前工作表中单元格的地址时，"工作表名!"可以省略。例如，单元格F4中的公式为："=

(C4+D4+E4)*Sheet2!B1"，其中"Sheet2! B1"表示当前工作簿 Sheet2 工作表中的 B1 单元格地址，而 C4 表示当前工作表中 C4 单元格地址。

一个完整的单元格区域引用形式为：

盘符:\路径\[工作簿文件名]工作表名!单元格地址

例如，要引用"D:\Mydoc\Exceldoc"文件夹中的"Book1"工作簿中的 sheet2 工作表中的 A1 到 A5 单元格区域，可以写成：D:\Mydoc\Exceldoc\[Book1]sheet2!A1:A5。

2. 自动计算

选定需要计算的数据区域，利用"开始/编辑"功能区或"公式/函数库"功能区中的自动求和命令"Σ"，即可自动计算一组数据的累加和、平均值、统计个数、求最大值和最小值等，计算结果将自动显示在最下边一行上或最右边一列上。

自动计算即可以计算相邻的数据区域，也可以计算不相邻的数据区域。如果更换参与计算的单元格区域，可首先定位到存放计算结果的单元格，此时在上方数据编辑区中可以看到该单元格的计算公式，选中公式中的引用单元格区域部分，即可使用鼠标重新选择新的单元格区域进行替换，可选择连续的单元格区域，也可选择非连续的单元格区域。

3. 输入公式

1）公式的形式

用户自行输入计算公式时，首先输入等号，因此输入公式的一般形式为：

=<表达式>

其中，表达式可以是算术表达式、逻辑表达式和字符串表达式等，表达式可由运算符、常量、引用单元格地址、函数及括号等组成，但不能含有空格。再次提醒，公式中<表达式>前面必须有"="号。

2）运算符

Excel 提供了算术运算符、比较运算符以及字符串连接运算符，如表7-8所示。其中，加、减、乘、除、负号、百分数和乘方均为算术运算符，用来完成算术运算；字符串连接符可用来将多个字符串连接在一起构成1个字符串；等于、不等于、大于、大于等于、小于和小于等于都是比较运算符，其结果只有"真"和"假"两种，这些运算符用来构造逻辑表达式，逻辑表达式的结果也只有"真"或"假"；区域运算符、联合运算符和交叉运算符成为引用运算符，使用区域运算符（冒号）可给出一个连续的单元格区域，联合运算符（逗号）表示前后两个单元格区域的并集，而交叉运算（空格）则表示前后两个单元格区域的交集。

表7-8 运算符及其使用

运算符	功能	举例
–	负号	–6、–B1
%	百分数	5%

续表

运算符	功能	举例
^	乘方	6^2（即 6^2）
*, /	乘、除	6*7
+, −	加、减	7+7
&	字符串连接	"China" & "2023"（即 China2023）
=,<>	等于，不等于	6=4的值为假，6<>3的值为真
>,>=	大于，大于等于	6>4的值为真，6>=3的值为真
<,<=	小于，小于等于	6<4的值为假，6<=3的值为假
:	区域运算符	A1:C10
,	联合运算符	A24:B4，D2:F6
（空格）	交叉运算符	A2:E5 B1:D9

运算符的优先顺依次序为：引用、负号、百分比、乘方、（乘、除）、（加、减）、文本运算、比较运算、等号。需要提醒的是，在输入 Excel 公式时，使用英文半角符号，因此需要在英文输入状态下进行输入和编辑。

3）公式的输入

选定要放置计算结果的单元格后，公式的输入可以在数据编辑区中进行，也可以双击该单元格在单元格中进行。在数据编辑区输入公式时，单元格地址可以通过键盘输入，也可以直接使用鼠标单击该单元格，单元格地址即自动显示在数据编辑区。

输入后的公式可以编辑和修改，还可以将其复制到其他单元格，此时用户需要根据实际需求，编辑公式，正确引用绝对地址、相对地址或混合地址。

4. 复制公式

复制公式时，首先选定含有公式的欲被复制公式的单元格，使用"开始/剪贴板/复制"命令，或单击鼠标右键，在弹出的菜单中选择"复制"命令，鼠标移至复制目标单元格，使用"开始/剪贴板/粘贴/公式"命令，或单击鼠标右键，在弹出的菜单中选择粘贴公式命令，即可完成公式复制。

也可使用自动填充柄进行公式复制，选定含有公式的欲被复制公式的单元格，拖动单元格的自动填充柄，可完成相邻单元格公式的粘贴。

5. 函数应用

1）函数形式

Excel 中提供了多类常用函数，用户也可以通过开发工具开发自己的函数。函数一般由函数名和参数组成，形式为：

函数名（参数表）

其中，函数名为 Excel 提供的函数名称或用户自定义函数的函数名称，函数名不区分大小写；参数表由用逗号分隔的参数1，参数2，…，参数N（N≤30）构成，参数可以是常数、单元格引用、单元格区域、单元格区域名称或其他函数等。例如，在K1中输入公式，求数值20、从D5到D9单元格的值，以及从A1到A10的值的和的平均值，则输入如下：

$$=average\ (20,\ D5:D9,\ sum\ (A1:A10))$$

2）函数引用

函数引用是指使用Excel中预定义的函数，该函数既可作为单独的计算方法引用，也可作为某函数或公式中的参数或参与运算的对象来引用。

以求平均值为例，若要在某个单元格输入公式："=AVERAGE(A2:A10)"，可以直接在单元格中输入该公式，此时会出现一个带有语法和参数的工具提示，用户可按提示快速键入公式。需要注意，仅在使用Excel内置函数时才出现工具提示。

利用"公式"选项卡下的"插入函数"命令，打开如图7-35所示的"插入函数"对话框，也可实现函数引用。在此窗口中，可在"搜索函数"栏输入函数的关键字，比如"平均"，点击"搜索"，Excel将与平均有关的函数都罗列在"选择函数"列表框中，从中选择想用的函数，比如AVERAGE，在列表框的下方可看到有关该函数的注释内容，包括该函数的意义、参数说明以及使用方法等，也可点击"有关该函数的帮助"链接打开在线帮助，查找有关该函数使用的细节，选择完成后点击"确定"，即可在当前单元格中输入该函数。如果用户熟悉该函数，可在"或选择统计类别"下拉框中选择"统计"类，则可在"选择函数"列表框中看到"统计"类别中包含的所有函数，从中选择"AVERAGE"即可。另外，"自动求和"命令组中包括一个"其他函数"命令，点选该命令也可打开图7-35所示的对话框。

输入函数后，往往需要用户添加函数参数。当自行输入函数时，可使用前述的方法自行输入或用鼠标选择参与运算的单元格区域；当使用对话框插入函数时，将自动打开如图7-36所示的"函数参数"对话框。在此对话框中，使用区域选择按钮进行交互式单元格区域选定。如果目标单元格相邻之处存在数据，Excel会自动探测数据类型，并自动给出适用于参与运算的单元格区域，用户可在此基础之上进行修改或重新选定。

3）Excel函数

Excel提供了内置的若干类函数，包括常用函数、财务、日期与时间、数学与三角函数、统计、查找与引用、数据库、文本、逻辑、信息、工程、多维数据集、兼容性和Web等类别，各类别中又收纳了多个函数，每个函数都有其独特的功能。使用这些函数时，可参考函数帮助信息，或者使用联机帮助，按函数要求给定函数参数。使用Excel函数时，可利用"公式/函数库"功能区提供的各命令组完成。

4）公式审核

通过公式计算数据时，经常会因为输入错误或操作不当计算出错值。为了保证数据的准确性，可以通过公式审核功能对公式内容进行审核，提高数据的准确率。使用"公式/公式审核"功能区提供的命令实现公式审核。

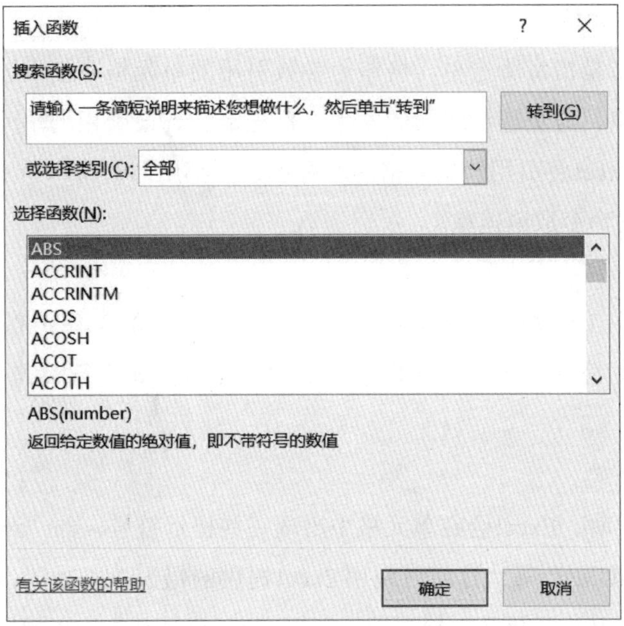

图 7-35　"插入函数"对话框

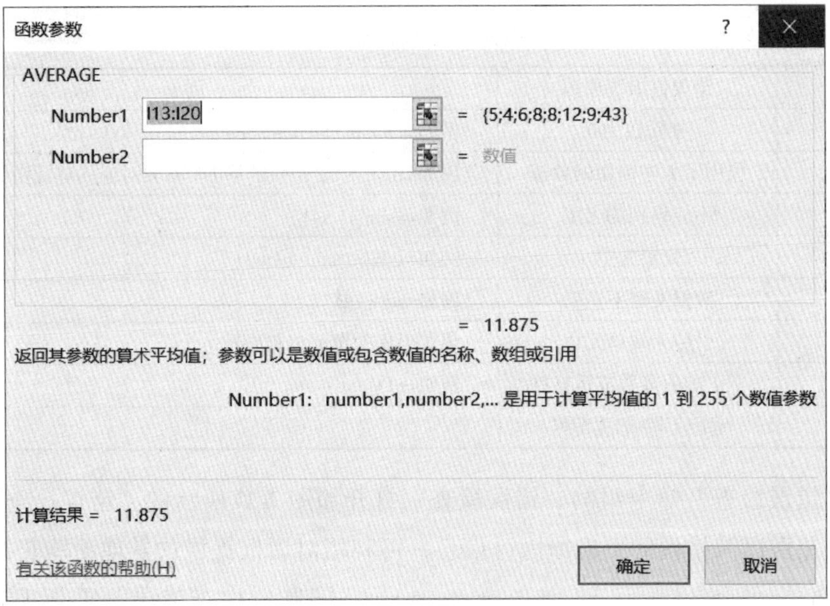

图 7-36　"函数参数"对话框

（1）追踪引用单元格。

追踪引用单元格是指标记所选单元格中的公式所引用的单元格，通过追踪引用单元格功能，可以清楚地看到公式中所使用的所有单元格。首先定位到使用公式的单元格，点选"追踪引用单元格"命令，Excel 将参与该单元格公式计算的所有单元格均用箭头指示出来。可使用"移去箭头"命令组中提供的命令取消追踪。

（2）追踪从属单元格。

追踪从属单元格是指将所选单元格作为参数引用的单元格，使用该功能可追踪引用某单元格的所有单元格，避免连锁错误的发生。首先定位到被引用的单元格，点选"追踪从属单元格"命令，Excel将引用该单元格的所有单元格都用箭头指示出来。可使用"移去箭头"命令组中提供的命令取消追踪。

（3）显示公式。

默认情况下，在工作表单元格中只显示计算结果，不会显示公式。使用"显示公式"命令可使工作表中的公式显示在单元格中，这样方便对公式进行检查。再次点击该命令，取消公式显示。

（4）检查错误公式。

当公式出现错误时，Excel会在单元格中出现一些提示符号，如"#####"、"#NAME?"、"#VALUE!"和"#NUM!"等，这时可利用Excel提供的错误检查功能，来对工作表中错误的公式进行检查，对其进行更正。错误值一般以"#"符号开头，出现错误值的原因如表7-9所示。

表7-9　错误值及原因

错误值	错误值出现原因	例子
#DIV/0!	被除数为0	例如3 / 0
#N/A	引用了无法使用的数值	例如HLOOKUP函数的第1个参数对应的单元格为空
#NAME?	不能识别的名字	例如＝sun(a1:a4)
#NULL!	交集为空	例如=sum(a1:a3　b1:b3)
#NUM!	数据类型不正确	例如=sqrt(−4)
#REF!	引用无效单元格	例如引用的单元格被删除
#VALUE!	不正确的参数或运算符	例如＝1+"a"
#####	宽度不够,加宽即可	

使用"错误检查"命令组的"错误检查"打开如图7-37所示的"错误检查"对话框，其中给出了错误以及错误的可能原因等信息，可利用对话框提供的其他功能获得更多帮助信息、检查错误、重新编辑公式等。注意，不同错误类型的"错误检查"对话框提供的功能也有所不同。

图7-37　"错误检查"对话框

（5）查看公式求值。

Excel提供了公式求值的功能，通过该功能可以查看公式的计算步骤，方便对公式进行检查，特别适用于较复杂的公式。使用"公式求值"命令打开"公式求值"对话框，在此对话框中可对组成公式的各个基本单元进行求值运算。

（6）监视窗口。

利用"监视窗口"命令可将单元格添加到监视窗口列表中，即可在更新工作表的其他部分时监视这些单元格的值的变化情况。监视窗口会停靠在最上方，以便工作的同时监视列表中单元格的值。

5）手动计算和自动计算

默认情况下，当用户对参与公式运算的单元格内容进行更改时，Excel 会自动重新使用公式进行计算更新。Excel 也提供了手动计算公式的功能，使用"公式/计算"功能区的"计算选项"命令组可设置为"手动"，此时将不再自动计算，必须使用该功能区的"计算工作表"命令对当前工作表进行计算，或者使用"开始计算"命令对整个工作簿进行计算。

7.2.5 图

Excel 图构成元素及图插入方法均与 Word 的相同，利用图可对数据进行可视化，形象化地表达数据的意义。Excel 提供了 15 类图类型，每一种图类型又分为多个子类型，共计 59 种标准图。用户可以根据需要的不同，选择不同的图类型来表现数据。图类型简介如下。

1）柱形图

在工作表中以列或行的形式排列的数据可以绘制为柱形图。柱形图通常沿水平（类别）轴显示类别，沿垂直（值）轴显示值。柱形图的子类型如图 7-38 所示。

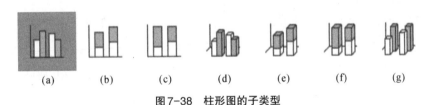

图 7-38 柱形图的子类型

（1）簇状柱形图和三维簇状柱形图。簇状柱形图（见图 7-38（a））以二维柱形显示值；三维簇状柱形图（见图 7-38（d））以三维格式显示柱形，但是不使用第三个数值轴（竖纵坐标轴）。一般在表达数值范围或不采用任何特定顺序名称的情形时才使用此类图形。

（2）堆积柱形图和三维堆积柱形图。堆积柱形图（见图 7-38（b））使用二维堆积柱形显示值；三维堆积柱形图（见图 7-38（e））以三维格式显示堆积柱形，但是不使用竖坐标轴，一般在有多个数据系列并希望强调总计时使用此类图形。

（3）百分比堆积柱形图和三维百分比堆积柱形图。百分比堆积柱形图（见图 7-38（c））使用堆积表示百分比的二维柱形显示值；三维百分比堆积柱形图（见图 7-38（f））以三维格式显示柱形，但是不使用竖坐标轴。当具有两个或更多个数据系列，并且要强调每个值占整体的百分比，尤其当各类别的总数相同时，可使用此图形。

（4）三维柱形图。三维柱形图（见图 7-38（g））使用三个可以修改的坐标轴（水平坐标轴、垂直坐标轴和竖坐标轴），并沿水平坐标轴和竖坐标轴比较数据点。当比较同时跨类别和数据系列的数据时，可使用此图形。

2）折线图

在工作表中以列或行的形式排列的数据可以绘制为折线图。在折线图中，类别数据沿水平坐标轴均匀分布，所有值数据沿垂直坐标轴均匀分布。折线图可在均匀按比例缩放的坐标轴上显示一段时间的连续数据，因此非常适合显示相等时间间隔（如月、季度或会计年度）下数据的趋势。折线图的子类型如图7-39所示。

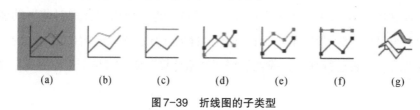

图7-39　折线图的子类型

（1）折线图和数据点折线图。折线图在显示时可带有指示单个数据值的标记（见图7-39（d）），也可不带标记（见图7-39（a）），显示一段时间或均匀分布的类别的趋势，特别是当有多个数据点，并且这些数据点的出现顺序非常重要时。如果有许多类别或值大小接近，则使用无数据点折线图更加清晰。

（2）堆积折线图和数据点堆积折线图。堆积折线图显示时可带有标记用以指示各个数据值（见图7-39（e）），也可以不带标记（见图7-39（b）），显示每个值所占大小随时间或均匀分布的类别而变化的趋势。

（3）百分比堆积折线图和数据点百分比堆积折线图。百分比堆积折线图显示时可带有标记用以指示各个数据值（见图7-39（f）），也可以不带标记（见图7-39（c）），显示每个值所占的百分比随时间或均匀分布的类别而变化的趋势。如果有许多类别或值大小接近，则使用无数据点百分比堆积折线图更加清晰。

（4）三维折线图。三维折线图（见图7-39（g））将每个数据行或数据列显示为一个三维条带。三维折线图有水平坐标轴、垂直坐标轴和竖坐标轴。

3）饼图

在工作表中以列或行的形式排列的数据可以绘制为饼图。饼图显示一个数据系列中各项的大小与各项总和的比例，饼图中的数据点显示为整个饼图的百分比。如果遇到以下情况，可考虑使用饼图：只有一个数据系列、数据中的值没有负数、数据中的值几乎没有零、类别不超过7个，并且这些类别共同构成整个饼图。饼图的子类型如图7-40所示。

（1）饼图和三维饼图。饼图以二维（见图7-40（a））或三维格式（见图7-40（b））显示每个值占总计的比例。可以手动拉出饼图的扇区来强调该扇区。

（2）复合饼图或复合条饼图。复合饼图（见图7-40（c））或复合条饼图（见图7-40（d））显示特殊的饼图，其中一些较小的值被拉出为次饼图或堆积条形图，从而使其更易于区分。

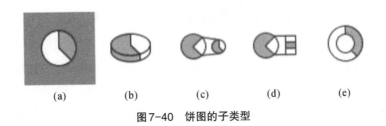

图7-40　饼图的子类型

（3）圆环图。仅排列在工作表的列或行中的数据可以绘制为圆环图（见图7-40（e））。像饼图一样，圆环图也显示了部分与整体的关系，但圆环图可以包含多个数据系列。圆环图以圆环的形式显示数据，其中每个圆环分别代表一个数据系列。如果在数据标签中显示百分比，则每个圆环总计为100%。

4）条形图

在工作表中以列或行的形式排列的数据可以绘制为条形图。条形图显示各个项目的比较情况，在条形图中，通常沿垂直坐标轴组织类别，沿水平坐标轴组织值。当轴标签很长或显示的值为持续时间时，可以考虑使用条形图。条形图的子类型如图7-41所示。

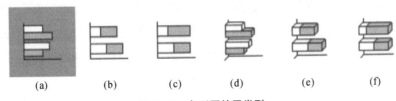

图7-41　条形图的子类型

（1）簇状条形图和三维簇状条形图。簇状条形图（见图7-41（a））以二维格式显示条形；三维簇状条形图（见图7-41（d））以三维格式显示条形，不使用竖坐标轴。

（2）堆积条形图和三维堆积条形图。堆积条形图（见图7-41（b））以二维条形显示单个项目与整体的关系；三维堆积条形图（见图7-41（e））以三维格式显示条形，不使用竖坐标轴。

（3）百分比堆积条形图和三维百分比堆积条形图。百分比堆积条形图（见图7-41（c））显示二维条形，这些条形跨类别比较每个值占总计的百分比。三维百分比堆积条形图（见图7-41（f））以三维格式显示条形，不使用竖坐标轴。

5）面积图

在工作表中以列或行的形式排列的数据可以绘制为面积图。面积图可用于绘制随时间发生的变化量，用于引起人们对总值变化趋势的关注。通过显示所绘制的值的总和，面积图还可以显示部分与整体的关系。面积图的子类型如图7-42所示。

（1）面积图和三维面积图。面积图以二维（见图7-42（a））或三维格式（见图7-42（d））显示，用于显示值随时间或其他类别数据变化的趋势。三维面积图使用三个可以修改的坐标轴（水平坐标轴、垂直坐标轴和竖坐标轴）。

（2）堆积面积图和三维堆积面积图。堆积面积图（见图7-42（b））以二维格式显示每个值所占大小随时间或其他类别数据变化的趋势。三维堆积面积图（见图7-42（d））也一样，但是以三维格式显示面积，并且不使用竖坐标轴。通常应考虑使用折线图而不是非堆积面积图，因为如果使用后者，一个系列中的数据可能会被另一系列中的数据遮住。

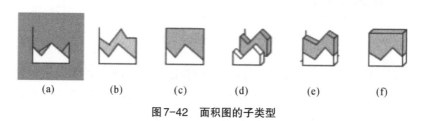

图7-42　面积图的子类型

（3）百分比堆积面积图和三维百分比堆积面积图。百分比堆积面积图（见图7-42（c））显示每个值所占百分比随时间或其他类别数据变化的趋势。三维百分比堆积面积图（见图7-42（f））也一样，但是以三维格式显示面积，并且不使用竖坐标轴。

6）XY（散点）图

在工作表中以列或行的形式排列的数据可以绘制为XY（散点）图。将X值放在一行或一列，然后在相邻的行或列中输入对应的Y值。散点图有两个数值轴：水平（X）数值轴和垂直（Y）数值轴。散点图将X值和Y值合并到单一数据点并按不均匀的间隔或簇来显示它们。散点图通常用于显示和比较数值，例如科学数据、统计数据和工程数据等。散点图的子类型如图7-43所示。

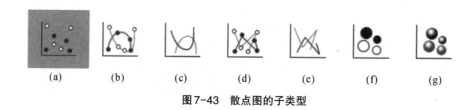

图7-43　散点图的子类型

（1）散点图。散点图（见图7-43（a））用于显示数据点以比较值对，但是不连接线。

（2）平滑线标记散点图和平滑线散点图。这种图用于显示连接数据点的平滑曲线。显示的平滑线可以带标记（见图7-43（b）），也可以不带标记（见图7-43（c））。如果有多个数据点，使用不带标记的平滑线更加清晰。

（3）直线标记散点图和直线散点图。这种图用于显示数据点之间的直连接线。显示的直线可以带标记（见图7-43（d）），也可以不带标记（见图7-43（e））。

（4）气泡图和三维气泡图。气泡图与散点图很相似，这种图增加第三个柱形来指定所显示的气泡的大小，以便表示数据系统中的数据点。这两种气泡图都用于比较成组的三个值而非两个值，并以二维（见图7-43（f））或三维（见图7-43（g））格式显示气泡（不使用竖坐标轴）。第三个值指定气泡标记的大小。

7）股价图

以特定顺序排列在工作表的列或行中的数据可以绘制为股价图。顾名思义，股价图可以显示股价的波动。不过这种图也可以显示其他数据（如日降雨量和每年温度）的波动。注意，必须按正确的顺序组织数据才能创建股价图。例如，若要创建一个简单的盘高-盘低-收盘股价图，必须根据盘高、盘低和收盘次序输入的列标题来排列数据。股价图的子类型如图 7-44 所示。

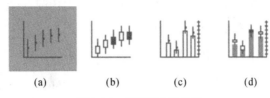

(a)　　　　　(b)　　　　　(c)　　　　　(d)

图 7-44　股价图的子类型

（1）盘高-盘低-收盘股价图。这种股价图（见图 7-44（a））按照盘高、盘低和收盘股价的顺序使用三个值系列。

（2）开盘-盘高-盘低-收盘股价图。这种股价图（见图 7-44（b））按照开盘、盘高、盘低和收盘股价的顺序使用四个值系列。

（3）成交量-盘高-盘低-收盘股价图。这种股价图（见图 7-44（c））按照成交量、盘高、盘低和收盘股价的顺序使用四个值系列。它在计算成交量时使用了两个数值轴：一个用于计算成交量的列，另一个用于股票价格的列。

（4）成交量-开盘-盘高-盘低-收盘股价图。这种股价图（见图 7-44（d））按照成交量、开盘、盘高、盘低和收盘股价的顺序使用五个值系列。

8）曲面图

在工作表中以列或行的形式排列的数据可以绘制为曲面图。如果希望得到两组数据间的最佳组合，曲面图将很有用。例如在地形图上，颜色和图案表示具有相同取值范围的地区。当类别和数据系列都是数值时，可以创建曲面图。曲面图的子类型如图 7-45 所示。

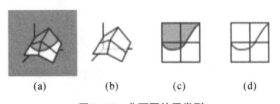

(a)　　　　　(b)　　　　　(c)　　　　　(d)

图 7-45　曲面图的子类型

（1）三维曲面图。这种图（见图 7-45（a））用于显示数据的三维视图，可以将其想象为三维柱形图上展开的橡胶板。它通常用于显示大量数据之间的关系，其他方式可能很难显示这种关系。曲面图中的颜色带不表示数据系列，它们表示值之间的差别。

（2）三维曲面图（框架图）。曲面不带颜色的三维曲面图称为三维曲面图（框架图）。这种图（见图 7-45（b））只显示线条。三维曲面图（框架图）不容易理解，但是绘制大型数据集的速度比三维曲面图快得多。

（3）俯视图。曲面图是从俯视的角度看到的曲面图，与二维地形图相似。在俯视图

（见图7-45（c））中，色带表示特定范围的值。分布图中的线条连接等值的内插点。

（4）框架俯视图。框架俯视图也是从俯视的角度看到的曲面图。框架俯视图（见图7-45（d））只显示线条，不在曲面上显示色带。

9）雷达图

在工作表中以列或行的形式排列的数据可以绘制为雷达图。雷达图用于比较若干数据系列的聚合值。雷达图的子类型如图7-46所示。

（1）雷达图和带数据标记的雷达图。雷达图（见图7-46（a））和带数据标记的雷达图（见图7-46（b））都用来显示值相对于中心点的变化。

（2）填充雷达图。在填充雷达图（见图7-46（c））中，数据系列覆盖的区域填充有颜色。

10）树状图

树状图提供数据的分层视图，并可轻松发现模式，例如商店最畅销的项。树分支表示矩形，每个子分支表示更小的矩形。树状图按颜色和距离显示类别，可以轻松显示其他图型很难显示的大量数据。树状图适合比较层次结构内的比例，但是不适合显示最大类别与各数据点之间的层次结构级别，此时用下述的旭日图来表现更佳。树状图的子类型只有一个，如图7-47所示。

11）旭日图

旭日图很适合显示分层数据。层次结构的每个级别均通过一个环或圆形表示，最内层的圆表示层次结构的顶级。不含任何分层数据（类别的一个级别）的旭日图与圆环图类似。但有多个级别类别的旭日图用于显示外环与内环的关系。旭日图在显示一个环如何划分为作用片段时最有效，而树状图适合比较相对大小。旭日图的子类型只有一个，如图7-48所示。

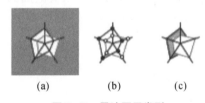

　　（a）　　　　（b）　　　　（c）

图7-46　雷达图子类型

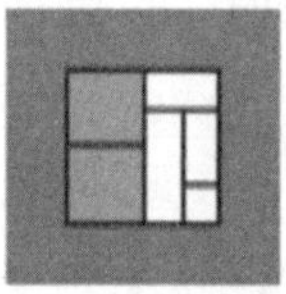

图7-47　树状图子类型

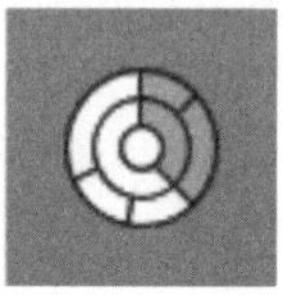

图7-48　旭日图子类型

12）直方图

直方图可清晰地展示出数据的分类情况和各类别之间的差异，为分析和判断数据提供依据。直方图的子类型如图7-49所示。

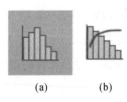

　　（a）　　　　（b）

图7-49　直方图的子类型

（1）直方图。直方图（见图7-49（a））针对一列数据即可创建，Excel将计算每个数据箱中的数据点数，根据数值的大小进行自动分组，并标注分类标签。可通过配置直方图箱的方法来调整分类范围的间隔，右键单击图表的水平坐标轴，单击"设置坐标轴格式"，然后单击"坐标轴选项"，打开如图7-50所示的"设置坐标轴格式"窗格。直方图的核心就在"坐标轴选项"中，这里有6个选项："按类别"选项用于当类别（水平坐标轴）是基于文本而不是数字时，此时直方图会对相同类别进行分组并对值坐标轴中的值求和；"自动"选项是直方图的默认设置，箱宽度通过使用Scott正态引用规则计算；"箱宽度"选项可为每个区域中的数据点输入数字，该宽度指的是数值的分组跨度；"箱数"选项用于为直方图输入箱数，包括溢出箱和下溢箱；"溢出箱"选项用于为高于右侧框中的值的所有值创建箱；"下溢箱"选项用于为低于或等于右侧框中的值的所有值创建箱。我们通过自定义箱宽度的方式设置每个箱子的宽度。

（2）排列图。排列图（见图7-49（b））又称帕累托图，是按照发生频率大小顺序绘制的直方图，表示有多少结果是由已确认类型或范畴的原因造成的。该图在反映质量问题、展现质量改进项目等领域有广泛应用。排列图中的柱形代表每个因素的频数（出现的次数），折线图是累计百分比，最终值一定要落在100%上。将直方图进行排序，基本上就变成了排列图，同时排列图还有一条表示累计百分比的折线。因此可以说，排列图是直方图的增强版。

图7-50 "设置坐标轴格式"窗格

13）箱形图

箱形图又称盒须图，用来显示从数据到四分位点的分布，突出显示平均值和离群值。箱形可能具有可垂直延长的名为"须线"的线条，这些线条用来指示超出四分位点上限和下限的变化程度，处于这些线条或须线之外的任何点都被视为离群值。箱形图常用于统计分析，例如，可以使用箱形图比较医疗试验结果或教师的测验分数。箱形图的子类型只有一个，如图7-51所示。

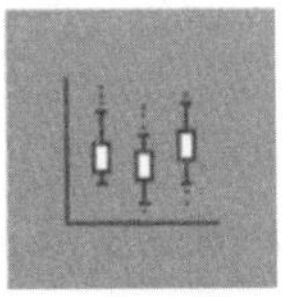

图7-51 箱形图的子类型

14）瀑布图

瀑布图又称桥梁图，用来显示加上或减去值时的累计汇总。在理解一系列正值和负值对初始值（例如，净收入）的影响时，这种图非常有用。瀑布图的列采用彩色编码，可以快速将正数与负数区分开来。初始值列和最终值列通常从水平轴开始，而中间值是浮动列。瀑布图的子类型只有一个，如图7-52所示。

15）组合图

以列和行的形式排列的数据可以绘制为组合图。组合图将两种或更多图类型组合在一起，以便让数据更容易理解，特别是当数据变化范围较大时。由于采用了次坐标轴，所以这种图更容易看懂。组合图的子类型如图7-53所示。

（1）簇状柱形图-折线图和簇状柱形图-次坐标轴上的折线图。簇状柱形图-折线图

（见图7-53（a））不带有次坐标轴，簇状柱形图－次坐标轴上的折线图（见图7-53（b））带有次坐标轴。这种图综合了簇状柱形图和折线图，在同一个图中将部分数据系列显示为柱形，将其他数据系列显示为线。

图7-52 瀑布图的子类型

(a)　　　(b)　　　(c)　　　(d)

图7-53 组合图的子类型

（2）堆积面积图－簇状柱形图。这种图（见图7-53（c））综合了堆积面积图和簇状柱形图，在同一个图中将部分数据系列显示为堆积面积，将其他数据系列显示为柱形。

（3）自定义组合。这种图（见图7-53（d））用于组合要在同一个图中显示的多种图。使用时，不同的数据系列可从给定的图类型中选择其一。

16）迷你图

迷你图是放入单个单元格中的小型图，每个迷你图代表所选内容中的一行数据。Excel提供了三种迷你图类型，包括折线图、柱形图和盈亏图，使用时按需要选择。插入迷你图时，首先选中数据区域，然后从"插入/迷你图"功能区中选择需要的迷你图类型，在随后弹出的"创建迷你图"对话框中输入或选择放置迷你图的区域，一般选择对应各数据行的单元格区域列来存放，便于观察数据趋势。

17）三维地图

Excel中可使用地图来比较值并跨地理区域显示类别。数据中含有地理区域（如国家/地区、省/自治区/直辖市、县或邮政编码）时使用地图。使用"插入/演示/三维地图"插入此图，具体方法请查阅联机帮助文档。

2. 创建图表

图7-54 "销售单"工作表

以图7-54所示"销售单"工作表中的数据为例演示如何创建图表，统计某型号产品二月和三月的销售数量。

首先，选取A3:A6列区域作为X轴上的项，选取C3:D6单元格区域作为Y轴数据。选定数据后，执行"插入/图表/柱形图"命令，选择"三维簇状柱形图"即可创建图表。产品二月和三月的销售数量如图7-55所示。

需要提醒，在实际应用时，应根据数据展示需求选择合适的图表类型。根据创建图表存放位置的不同，图表分为嵌入式图表与独立图表。嵌入式图表是指图表作为一个对象与其相关的工作表数据存放在同一个工作表中；独立图表则以一种工作表的形式插在工作簿中，打印输出时，独立工作表占一个页面。嵌入式图表与独立图表的创建操作基本相同，均利用"插入/图表"命令组完成,创建完成后可使用"设计/位置/移动图表"命令、右键菜单的"移动图表"命令,或者F11功能键来确定图表的存放位置,默认情况为嵌入式图表。

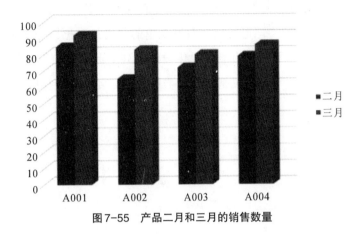

图7-55 产品二月和三月的销售数量

3. 编辑和修改图表

创建图表后,可根据需要对图表类型、图表布局以及图表上展示的元素进行修改,也可对图表数据进行更换、重新选择或编辑。这些功能可使用功能区命令、图表右侧的三个快捷命令或右键菜单中的相应命令来辅助完成。

1)修改图表

选中图表绘图区,利用"图表工具/设计"功能区的"类型"命令组中的"更改图表类型"命令,或者在右键菜单中选择"更改图表类型"命令,即可修改图表类型;利用"图表样式"命令组可改变图表的颜色和样式;利用"图表布局"命令组中的"添加图表元素"命令可选择图表中需要显示的元素,"快速布局"命令则可改变图表布局。图7-56所示为修改图表类型、版面、样式、颜色和图表元素之后的图表。

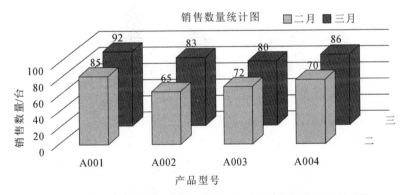

图7-56 修改图表类型、版面、样式、颜色和图表元素之后的图表

可使用右键菜单中的"设置绘图区格式"命令打开"设置绘图区格式"窗格,在其中可对坐标轴、绘图区、图表标题、图表区以及数据系列进行格式设置。另外,还可使用"图表工具/格式"选项卡提供的各个功能区中的命令对图表进行外观修饰,以更好地表现

图表。

2）编辑图表

更换图表数据系列或向图表中添加源数据时，首先选中绘图区，利用"图表工具/设计/数据"命令组中的"选择数据"，也可选择右键菜单的"选择数据"命令或图表右侧的"图表筛选器"命令来实现，即可重新确定可视化数据系列。此时可打开如图7-57所示的"选择源数据"对话框，在其中可添加或删除图表数据系列、编辑图例项名称、编辑水平分类轴标签或切换行/列数据。

图7-57　"选择数据源"对话框

删除图表中的数据时，如果要同时删除工作表和图中的数据，只要删除工作表中的数据，图将会自动更新。如果只从图表中删除数据，可在图表上单击所要删除的图表数据系列，按Delete键即可完成。利用"选择源数据"对话框（见图7-57）中的"图例项（系列）"标签选项卡中的"删除"按钮也可以进行图表数据系列的删除。

7.2.6　工作表中的数据操作

Excel提供了强大的数据组织和分析功能，此时往往要求以数据清单的形式输入数据。数据清单由标题行（表头）和数据部分组成，其中的行相当于数据库中的记录，行标题相当于记录名；数据清单中的列相当于数据库中的字段，列标题相当于字段名。

1. 数据排序

1）利用"数据"选项卡下的升序、降序按钮进行排序

图7-58所示为对工作表中"某公司人员情况"数据清单的内容按照主要关键字"年龄"的递减次序进行排序的结果。排序时，首先选定数据清单中的E2单元格，即"年龄"字段。然后，选择"数据/排序和筛选"命令组，单击降序按钮，即可完成排序。

2）利用"数据/排序和筛选/排序"命令

例如，对工作表中"某公司人员情况"数据清单的内容按照主要关键字"部门"的递增次序和次要关键字"组别"的递减次序进行排序时，首先选定数据清单区域，然后选择"数据/排序和筛选/排序"命令，弹出如图7-59所示的"排序"对话框，再利用该对话框对

216

数据清单进行排序。

	A	B	C	D	E	F	G	H	I
1	序号	职工号	部门	组别	年龄	性别	学历	职称	基本工资
2	9	W009	销售部	S2	37	女	本科	高工	5500
3	10	W010	开发部	D3	36	男	硕士	工程师	3500
4	3	W003	培训部	T1	35	女	本科	高工	4500
5	5	W005	培训部	T2	33	男	本科	工程师	3500
6	4	W004	销售部	S1	32	男	硕士	工程师	3500
7	8	W008	开发部	D2	31	男	博士	工程师	4500
8	1	W001	工程部	E1	28	男	硕士	工程师	4000
9	2	W002	开发部	D1	26	女	硕士	工程师	3500
10	7	W007	工程部	E2	26	男	本科	工程师	3500
11	6	W006	工程部	E1	23	男	本科	助工	2500

图7-58 利用排序按钮对数据清单进行排序

图7-59 利用"排序"对话框对数据清单进行排序

在"主要关键字"下拉列表框中选择"部门"、"升序";单击"添加条件"命令,在新增的"次要关键字"中选择"年龄"、"降序",单击"确定"按钮即可排序。

利用"排序"对话框可实现更加复杂的排序。可灵活地添加条件、复制条件和删除条件,还可对排序方向(按行排序或按列排序)、是否区分大小写以及排序方法(按字母排序或按笔画排序)进行设置。

3)自定义排序

用户也可以不按字母或数值等常规排序方式,而根据需求自行设置。如果用户对数据的排序有特殊要求,可以使用"排序"对话框(见图7-59)内的"次序"下拉菜单下的"自定义序列"选项所弹出的对话框来完成。

4)排序数据区域选择

Excel允许对全部数据区域和部分数据区域进行排序。如果选定的数据区域包含所有的列,则对所有数据区域进行排序,如果所选的数据区域没有包含所有的列,则仅对已选定的数据区域排序,未选定的数据区域不变。注意,这种情形有可能会引起数据错误。

5)恢复排序

如果希望将已经过多次排序的数据清单恢复到排序前的状况,可以在数据清单中设置"记录号"字段,内容为顺序数字1、2、3、4……,无论何时,只要按"记录号"字段升序排列即可恢复为排序前的数据清单。

2. 数据筛选

数据筛选是根据设置的条件对数据进行筛选，Excel 提供了自动筛选和高级筛选两种方法。

1) 自动筛选

（1）单字段条件筛选。

单字段条件筛选只针对一个字段设置条件，如图 7-60 所示，对工作表"某公司人员情况"数据清单的内容进行自动筛选，条件为：职称为高工。具体操作时，首先选定数据清单区域，选择"数据/排序和筛选/筛选"命令，此时，工作表中数据清单的列标题全部变成下拉列表框。打开"职称"下拉列表框，可以看到所有的输入数据项，用鼠标选中"高工"，单击"确定"按钮即可。

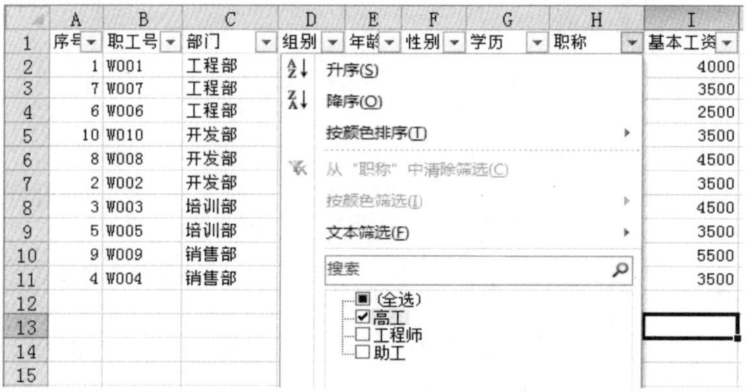

	A	B	C	D	E	F	G	H	I
1	序号	职工号	部门	组别	年龄	性别	学历	职称	基本工资
2	1	W001	工程部	升序(S)					4000
3	7	W007	工程部	降序(O)					3500
4	6	W006	工程部						2500
5	10	W010	开发部	按颜色排序(T)				▶	3500
6	8	W008	开发部	从"职称"中清除筛选(C)					4500
7	2	W002	开发部	按颜色筛选(I)				▶	3500
8	3	W003	培训部	文本筛选(F)				▶	4500
9	5	W005	培训部						3500
10	9	W009	销售部	搜索				🔍	5500
11	4	W004	销售部	☑ (全选)					3500
12				☑ 高工					
13				☐ 工程师					
14				☐ 助工					
15									

图 7-60　单字段自动筛选

（2）多字段条件筛选

多字段条件筛选是指筛选条件为两个以上。例如，对工作表"某公司人员情况"数据清单的内容进行自动筛选，需同时满足两个条件，条件一为：年龄大于等于 25 并且小于等于 40；条件二为：学历为硕士或博士。此时，首先以单字段条件筛选方式筛选出满足条件一的数据记录；在条件一筛选出的数据清单内，以单字段条件筛选方式筛选出满足条件二的数据记录。根据条件，逐个字段进行条件设置，筛选出如图 7-61 所示的结果。

	A	B	C	D	E	F	G	H	I
1	序号	职工号	部门	组别	年龄	性别	学历	职称	基本工资
2	1	W001	工程部	E1	28	男	硕士	工程师	4000
5	10	W010	开发部	D3	36	男	硕士	工程师	3500
6	8	W008	开发部	D2	31	男	博士	工程师	4500
7	2	W002	开发部	D1	26	女	硕士	工程师	3500
11	4	W004	销售部	S1	32	男	硕士	工程师	3500

图 7-61　筛选结果

（3）取消筛选。

取消筛选结果时，选择"数据/排序和筛选"功能区的"清除"命令，或者在筛选对象的下拉列表框中选择"全选"即可取消筛选，恢复所有数据。在"筛选"命令为选中状态下，再次单击该命令，即可取消所有列标题的下拉列表框。

2）高级筛选

Excel 的高级筛选方式主要用于多字段条件筛选。使用高级筛选必须先建立一个条件区域，用来编辑筛选条件。条件区域的第一行是所有作为筛选条件的字段名，这些字段名必须与数据清单中的字段名完全一样。条件区域的其他行用来输入筛选条件，"与"关系的条件必须出现在同一行内，"或"关系的条件不能出现在同一行内。

例如，对工作表"某公司人员情况"数据清单的内容进行高级筛选，需同时满足两个条件，条件一为：年龄大于等于25并且小于等于40；条件二为：学历为硕士或博士。

具体筛选时，首先在某个区域输入高级筛选的条件；然后选择工作表的数据清单区域；再选择"数据/排序和筛选"功能区的"高级"命令，弹出如图7-62所示的"高级筛选"对话框。在其中，选择"在原有区域显示筛选结果"（此时，筛选后的数据将覆盖原数据）或"将筛选结果复制到其他位置"（此时，对话框中的"复制到"栏将变为有效的，使用其单元格区域选择按钮或在该栏中输入展示筛选数据的位置），利用单元格区域选择按钮确定列表区域（数据清单区域）和条件区域（筛选条件区域），单击"确定"按钮即可完成高级筛选。

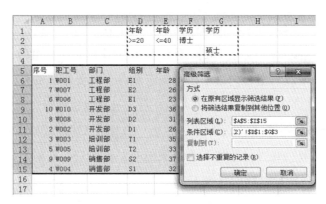

图7-62　高级筛选

需要提醒的是，在"数据/排序和筛选"功能区有"重新应用"命令，该命令可对当前区域重新应用筛选和排序，一般包含用户所做的更改。

3. 数据分级显示

Excel 中的分类汇总功能通过为所选单元格区域自动添加合计或小计来汇总多个相关数据行。利用"数据/分级显示"功能区的"分类汇总"命令创建分类汇总。例如，对工作表"某公司人员情况"数据清单的内容进行分类汇总，汇总计算各部门基本工资的平均值，即分类字段为"部门"，汇总方式为"平均值"，汇总项为"基本工资"，汇总结果显示在数据下方。

首先，按主要关键字"部门"递增或递减次序对数据清单进行排序。然后选择"数据/分级显示/分类汇总"命令，弹出如图7-63所示的"分类汇总"对话框，在其中选择分类字段为"部门"，汇总方式为"平均值"，选定汇总项为"基本工资"，再选中"汇总结果显示在数据下方"。单击"确定"按钮即可完成分类汇总，结果如图7-64所示。分类汇总后，其结果会根据实际情况分级显示。单击工作表左边列表树的"-"号即可隐藏该部门的数据记录，只留下该部门的汇总信息，此时，"-"号则变成"+"号；单击"+"号时，即可将隐藏的数据记录信息显示出来。通过单击级别序号或者使用"数据/分级显示"功能区的"隐藏明细数据"和"显示明细数据"命令按钮也能实现以上功能。

图7-63 "分类汇总"对话框

1 2 3		A	B	C	D	E	F	G	H	I
	1	序号	职工号	部门	组别	年龄	性别	学历	职称	基本工资
	2	1	W001	工程部	E1	28	男	硕士	工程师	4000
	3	7	W007	工程部	E2	26	男	本科	工程师	3500
	4	6	W006	工程部	E1	23	男	本科	助工	2500
	5			工程部 平均值						3333.3333
	6	10	W010	开发部	D3	36	男	硕士	工程师	3500
	7	8	W008	开发部	D2	31	男	博士	工程师	4500
	8	2	W002	开发部	D1	26	女	硕士	工程师	3500
	9			开发部 平均值						3833.3333
	10	3	W003	培训部	T1	35	女	本科	高工	4500
	11	5	W005	培训部	T2	33	男	本科	工程师	3500
	12			培训部 平均值						4000
	13	9	W009	销售部	S2	37	女	本科	高工	5500
	14	4	W004	销售部	S1	32	男	硕士	工程师	3500
	15			销售部 平均值						4500
	16			总计平均值						3850

图7-64 分类汇总结果

创建分类汇总后，用户可根据自身的需求对工作表中的汇总进行组的创建和删除。选中需要添加的组单元格区域，执行"数据/分级显示/创建组"命令组的"创建组"命令即可完成组的创建，单击"取消组合"命令即可将组删除。需要提醒的是，创建组的命令比较灵活，在当前分类汇总的基础上，创建组可以在行上进行，也可以在列上进行。

要取消分类汇总默认的分级显示效果，执行"数据/分级显示/取消组合"命令组的"清除分级显示"命令即可。此时，分类汇总结果仍旧保留，只是取消了分级显示效果，如果要恢复分级显示效果，执行"数据/分级显示/创建组"命令组的"自动建立分级显示"命令即可。如果要彻底删除已经创建的分类汇总，选中数据区域后重新打开"分类汇总"对话框，单击其中的"全部删除"按钮即可。

另外需要补充说明的是，对于数据列表，可以创建最多8个级别的分级显示。每个内部级别在分级显示符号中由较大的数字表示，它们分别显示其上一级别的明细数据，例如1级是最高级，2级次之，以此类推。

4. 数据合并

数据合并可以对来自不同源数据区域的数据进行汇总，并进行合并计算。不同数据源区域是指同一工作表中、同一工作簿的不同工作表中、不同工作簿中的数据区域。数据合并是通过建立合并表的方式来进行的。

利用"数据/数据工具"命令组的"数据合并"命令实现数据合并。例如，现有同一工作簿的"1分店"和"2分店"的4种型号产品一月、二月、三月的"销售量统计表"数据清单，位于工作表"销售单1"和"销售单2"中，如图7-65所示。现需新建工作表，计算出两个分店4种型号的产品一月、二月、三月每月销售量总和。

图7-65　两个分店的销售量统计表

首先在本工作簿中新建工作表"合计销售单"数据清单，数据清单字段名与源数据清单相同，第一列输入产品型号，选定用于存放合并计算结果的单元格区域B3:D6，如图7-66所示。单击"数据/数据工具/合并计算"命令，弹出如图7-67所示的"合并计算"对话框，在"函数"下拉列表框中选择"求和"，在"引用位置"下拉按钮下选取"销售单1"的B3:D6单元格区域，单击"添加"，再选取"销售单2"的B3:D6单元格区域并单击"添加"。注意，当选择"浏览"时，可以选取不同工作表或工作簿中的引用位置，若选中"创建指向源数据的链接"，则当源数据变化时，合并计算结果也随之变化。另外，若选中"首行"和"最左列"两个复选框，则表示当前选定区域中包含行标签和列标签。完成引用等设置后，点击"确定"按钮即可实现合并计算，结果将显示在"合计销售单"工作表的B3:D6区域。

图7-66　新建合计销售单工作表　　　　图7-67　"合并计算"对话框

5. 数据透视表

数据透视表是计算、汇总和分析数据的强大工具，可从工作表的数据清单中提取信息，帮助用户了解数据的对比情况、模式和趋势。它还可以对数据清单进行重新布局和分类汇总，并能立即计算出结果。在建立数据透视表时，须考虑如何汇总数据。

利用"插入/表格"功能区的命令可以完成数据透视表的建立。其中，"推荐的数据透视表"命令提供了Excel根据数据自动给出的数据透视方案供用户选择；"数据透视表"命令则用来自定义数据透视方法。

给定如图7-68所示"销售数量统计表"工作表中的数据清单，现欲建立数据透视表，显示各分店各型号产品销售量的和、总销售额的和以及汇总信息。

首先，选择“销售数量统计表”数据清单的“A2:E10”数据区域，单击“插入/表格/数据透视表”命令，打开如图7-69所示的“创建数据透视表”对话框。

	A	B	C	D	E
1	销售数量统计表				
2	经销店	型号	销售量	单价（元）	总销售额（元）
3	1分店	A001	267	33	8811
4	2分店	A001	273	33	9009
5	1分店	A002	271	45	12195
6	2分店	A002	257	45	11565
7	2分店	A003	232	29	6728
8	1分店	A003	226	29	6554
9	2分店	A004	304	63	19152
10	1分店	A004	290	63	18270

销售数量统计表

图7-68　销售数量统计表

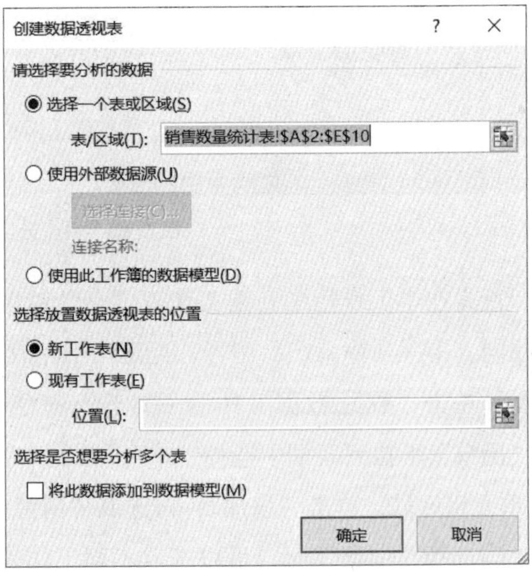

图7-69　“创建数据透视表”对话框

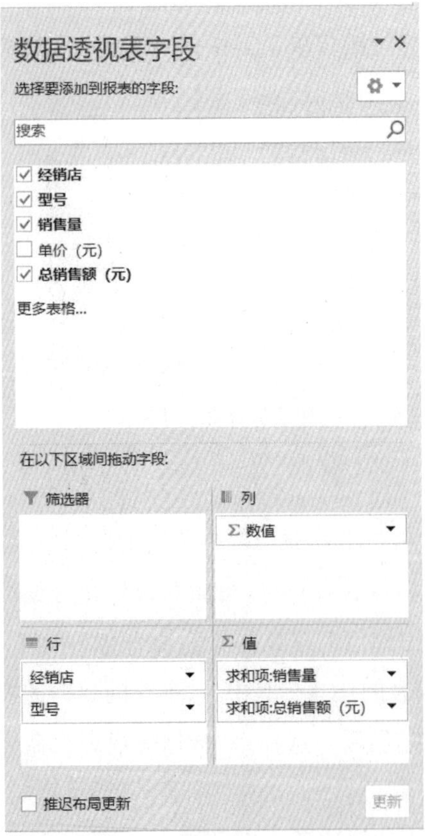

图7-70　“数据透视表字段”窗格

在“创建数据透视表”对话框中，可对已选择区域进行重新调整，确定创建数据透视表的数据区域之后，即可在“选择放置数据透视表的位置”选项下选择“现有工作表”，通过单元格区域选择切换按钮选择放置数据透视表的位置，单击“确定”按钮，弹出如图7-70所示的“数据透视表字段”任务窗格和未完成的数据透视表，同时“数据透视表工具”菜单也随之出现，包括“分析”和“设计”两个选项卡。

在“数据透视表字段”窗格的字段列表中点选数据透视表需用字段，该字段将被自动放置在下方的“行”标签区域，可使用鼠标将其拖动到其他区域，或使用右键快捷菜单来移动。确定数据透视表的列标签、行标签和需要处理的方式后，在所选择放置数据透视表的位置处即显示出完成的数据透视表。当按照图7-70所示的设置可获得如图7-71所示的数据透视表。

建立数据透视表之后，通过鼠标拖动来调节字段的位置可以快速获取不同的统计结果，即表格具有动态性。例如在图7-70中，当将"型号"字段移至"列"标签区域，将"数值"移至"行"标签区域时，可获得如图7-72所示的数据透视表。从该图中，能够透视1分店和2分店对各型号产品的销售对比情况。

行标签	求和项:销售量	求和项:总销售额（元）
⊟1分店	1054	45830
A002	271	12195
A003	226	6554
A004	290	18270
⊟2分店	1066	46454
A001	273	9009
A002	257	11565
A003	232	6728
A004	304	19152
总计	2120	92284

图7-71 完整的数据透视表

	列标签 ▾				
行标签 ▾	A001	A002	A003	A004	总计
求和项:销售量	267	271	226	290	1054
求和项:总销售额（元）	8811	12195	6554	18270	45830
2分店					
求和项:销售量	273	257	232	304	1066
求和项:总销售额（元）	9009	11565	6728	19152	46454
求和项:销售量汇总	540	528	458	594	2120
求和项:总销售额（元）汇总	17820	23760	13282	37422	92284

图7-72 完整的数据透视表

建立数据透视表之后，将自动出现"分析"和"设计"两个选项卡。使用这两个选项卡提供的各功能区命令可以对数据透视表进行透视表重新设置和编辑工作。"分析"选项卡提供的"数据透视表"功能区中可对数据透视表重新命名；执行"选项"命令组的"选项"命令，或者选中数据透视表，单击鼠标右键，可弹出如图7-73所示的"数据透视表选项"对话框，利用对话框的选项可以改变数据透视表布局和格式、汇总和筛选项以及显示方式等。

在"分析"选项卡的"活动字段"功能区中，"活动字段"栏显示活动字段及其计算方式；"字段设置"命令将打开"值字段设置"对话框，在其中可对活动字段名称、值汇总方

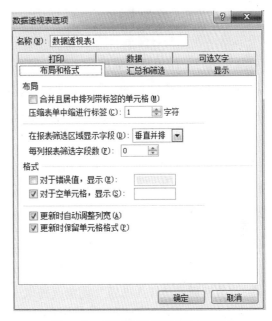

图7-73 "数据透视表选项"对话框

式和值显示方式进行设置；"向下钻取"命令将显示此项目的子项；"向上钻取"命令将显示此项目的上一级；"展开字段"命令展开活动字段的所有项；"折叠字段"则用来折叠活动字段的所有项。

在"分析"选项卡的"分组"功能区中，"组选择"命令用于创建包含所选项的组；"组字段"命令用于将数字字段或日期字段分组；"取消组合"命令将之前组合的一组单元格取消组合。

在"分析"选项卡的"筛选"功能区中，"插入切片器"命令将打开"插入切片器"对话框，其中列出了当前透视表中的相关字段，可选择某些字段进行数据切片查看，从而直观地筛选数据；"插入日程表"命令使用日程表控件以交互式筛选数据，该命令只针对包含

日期格式数据的透视表有效;"筛选器连接"命令用来管理数据透视表连接到哪些筛选器。

在"分析"选项卡的"数据"功能区中,"刷新"命令可从连接到活动单元格的来源获取最新数据;"更改数据源"用于更改此数据透视表的源数据。

在"分析"选项卡的"操作"功能区中,"清除"命令用来删除字段、格式和筛选器;"选择"命令用来选择一个数据透视表元素,如标签、值、整个透视表等;"移动数据透视表"命令将此透视表移至工作簿的其他位置。

在"分析"选项卡的"计算"功能区中,"字段、项目和集"用来创建和修改计算字段和计算项;"OLAP工具"命令将使用连接到 OLAP(OnLine Analysis Processing,联机分析处理)数据源的数据透视表;"关系"用来创建或编辑表格之间的关系,以便在同一份报表中显示来自不同表格的相关数据。

在"分析"选项卡的"工具"功能区中,"数据透视图"命令用来插入与此数据透视表中的数据绑定的数据透视图;"推荐的数据透视表"命令将显示 Excel 推荐的数据透视表,可从中选择一组适用的数据透视表。需要说明,执行"数据透视图"命令时,Excel 会自动根据当前的数据透视表生成一个图表并切换到图表中,并随之出现"数据透视图工具"菜单,其中包括"分析"、"设计"和"格式"三个选项卡,提供相应的数据、筛选和样式编辑功能。

"分析"选项卡的"显示"功能区中,"字段列表"命令用来显示或隐藏"数据透视表字段"窗格;"+/-按钮"命令用来显示或隐藏"+/-"按钮,利用该按钮可展开或折叠数据透视表内的项目;"字段标题"命令用来显示行或列的字段标题。

在"设计"选项卡下,"布局"功能区提供了"分类汇总"命令组用来显示或隐藏小计、显示或隐藏总计、调整报表布局、在每个分组项之间添加一个空行以突出显示组等功能;"数据透视表样式选项"功能区提供了勾选功能以确定是否显示行标题、列标题、镶边行、镶边列;"数据透视表样式"则提供了若干样式供用户选择应用。

6. 数据预测

Excel 在"数据/预测"功能区提供了"模拟分析"和"预测工作表"进行数据预测。"模拟分析"提供了"方案管理器"、"单变量求解"和"模拟运算表"命令,为工作表中的公式尝试各种值;"预测工具表"将创建新的工作表来预测数据趋势。

1) 方案管理器

"方案管理器"可用来创建不同的值或方案组,并在它们之间进行切换。方案是一组值,用户可以创建不同的值组并将其保存为方案,然后在这些方案之间切换以查看不同的结果。该命令将打开如图 7-74 所示的"方案管理器"对话框。

点击"添加"将打开"添加方案"对话框,在其中给定方案名,并选定"可变单元格",在此可选定一个单元格区域(用来替换用户输入的不同方案的区域),"确定"后将打开"方案变量值"对话框，用户在此对话框中输入一组替代值，"确定"后即返回图7-74所示对话框，在此点击"显示"，则使用替代方案中变量的公式会重新计算。

需要注意，在"方案变量值"对话框中，还可设置对方案的保护，"防止更改"选项可防止在工作表受保护时对方案进行编辑；"隐藏"选项用来防止在工作表受保护时显示方案。

不同工作表或不同工作簿中的方案可合并到一个工作簿中。在图7-74所示对话框中，使用"合并"功能可将其他工作表或工作簿中的方案导入到当前工作表。用户完成所有所需的方案后，还可以使用"摘要"功能创建一个方案摘要报告，其中合并了来自所有方案的信息。

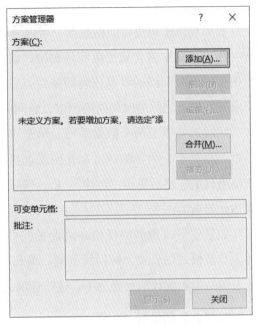

图7-74 "方案管理器"对话框

2）单变量求解

如果知道从公式获得的结果，但不确定公式获取该结果所需的输入值，即可使用单变量求解功能。执行"单变量求解"命令后，打开"单变量求解"对话框，在其中，为"目标单元格"选定放置计算结果的单元格，在"目标值"栏输入用户理想的目标数值，再选定存放用来计算目标数据的变量单元格之一作为"可变单元格"，"确定"即可为理想目标值查找正确的变量输入。

值得一提的是，单变量求解仅适用于一个变量输入值。如果要接受多个输入值，则需使用规划求解加载项。

3）模拟运算表

模拟运算表的主要作用是根据一组已知变量值和已有的计算模型，自动生成另一组与变量值相应对的运算结果。这里，一组变量值是指对应于同一变量（假设为x）的多个值，其中的一个值为已参与计算的值（记为x_0），其他值均尚未参与计算（记为$x_1, x_2, \cdots, x_n$），是需要模拟计算的输入值；已有计算模型指以x为自变量的计算公式（假设为y），其中已计算出的值记为y_0，其对应变量为x_0。

执行"模拟运算表"命令前，首先要选定单元格区域，该区域必须包括一组待模拟的变量值$x_1, x_2, \cdots, x_n$以及计算公式单元格y_0，且要求选定的两列区域起止点相同。注意，如果该组变量值$x_1, x_2, \cdots, x_n$在同一列，则意味着将来在另一列产生模拟结果（与y_0在同一列）；如果该组变量值在同一行，则模拟结果也产生在另一行（与y_0在同一行）。执行命令打开"模拟运算表"对话框，根据将输出的结果是在行还是列，选择"输入引用行的单元格"

或者"输入引用列的单元格",并将变量 x_0 所在的单元格的绝对引用输入其输入栏,或使用单元格区域选择命令按钮到工作表中选定,"确定"后即得到模拟计算结果。

4)预测工作表

如果有基于历史时间的数据,可以将其用于创建预测。创建预测时,Excel将创建一个新工作表,其中包含历史值和预测值,以及表达此数据的图表。此时,数据清单的一个系列中要包含时间线的日期或时间条目,另一个系列中要包含对应的值。需要注意,时间线要求其数据点之间的时间间隔恒定,时间间隔可以是年、月、日或者某个数值。

同时选择以上两个数据系列,单击"预测工作表"命令,打开"创建预测工作表"对话框,在其中,为预测的可视化图表选择一个线条图或柱形图,在"预测结束"框中,挑选结束日期,然后单击"创建"。Excel即创建一个新工作表来包含历史值和预测值表格以及表达此数据的图表。

如果要更改预测的任何高级设置,单击"选项",在其中设置预测开始时间、置信区间、季节模式的长度、时间线范围、填充缺失点的方式、对时间戳相同的数据的处理方式、是否包括预测统计信息等选项。这些选项的具体设置方法,请参考相关帮助文件。

7. 导入外部数据

Excel中可直接导入其他类型文件数据,这些外部数据可来源于Access数据库、网站、文本、SQL Server等。使用"数据/获取外部数据"功能区实现数据导入。数据导入后即可建立与外部数据的连接,此时可使用"数据/获取外部数据/现有连接"命令来找到该连接并导入数据源中的数据表单。值得一提的是,只要是保存在本地计算机的工作簿中导入了外部数据,即使该工作簿关闭了,当前工作簿中仍然可以使用"现有连接"命令找到外部数据的连接。

导入数据后,可使用"数据/连接"功能区提供的命令刷新数据、显示数据连接、指定数据源连接和格式属性,以及编辑链接。同时还可使用出现的"设计"选项卡中提供的功能查看表名称、汇总数据、刷新数据、导出数据、修改表格样式等。如果选择其中的"外部表数据/取消链接"则会断开当前表与数据源之间的连接,该表将不再保持更新。

另外,使用"数据/获取和转换"功能区命令可以导入外部数据库中的查询进行使用,包括将查询加载到Excel以创建图表和报表、查看此工作簿中的查询列表、创建连接到选定的Excel表格的新查询,以及管理并连接到最近使用的数据源。导入的查询将显示在一个新工作表中,此时将自动出现"设计"和"查询"两个选项卡,"设计"选项卡中的功能前述已提及,"查询"选项卡中提供了查询编辑、刷新、复制、引用、合并、追加等功能。

除了上述若干数据分析功能之外,Excel提供了Power Pivot功能,利用它可进一步增强数据分析和建模功能,利用高级数据连接选项,在整个组织中有效共享数据。执行"数据/数据工具/管理数据模型"命令能够打开Power Pivot选项卡,关于其使用的详细信息,请参阅帮助文件。

7.2.7　工作表打印

Excel 中可以一次打印一个或几个 Excel 工作表和工作簿，也可以打印部分工作表。由于 Excel 数据版面比较特殊，打印工作表时往往需要首先设置打印区域，打印前查看打印预览，以打印出理想的效果。

1. 页面布局

Excel 中，可使用"页面布局"选项卡的"页面设置"和"工作表选项"功能区提供的命令对显示和打印页面进行设置，同时，"视图"选项卡的"工作簿视图"功能区提供的"页面布局"命令也可辅助完成标题、页眉页脚、页边距的设定。

1）设置页面

选择"页面布局/页面设置"命令组中的命令或单击"页面设置"命令组右下角的扩展按钮，弹出如图 7-75 的"页面设置"对话框，可以进行页面的打印方向、缩放比例、纸张大小以及打印质量的设置。对话框还提供了"选项"命令用来进行打印机设置；"打印预览"命令用来预览打印效果；"打印"命令进行打印输出。

图 7-75　"页面设置"对话框

2）设置页边距

选择"页面设置/页边距"命令组，可以选择已经定义好的页边距，也可以利用"自定义边距"选项，利用弹出的"页面设置"对话框（见图7-75），设置页面中正文与页面边缘的距离，在"上"、"下"、"左"、"右"数值框中分别输入所需的页边距数值即可。

3）设置页眉和页脚

利用"页面设置"对话框（见图7-75）的"页眉/页脚"标签，打开"页眉/页脚"选项卡，在"页眉"和"页脚"的下拉列表框中选择内置的页眉格式和页脚格式。如果要自定义页眉或页脚，可以单击"自定义页眉"和"自定义页脚"按钮，在打开的对话框中完成所需的设置即可。要删除页眉或页脚，选定要删除页眉或页脚的工作表，在"页眉/页脚"选项卡中，在"页眉"或"页脚"的下拉列表框中选择"无"即可。

页眉和页脚的设置还可点击"视图/工作簿视图/页面布局"命令，将打开页面布局视图，利用出现的"页眉和页脚工具/设计"选项卡来设计页眉和页脚，点击页眉或页脚的不同占位框区域，输入需要显示的文本内容或者从"页眉和页脚元素"功能区中点选欲放置的元素。需要补充说明的是，在该页面布局视图中，可通过拖拽上下箭头或左右箭头的方式来修改页边距。同时，该页面布局视图显示的外观也是打印输出的样子，相当于打印预览。

4）设置工作表

通过点选"工作表选项"命令组"网格线"和"标题"的相应选项，来设置页面显示或打印时外观。也可利用"页面设置"对话框（见图7-75）的"工作表"选项卡来对工作表外观进行详细设置，可以利用"打印区域"右侧的切换按钮选定打印区域；可利用"打印标题"右侧的切换按钮选定行标题或列标题区域，为每页设置打印行或列标题；利用"打印"栏设置有否网格线、行号列标和批注等；利用"打印顺序"设置"先行后列"还是"先列后行"等。

另外，还可利用"页面设置/打印区域/设置打印区域"命令将选中区域设置为打印区域。若要设置多个打印区域，按住Ctrl键的同时选择区域即可，每个打印区域将打印在各自的页面上。设置好的打印区域可通过"页面设置/打印区域/取消打印区域"命令取消。

使用"页面设置/背景"可为某工作表插入背景图片，以增加个性设置。插入的背景可通过"页面设置/删除背景"命令进行删除。

5）分页

使用"页面设置/分隔符"命令组可插入、删除以及重新设置分页符。分页符可将工作表拆分为单独页面来进行打印，Excel会根据纸张大小、边距设置、缩放选项等插入自动分页符，使用虚线表示。若要替代Excel插入的自动分页符，可以插入手动分页符、移动现有的手动分页符或删除任何手动插入的分页符。用户自行调整的分页符显示为实线。若要按所需的确切页数打印工作表，可以在打印工作表之前调整工作表中的分页符。

分隔符可在"视图/普通"视图下插入，但 Excel 推荐使用"视图/分页预览"视图来插入和调整分页符。在分页预览视图中，可便利地查看所做的其他更改（如纸张方向和格式更改）如何影响自动分页符，而且，插入的分页符可直接拖拽调整其位置。需要注意的是，当移动自动分页符时，会将其更改为手动分页符。自动分页符不能被删除，当使用"页面设置/分隔符/重设所有分页符"命令时，所有手动分页符都将被删除，恢复至初始自动分页状态。

2. 打印预览和打印

在打印之前，最好先进行打印预览观察打印效果，然后再打印，Excel 提供的"打印预览"功能在打印前能看到实际打印的效果。打印预览功能可利用"页面设置"对话框（图 7-75）中的"打印预览"命令实现，也可使用上述的"视图/分页预览"或"视图/页面布局"两个视图来观察。另外，当执行"文件/打印"菜单命令时，在右侧预览框中也可对工作表进行打印预览。

页面设置和打印预览完成后，即可对工作表和工作簿进行打印。单击"文件/打印"命令，或"页面设置"对话框中的"打印"命令完成打印，此时可选择要打印的对象是活动工作表、整个工作簿，还是选定区域。

需要补充说明的是，Excel 在"数据/数据工具"功能区提供了"关系"命令，可用来创建或编辑不同表格之间的关系，以在同一份报表上显示来自不同表格的相关数据。

7.2.8　保护和隐藏数据

为了保证数据的安全性，特别是企业内部的重要数据，或为了防止自己精心设计的格式与公式被破坏，Excel 提供了数据保护和隐藏功能，以保护工作簿、工作表以及单元格不被修改。

1. 保护数据

1）保护工作簿

工作簿的保护含两个方面：一是保护工作簿，防止他人非法访问，此时可设置密码进行保护，防止他人打开文件；二是禁止他人对工作簿的非法操作，此时可对工作簿结构进行保护，防止其他用户对工作簿结构进行随意调整。

（1）保护工作簿打开权限。

要保护访问某工作簿的权限，可通过"文件/信息/保护工作簿"命令，打开如图 7-76 所示下拉菜单，选择其中的"用密码进行加密"命令即可。加密后，只能够使用密码才能打开工作簿。

也可通过执行"文件/另存为"命令实现工作簿加密，打开"另存为"对话框，单击其中的"工具"下拉列表框，单击列表中的"常规选项"，出现"常规选项"对话框，在"打开权限密码"栏中输入密码，单击"确定"，再输入一次密码，单击"确定"按钮，则退回到"另存为"对话框，再单击"保存"按钮即可。

图7-76 "保护工作簿"菜单

（2）设置为只读权限。

如果仅需要限制对工作簿的修改，可选择"保护工作簿"菜单（见图7-76）中的"标记为最终状态"。标记为最终状态的工作簿，只能阅读不能修改，如要取消只读状态可再次"保护工作簿/标记为最终状态"。

限制对工作簿的修改，还可以在上述"另存为/工具/常规选项"对话框的"修改权限密码"栏中输入密码。这时，再次打开工作簿，将出现"密码"对话框，输入正确的修改权限密码后才能对该工作簿进行修改操作，否则只能以只读方式打开工作簿，注意此时仍能对工作簿进行编辑，但不能保存在原工作簿中。如果要修改密码，在"常规选项"对话框的"打开权限密码"编辑框中键入新密码并单击"确定"按钮；如果要取消密码，按"Delete"键删除打开权限密码，然后单击"确定"按钮。

（3）保护工作簿结构。

如果要对工作簿结构进行保护，即不允许对工作簿中的工作表进行移动、删除、插入、隐藏、取消隐藏、重新命名，可执行"审阅/更改/保护工作簿"命令，出现"保护结构和窗口"对话框，在其中选中"结构"复选框，表示保护工作簿的结构，工作簿中的工作表将不能进行移动、删除、插入等操作。键入密码，即可以防止他人取消工作簿保护，单击"确定"即完成对工作簿结构的保护。要取消这种保护，可以再次执行"审阅/更改/保护工作簿"命令，输入密码，确定即可。需要提醒的是，在"保护工作簿"对话框中的"窗口"复选框只对Excel 2016 for Mac有效，该设置将禁止对工作簿窗口的移动、缩放、隐藏、取消隐藏等操作。

保护工作簿结构还可使用"保护工作簿"菜单（见图7-76）中的"保护工作簿结构"命令来实现。点击该命令同样可呼出"保护结构和窗口"对话框，保护密码设置方式如上所述。

2）保护工作表

除了保护整个工作簿外，也可以保护工作簿中的当前工作表。具体操作是，使要保护的工作表成为当前工作表；选择"审阅/更改/保护工作表"命令，出现"保护工作表"对话框；选中"保护工作表及锁定的单元格内容"复选框，在"允许此工作表的所有用户进行"下提供的选项中，选择允许用户操作的项。与保护工作簿一样，为防止他人取消工作表保护，可以键入密码，单击"确定"按钮。如果要取消对工作表的保护，单击"审阅/更改/取消工作表保护"命令即可。

保护当前工作表还可使用"保护工作簿"菜单（见图7-76）中的"保护当前工作表"命令来实现。点击该命令同样可呼出"保护工作表"对话框，保护密码设置方式如上所述。

3）保护单元格

保护工作表中的单元格，可以锁定单元格不允许他人编辑，也可将不希望他人看到的单元格中的公式隐藏，隐藏后在选择该单元格时公式不会出现在编辑栏内。需要注意，只有保护工作表后，锁定单元格或隐藏公式才有效。

选定待锁定的单元格或单元格区域，执行"开始/单元格/格式/锁定单元格"命令即可实现单元格或单元格区域的锁定。或者，执行"开始/单元格/格式/设置单元格格式"命令或右键菜单"设置单元格格式"命令，打开如图7-32所示的"设置单元格格式"对话框，在其中的"保护"选项卡中选中"锁定"，单击确定即可。要隐藏单元格公式，选定需要隐藏公式的单元格，在如图7-32所示的"设置单元格格式"对话框中，选中"保护"选项卡中的"隐藏"选项，单击"确定"即可。

选定待锁定或隐藏公式的单元格或单元格区域后，执行"开始/单元格/格式/保护工作表"命令或"审阅/更改/保护工作表"命令，完成工作表保护即可。

要取消锁定或公式保护，选中该单元格或单元格区域，执行"开始/单元格/格式/取消工作表保护""审阅/更改/取消工作表保护"命令，可撤销锁定单元格或保护公式。

另外，执行"审阅/更改"命令组中还提供了其他几个命令用来实现数据的保护和共享，"允许用户编辑的区域"命令可以设置允许用户编辑的单元格区域，让不同的用户拥有不同编辑工作表的权限，达到保护数据的目的；"共享工作簿"命令允许其他用户可以同时处理该工作簿；"保护并共享工作簿"命令则可共享工作簿并使用密码保护对工作簿的修订。

"文件/保护工作簿"选项中还提供了"限制访问"和"添加数字签名"功能，"限制访问"命令可授予用户不同的访问权限，同时限制其编辑、复制和打印的能力；"添加数字签名"则可通过添加不可见的数字签名来确保工作簿的完整性。

2. 隐藏数据

除了上述对工作簿及其中元素进行保护之外，也可以赋予"隐藏"特性，Excel提供了隐藏功能，可隐藏工作簿窗口、工作表、行或列。被隐藏起来的对象可以使用，但其内容不可见，从而得到一定程度的保护。

执行"视图/窗口/隐藏"命令，可以隐藏工作簿窗口，隐藏工作簿工作窗口后，屏幕上不再出现该工作簿，但可以引用该工作簿中的数据。如果要取消隐藏，在其他打开的工作簿中执行"视图/窗口/取消隐藏"命令，在打开的对话框中选择需要取消隐藏的工作簿即可。

执行"开始/单元格/格式/隐藏和取消隐藏/隐藏工作表"命令，或者鼠标移至工作表标签处执行右键菜单的"隐藏"命令，可实现对选定工作表的隐藏。隐藏工作表后，屏幕上不再出现该工作表，但可以引用该工作表中的数据。如果要取消隐藏，执行"开始/单元格/格式/隐藏和取消隐藏/取消隐藏工作表"命令或者鼠标移至工作表标签处执行右键菜单的"取消隐藏"命令，在随后出现的对话框中选择要取消隐藏的工作表即可。需要注意，如果已对工作簿实施"结构"保护，则不能隐藏其中的工作表。

隐藏工作表的行或列的方法与工作表类似，首先选中行或列，执行"开始/单元格/格式/隐藏和取消隐藏"命令组中对应的"隐藏行"或"隐藏列"命令，或者鼠标移至选中行或列后执行右键菜单的"隐藏"命令，实现对行或列的隐藏。隐藏后的行或列将不再显示，但可以引用其中单元格的数据，行或列隐藏处出现一条黑线。取消隐藏可双击隐藏处，可通过拖拽的方式重新显示隐藏的行或列，也可参考上述工作表的相关操作实现。

7.3　PowerPoint

PowerPoint容易使用，界面友好，能够插入各种图形图像、音频和视频素材，获得幻灯片式的演示效果，比较适用于学术交流、演讲、工件汇报、辅助教学和产品展示等需要多媒体演示的场合。

7.3.1　PowerPoint 2016简介

PowerPoint是演示文稿制作软件，一个演示文稿一般由一张以上幻灯片组成，其扩展名为".pptx"。PowerPoint 2016的工作界面如图7-77所示，由标题栏、功能区、幻灯片视图区、状态栏等区域组成。在该界面中，所有的命令都通过功能区直接呈现出来，用户可以快速找到想要使用的命令。

图中各部分简要说明如下。

① 为标题栏，显示正在编辑的演示文稿的文件名以及软件名称，还包括标准的"最小化"、"还原"、"关闭"以及"功能区显示选项"按钮。

② 为快速访问工具栏，在此提供常用的命令，例如"保存"、"撤销"、"恢复"、"编号"等。快速访问工具栏的末尾是一个下拉菜单，可在其中添加其他常用命令，还可以设置快速访问工具栏的显示位置。

③ 为"文件"菜单，收集了对演示文稿本身的命令，例如"新建"、"打开"、"另存为"、"打印"和"关闭"等。

④ 为功能选项卡和功能区，包括"开始"、"插入"、"设计"、"切换"、"动画"、"幻灯

片放映"、"审阅"、"视图"、"格式"等若干功能选项卡及其对应的功能区，幻灯片制作编辑等工作所需的命令均位于此处。

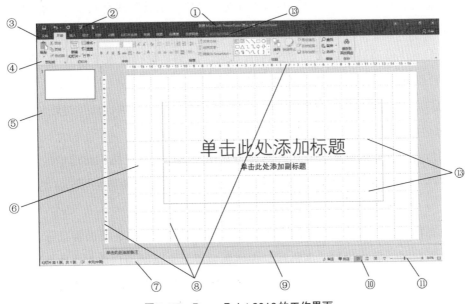

图7-77　PowerPoint 2016 的工作界面

"开始"选项卡中包括剪贴板、幻灯片、字体、段落、绘图和编辑六个组，主要用于帮助用户插入幻灯片并进行内容编辑和格式设置，是用户最常用的功能区。

"插入"选项卡包括幻灯片、表格、图像、插图、加载项、链接、批注、文本、符号和媒体十个组，主要用于在幻灯片中插入各种元素。

"设计"选项卡包括主题、变体和自定义三个功能区，主要用于选择和设置演示文稿或幻灯片主题，以及设置背景和幻灯片大小等。

"切换"选项卡包括预览、切换到此幻灯片、计时三个组，用于设置片间动画及其效果，并进行预览。

"动画"选项卡包括预览、动画、高级动画和计时四个组，用于设置片内动画及其效果，并进行预览。

"幻灯片放映"选项卡包括开始放映幻灯片、设置和监视器三个功能区，专门用于设置幻灯片放映等相关操作。

"审阅"选项卡包括校对、见解、语言、中文简繁转换、批注、比较和墨迹七个组，主要用于对演示文稿进行校对、审阅和比较等操作，适用于多人协作制作演示文稿。

"视图"选项卡包括演示文稿视图、母版视图、显示、显示比例、颜色/灰度、窗口和宏等七个组，主要用于制作和编辑母版、选择操作窗口的视图类型等操作。

"格式"功能板块平常不显示，只有涉及相关操作时才显示。例如插入一张图片后，当鼠标点击该图片时，"格式"板块立即自动显示，其中提供了用于编辑当前对象的功能。

开发人员还可添加"开发工具"功能模块,该模块默认不显示,只有点击"文件/选项"命令打开"PowerPoint选项"窗口,并在其中的"自定义功能区"对应的"主选项卡"下面提供的功能选项中勾选"开发工具"后才会显示。"开发工具"共有六个小功能区块,分别为代码、加载项、控件、映射、保护和模板,用于开发VBA程序。

另外,用户还可通过安装第三方插件的方式,添加其他功能板块,如图7-77中的"雨课堂"和"百度网盘",即为第三方提供的功能版块。

⑤ 为幻灯片缩略图窗格,可浏览幻灯片的缩略图,在此可执行选择幻灯片、复制幻灯片、删除幻灯片等操作,点击某幻灯片可实现切换操作。

⑥ 为幻灯片窗格,也称幻灯片工作区,可显示左侧缩略图窗格中已选中的某张幻灯片,并可对其内容、版式等进行编辑,用户的演示文稿编辑工作中的绝大部分工作均在此窗口完成。

⑦ 为状态栏,用于显示工作窗口等相关信息,如幻灯片张数、错误信息等。

⑧ 为水平标尺、垂直标尺、网格线,提供视觉提示来帮助用户放置文本和幻灯片对象。可通过"视图/显示"功能组中的"标尺"和"网格线"复选框来打开或关闭。

⑨ 为备注窗格,用来添加备注,备注可以在演讲的过程中提示演讲者,以免忘记重要细节。

⑩ 为视图按钮,单击某一按钮可切换至其视图方式下,这里包括四个按钮,包括普通视图、幻灯片浏览视图、阅读视图和幻灯片放映视图。在普通视图状态下,还多出备注和批注两个按钮,分别用于开关备注区以及批注窗格。

⑪ 为缩放拖放条,通过拖动中间的缩放滑块来更改当前幻灯片的缩放设置。

⑫ 为帮助搜索框,当本机连接互联网时,将自动连接PowerPoint在线帮助;当断开网络时,将为用户展示本机安装PowerPoint时装载的本地帮助信息。

⑬ 为占位符,占位符是幻灯片上用于文本、图形、视频内容等预设格式的位置。一般在"幻灯片母版"视图中设置占位符的格式,在"普通"视图中使用占位符,即向占位符添加内容。在幻灯片上,占位符显示为带有虚线或阴影线边缘的框,在这些框内可以放置标题、正文、图表、表格和图片等对象。占位符可以像文本框一样进行移动或调整大小。单击占位符边框,按"Delete"键或使用鼠标右键菜单均可删除已选定的占位符。

使用PowerPoint提供的强大功能可创建内容丰富、色彩多变、动感流畅的演示文稿。而一个好的演示文稿,其内容不在多,贵在精炼;色彩不在多,贵在和谐;动画不在多,贵在需要。

7.3.2 基本操作

PowerPoint基本操作包括建立新演示文稿、保存演示文稿、退出演示文稿以及对演示文稿中的幻灯片进行操作，即输入和编辑幻灯片内容、设置动画等。

1. 启动和退出 PowerPoint

直接双击桌面上的 PowerPoint 图标，从"开始"菜单找到 PowerPoint 2016 应用程序，或者通过右键快捷菜单选择"新建/Microsoft PowerPoint 演示文稿"均可启动 PowerPoint。

要退出 PowerPoint，右键单击任务栏上的 PowerPoint 图标并选择"关闭窗口"。当桌面上只有一个演示文稿打开时，可单击窗口右上角的"×"按钮，可在关闭文件的同时退出 PowerPoint。注意，对于做过修改的工作簿，退出 PowerPoint 时需确认是否要保存更改。

2. PowerPoint 演示文稿基本操作

启动 PowerPoint 后，系统会自动启动新建演示文稿导航，用户可选择"空白演示文稿"，或者从模板集中选择某个模板，即可新建一个演示文稿，用户可在保存该演示文稿时重新为其命名。使用"文件/新建"菜单创建新的演示文稿时执行同样的操作。

如果没有从现有模板集中找到理想的模板，可在搜索框中输入关键字，点击"搜索"按钮搜索联机模板，选择需要的模板后点击导航页面的"创建"即可新建一个与模板文件一致的演示文稿。用户也可将已编辑好的演示文稿另存为 PowerPoint 模板，此时，该模板将被收录在"个人"选项卡中，新建文件时可供选择。

打开已有演示文稿可以：① 直接找到目标文件所在位置后双击打开；② 通过"文件/打开"菜单命令，找到目标演示文稿所在位置，双击该文件或选择文件后点击"打开"。

演示文稿被修改后，使用快捷访问工具栏中的"保存"按钮、使用"文件/保存"或"文件/另存为"命令均可保存文件，也可在"文件/选项"打开的对话框中设置自动保存时间间隔以实现演示文稿的自动保存。要关闭一个演示文稿，单击"文件/关闭"命令即可。

PowerPoint 允许同时打开多个演示文稿并在它们之间切换，方法包括：① 单击任务栏上的 PowerPoint 图标，选择目标文件；② 使用"视图/窗口"功能区的命令实现。"切换窗口"命令可直接选择要切换到的目标文件；"全部重排"将目前所有打开的演示文稿全部排放在桌面上，双击某演示文稿的标题条即切换到该文件；"层叠"命令用来查看在屏幕上重叠的所有打开的窗口，双击某演示文稿的标题条即切换到该文件；"新建窗口"将为当前的演示文稿打开另一个窗口，以便用户可同时在同一演示文稿的不同位置工作；③ 使用"Alt+Tab"快捷键来切换演示文稿，此时需要注意的是，该快捷键可用来切换所有桌面上打开的应用程序。

3. 演示文稿视图

1）普通视图

普通视图是演示文稿主要的工作编辑视图，可用于撰写和设计演示文稿。普通视图的工作区域包括幻灯片窗格、幻灯片缩略图窗格和备注窗格。

幻灯片窗格显示的是当前幻灯片的大视图，是编辑幻灯片内容的场所。在幻灯片窗格中，可以为当前幻灯片添加文本，插入图片、表格、SmartArt图形、图表、图形对象、文本框、电影、声音、超链接和设置动画等。

幻灯片缩略图窗格显示的是幻灯片窗格中每个完整幻灯片的缩略图。使用缩略图能方便地遍历演示文稿，并观看任何设计更改的效果。在这里，还可以轻松地重新排列、添加、复制或删除幻灯片。注意，当鼠标指向幻灯片缩略图窗格与幻灯片窗格的分隔条时，鼠标指针将变为所有箭头的形式，此时左右拖动即可改变两个窗格的大小，也可以显示或隐藏左窗格。隐藏左窗格时，只显示"缩略图"字样，单击它旁边的箭头即可展开缩略图窗格。

备注窗格可以为当前幻灯片添加注释，该注释虽然在放映幻灯片时不会出现，但可在演示者视图中进行查阅，也可以用作打印形式的参考资料。注意，当鼠标指向备注窗格的上边框时，指针变为上下箭头，此时拖动边框可以改变幻灯片窗格和演讲者备注空间的大小。

使用"视图/窗口/移动拆分"命令，可以同时调整普通视图中三个窗格的大小。执行命令后，一个上下左右箭头形式的光标将定位在三个窗格交界处，此时使用键盘上的上、下、左、右箭头键来移动拆分它们，达到理想状态时，按"Enter"键返回到幻灯片窗格。

2）大纲视图

"大纲"选项卡以大纲形式显示幻灯片文本。在大纲窗格中显示演示文稿的文本内容和组织结构，不显示图形、图像、图表等对象。大纲视图是撰写演示文稿内容的理想场所，在这里可以设计大纲，计划如何表述它们，并能移动幻灯片和文本。

在大纲视图下编辑演示文稿，可以调整各幻灯片的前后顺序；在同一张幻灯片内可以调整标题的层次级别和前后次序；也可以将某幻灯片的文本复制或移动到其他幻灯片中。

3）幻灯片浏览视图

在"视图"选项卡单击"演示文稿视图"组中的"幻灯片浏览"按钮，切入幻灯片浏览视图。幻灯片浏览视图是以缩略图形式显示幻灯片的视图。在幻灯片浏览视图的屏幕上，可以同时看到演示文稿中所有按顺序以缩略图形式排列的幻灯片。此时可以通过鼠标调整幻灯片的次序或进行插入、复制、删除幻灯片等操作。

4）备注页视图

备注页视图主要用于为演示文稿中的幻灯片添加备注内容或对备注内容进行编辑修改，在该视图模式下无法对幻灯片的内容进行编辑。切换到备注页视图后，页面上方显示当前幻灯片的内容缩览图，下方显示备注内容占位符。单击该占位符，向占位符中输入内容，即可为幻灯片添加备注内容。

5）阅读视图

阅读视图是演示文稿的最后效果，以动态的形式显示演示文稿中的各个幻灯片。一般当演示文稿创建到一个段落时，即利用该视图来查看演示文稿的效果，可以对不满意的地方及时进行修改。如果要更改演示文稿，可随时从阅读视图切换至某个其他视图，单击阅读视图窗口右下角的视图按钮，即可在各视图之间切换。

6）幻灯片放映视图

幻灯片放映视图以全屏方式播放幻灯片，就像实际的演示一样。在此视图中所看到的演示文稿就是观众将要看到的效果。用户可以看到实际演示中图形、计时、影片、动画效果和切换效果的状态。在创建演示文稿的时候，用户可以随时通过单击窗口右下方的"幻灯片放映"按钮从当前幻灯片开始放映，执行"幻灯片放映/开始放映幻灯片/从当前幻灯片开始"命令也可实现同样的功能。若要退出幻灯片放映视图，可按"Esc"键。

4. 演示文稿编辑

演示文稿编辑操作包括幻灯片的插入、选定、删除、复制、粘贴、选择和替换等。PowerPoint提供了实现这些操作功能的工具，帮助用户高效、精准地完成演示文稿的编辑任务。

1）插入幻灯片

幻灯片是组成演示文稿的基本单位，新建一个演示文稿后将自动添加一张幻灯片。插入一张幻灯片有三种方式，一是在普通视图下，将鼠标定位在左侧窗格需插入新幻灯片的位置，然后按下回车键；二是执行"开始/幻灯片/新建幻灯片"或"插入/幻灯片/新建幻灯片"命令，将在当前幻灯片之后插入新幻灯片；三是按"Ctrl+M"组合键，也将在当前幻灯片之后插入新幻灯片。

如果要直接插入复制的幻灯片，可执行"开始/幻灯片/新建幻灯片"命令组中的"复制选定幻灯片"命令，则选定的幻灯片将被复制并将复制的幻灯片插入下方。注意，这里允许选择多张幻灯片，从而实现对多张幻灯片的复制和插入。

如果使用文本编辑工具，例如Word事先编制好了演示文稿的大纲，则可使用"开始/幻灯片/新建幻灯片"命令组中的"幻灯片（从大纲）"命令导入，导入时按文本段落（如果未设置标题级别）分为不同的幻灯片。

此外，PowerPoint还提供了"重用幻灯片"功能，用于重用已有演示文稿的幻灯片。执行"开始/幻灯片/新建幻灯片"命令组中的"重用幻灯片"命令，则打开"重用幻灯片"窗格，在该窗格中，使用"浏览"按钮找到欲重用幻灯片的源演示文稿，则该原始文稿中的幻灯片展示在窗格中，可从中选择欲重用的幻灯片进行插入。注意，如果选中"保留源格式"复选框，则插入的幻灯片使用原来的主题格式。

2）演示文稿分区

像Word引入节的概念一样，PowerPoint中也可以插入分节符。为了高效管理多张幻灯片，往往将同一个内容主题的多张幻灯片作为一个小节进行管理。使用时，将小节开始的幻灯片切换为当前幻灯片，执行"开始/幻灯片/节/新增节"命令即可。也可在普通视图左侧窗格或幻灯片浏览视图中，将光标定位在小节开始的幻灯片前面，单击右键菜单中的"新增节"命令来插入分节符。执行"开始/幻灯片/节/重命名节"命令或者右键菜单中的"重命名节"命令可为该节重新定义名称。如果要删除节，使用"开始/幻灯片/节"或右键菜单中的命令均可实现。

当插入分节符之后，之后直到下一个小节的所有幻灯片都将被分到该小节；之前未被分节的幻灯片将会被默认分节为"默认节"。使用"开始/幻灯片/节"或右键菜单中的命令可对这些小节进行全部折叠、全部展开操作。右键菜单中还包括"向上移动节"、"向下移动节"、"删除节和幻灯片"三个额外的命令。使用鼠标可点击分节处的三角符号对某小节单独进行折叠和展开操作。

3）编辑幻灯片内容

在 PowerPoint 中，编辑幻灯片内容就是向幻灯片中插入某对象的占位符，并对占位符内容进行编辑和调整的过程。与 Word 和 Excel 一样，根据插入对象的不同，PowerPoint 会提供相应的选项卡来设置或操作对象。可以插入的对象包括表格、图片、相册、形状、Smart-Art、图表、加载项、超链接、动作、批注、文本框、页眉和页脚、艺术字、日期和时间、幻灯片编号、由其他应用程序或文件创建的对象、公式、符号、视频、音频等。其中绝大部分对象的插入方法在第 7.1 节中已提及，这里只对尚未叙述过的对象插入方法进行补充。

（1）插入相册。

插入相册功能可使用户创建一个用于显示个人照片或业务照片的演示文稿。相册是通过添加图片创建的，执行"插入/图像/相册"命令组的"新建相册"命令将打开如图 7-78 所示的"相册"对话框。在此对话框中编辑相册内容，单击"插入图片来自"栏目中的"文件/磁盘"命令，打开"插入新图片"对话框，选择要插入相册的图片，然后单击"插入"按钮。注意，既可选择多个文件夹中的图片，也可在一个文件夹下选择若干图片。在"插入文本"区域的"新建文本框"命令可在相册中插入文本框，占据和图片一样大的位置，用来添加用户文本。如果要更改相册中图片的显示顺序，则需要在"相册中的图片"列表框下单击要移动的图片的文件名，然后使用箭头按钮在列表中向上或向下移动该文件。如果选中某个图片后点击"删除"命令，则将该图片从相册中清除。选中某图片后，可在预览窗口看到图片的内容，利用预览窗口下方提供的按钮可对图片进行旋转、调整对比度和亮度操作。在"图片选项"区域，如果选中"标题在所有图片的下面"复选框，则在每个图片的下面都自动添加标题，默认为图片文件名，用户可以在此占位符中键入对相册中的每个图片进行描述的文本。要以黑白方式显示相册中的所有图片，则需选中"所有图片以黑白方式显示"复选框。

在"相册版式"区域，可以在"图片版式"中选择一张幻灯片并放置几幅图片；"相框形状"用来选择相框的形状类型；若要为相册选择主题，则单击"浏览"按钮，然后在

"选择主题"对话框中找到要使用的主题。设置完成后,单击"创建"按钮即可创建一个相册演示文稿。

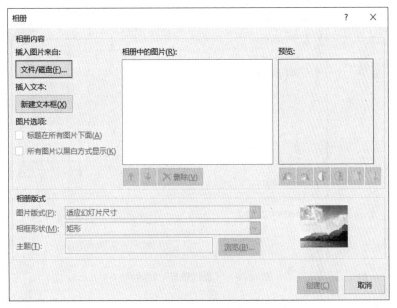

图 7-78 "相册"对话框

创建相册后,即可使用"插入/图像/相册"命令组的"编辑相册"命令对相册进行编辑,"编辑相册"对话框与图 7-78 类似,只是此时"更新"命令替代了"创建"按钮。相册编辑完成后,点击"更新"即可完成对相册演示文稿的更新工作。

插入相册后,可利用出现的"图片工具/格式"对每幅图片进行编辑和格式设置,具体操作方法请参考第 7.1 节的相关内容。

(2)插入动作。

在演示文稿中添加动作,有利于更加灵活地操控和展示用户的资源,例如,在某幻灯片中设置一个动作按钮,点击时可访问下一张幻灯片或特定幻灯片、运行应用或播放视频剪辑等。需要强调的是,幻灯片中可插入的对象绝大部分(批注、超链接、加载项、屏幕录制除外)均可作为动作设置的对象,比如可以是文本框、形状、图片,甚至页眉和页脚中的对象等,动态对象,如视频和音频对象,它们的默认动作是"对象动作/播放"。但是,一般动作设置都以动作按钮为对象,因为这样演示起来更加清晰,用户也更容易记忆。

要插入动作按钮对象,执行"插入/插图/形状"命令,从"形状"库中选择"动作按钮"区域中的某一个动作按钮,即可在当前位置插入一个动作按钮。要设置在幻灯片放映期间的动作,单击插入的对象,执行"插入/链接/动作"命令,即可打开如图 7-79 所示的"操作设置"对话框,在其中可为对象设置鼠标单击时或鼠标悬停时的动作,分别使用"单击鼠标"和"鼠标悬停"两个选项卡实现。

图7-79 "操作设置"对话框

　　针对不同的对象，有不同的动作选项，变灰的选项不可用。例如，对于图7-79中要设置动作的对象来说，可用的动作包括"无动作"、"超链接到"、"运行程序"，当该演示文稿中包含宏时，"运行宏"选项将变为可选项。在该对话框中，还可选中"播放声音"和"单击时突出显示"以增加播放时的听觉和视觉效果，引起听众的注意力。对话框中的"鼠标悬停"选项卡动作设置完成后，点击"确定"按钮即可。

　　需要提醒的是，PowerPoint提供的动作按钮往往代表着某种常用的含义，比如向右箭头表示前进到下一张，向左箭头代表后退到上一张，喇叭符号用于播放声音剪辑，等等。建议用户使用时按照动作按钮的常用含义来为其设置相应的动作，这样便于演讲者记忆。如果用户需要使用具有特殊含义的按钮，可使用其中的"自定义"按钮来自行设计按钮外观。

　　为某对象插入动作后，即可使用出现的"绘图工具/格式"为该对象设置格式，要修改动作内容，则仍需打开图7-79所示的对话框进行修改。

　　（3）插入幻灯片编号、日期和时间。

　　在文本框中插入幻灯片编号或日期和时间时，定位光标后点击"插入/文本/幻灯片编号"或者"插入/文本/日期和时间"命令，即可在当前位置插入当前幻灯片编号、当前日期或当前时间。

　　在幻灯片（文本框之外）上插入幻灯片编号或日期和时间时，仍使用上述命令，此时将打开如图7-80所示的"页眉和页脚"对话框。在该对话框中设置所需选项，点击"应用"，将自动在幻灯片的页脚区域中插入相应的占位符，其中显示幻灯片编号或日期和时间。用户可自行移动这些占位符到其他适宜位置。注意，日期和时间可设置为"自动更新"

或"固定","自动更新"时显示的日期和时间可按演示文稿播放的时间而更新。点击"全部应用",将对所有幻灯片应用该设置,不同的幻灯片编号也不同。

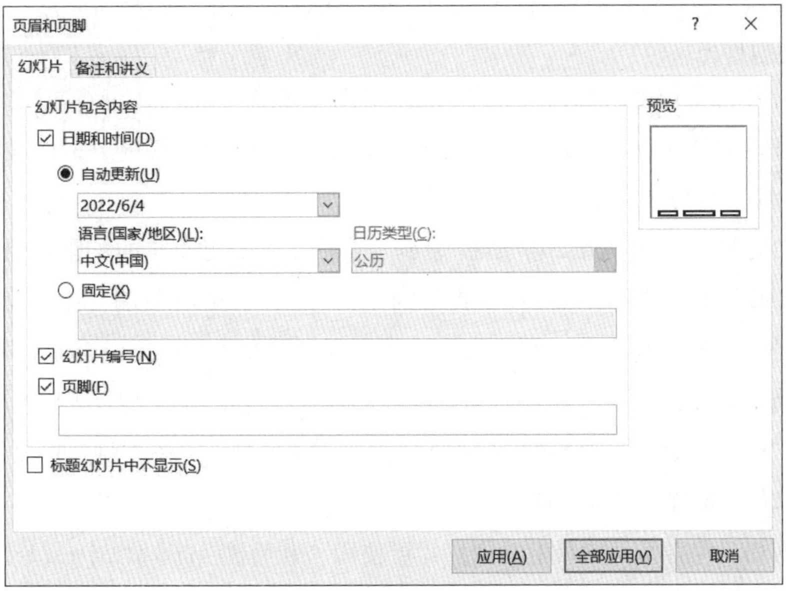

图7-80　"页眉和页脚"对话框

　　需要提醒的是,利用"页眉和页脚"对话框,还可为备注和讲义插入日期和时间,使用"备注和讲义"选项卡即可,使用方法请参考上述内容。

　　(4)插入音频、视频和书签。

　　在幻灯片上插入声音时,将显示一个代表所插入声音文件的图标。若要在演示时播放声音,可以将声音设置为在显示幻灯片时自动开始播放、在单击鼠标时开始播放、在一定的时间延迟后自动开始播放或作为动画序列的一部分播放。

　　用户可以从本地计算机或各种联机来源中寻找并插入音频,也可以使用麦克风自己录制声音。插入音频使用"插入/媒体/音频"命令组中提供的"PC上的音频"和"录制音频"命令来实现。"PC上的音频"命令将打开"插入音频"对话框,找到音频文件所在的位置,选定文件后点击"插入"按钮,幻灯片中将出现小喇叭。"录制音频"命令将打开"录制声音"对话框,录制完成后"确定"按钮,幻灯片中也将出现对应的小喇叭。点击小喇叭,会出现播放操控按钮,同时也将出现"格式"和"播放"选项卡,"格式选项卡"提供了设置外观格式的功能;"播放"选项卡则可用来设置该音频的播放选项、是否在后台播放,还提供了音频裁剪编辑等功能供用户使用。

　　插入音频后,可以添加书签来指示音频剪辑中的兴趣点。书签还可用于触发动画或标记要跳转到视频中的特定位置。在幻灯片上,单击音频剪辑,在剪辑下方的音频控件中,单击"播放"按钮;到达剪切的位置时,单击"暂停"按钮;在"音频工具/播放"选项卡的"书签"组中,单击"添加书签",即在音频当前剪切位置添加了一个书签。如果知道兴趣点所在时间点，也可直接使用鼠标在音频播放条上移动至该时刻后添加书签。删除书签时，执行"音频工具/播放/书签/删除书签"命令即可。

插入视频以及在视频中添加书签的方法与音频相仿，这里不再赘述。

4）编辑幻灯片

选定幻灯片的工作可以在普通视图的左侧缩略图窗格、幻灯片浏览视图或大纲视图中进行。按 Ctrl 键的同时选择可选定多张非连续幻灯片；按 Shift 键可选定连续多张幻灯片；按 "Ctrl+A" 组合键可选定全部幻灯片。

复制幻灯片可以使用"开始/剪贴板/复制"命令组、右键菜单的"删除幻灯片"命令，或者按 "Ctrl+C" 组合键来实现。需要提醒的是，"开始/剪贴板/复制"命令组有两个命令，一个是普通的复制幻灯片命令，它将幻灯片复制到剪贴板待用；另一个命令则会在复制幻灯片的同时将其粘贴到当前幻灯片后面。剪切幻灯片可以使用"开始/剪贴板/剪切"命令、右键菜单的"剪切"命令，或者按 "Ctrl+X" 组合键来实现。删除幻灯片可以使用 Delete 键或者右键菜单的"删除幻灯片"命令。

复制和剪切后保存至剪贴板上的幻灯片可使用"开始/剪贴板/粘贴"命令组、右键菜单"粘贴选项"命令组或者 "Ctrl+V" 组合键粘贴到当前定位位置。PowerPoint 提供的粘贴选项随着对象的不同而变化，一般包括"使用目标主题"、"保留源格式"、"图片"和"只保留文本"。"使用目标主题"选项将调整欲粘贴的幻灯片以匹配目标主题；"保留源格式"选项意味着幻灯片将保留其原始主题格式，而不是目标演示文稿的主题；"图片"选项将幻灯片粘贴为一个图片对象；"只保留文本"选项表示只粘贴文本，且按目标格式粘贴。同时，粘贴命令还提供了"选择性粘贴"子命令，用来打开"选择性粘贴"对话框选择粘贴形式。

移动幻灯片时，选定幻灯片后可使用鼠标直接拖曳到目标位置，也可使用剪切命令将其移至剪贴板后，到目标位置进行粘贴。

隐藏幻灯片时，执行"幻灯片放映/设置/隐藏幻灯片"命令或右键菜单的"隐藏幻灯片"命令即可。注意，当放映幻灯片时，被隐藏的幻灯片将不会出现。

撤销和恢复以及剪贴板格式刷的操作与 Word 中对应功能使用方法相同，请参考第7.1节中的相关内容。文本查找和替换功能需要执行"开始/编辑/查找"命令，该命令将打开"查找"对话框，在其中设置选项；点击其中的"替换"命令则打开"替换"对话框，在"查找"栏输入待替换内容，在"替换为"栏输入欲替换内容。PowerPoint 提供的"开始/编辑/替换"命令组中，除了上述的替换功能外，还提供了替换字体的功能，执行"替换字体"命令，在"替换字体"对话框中选择待替换的字体和欲替换为的字体，点击"替换"命令，则演示文稿中所有使用待替换字体的文本都替换为新选定的字体。

需要补充的是，在"开始/编辑"功能区还提供了"选择"命令，点击下拉箭头打开所有选项，其中"全选"用来选择演示文稿所有文本和对象；"选择对象"用来选择墨迹、形状、文本区域等对象，该功能特别方便处理衬于文字下方的对象；"选择窗格"则打开一个"选择"窗格，可在其中选择对象、设置对象隐藏等。

4. 选项设置

使用"文件/选项"命令即可打开如图 7-81 所示的"PowerPoint 选项"对话框，在该对话框中可设置常规、校对、保存、语言、高级、自定义功能区等选项。大部分选项卡的功能与 Word 选项的设置大同小异，这里只介绍 PowerPoint 中的"高级"选项内容。

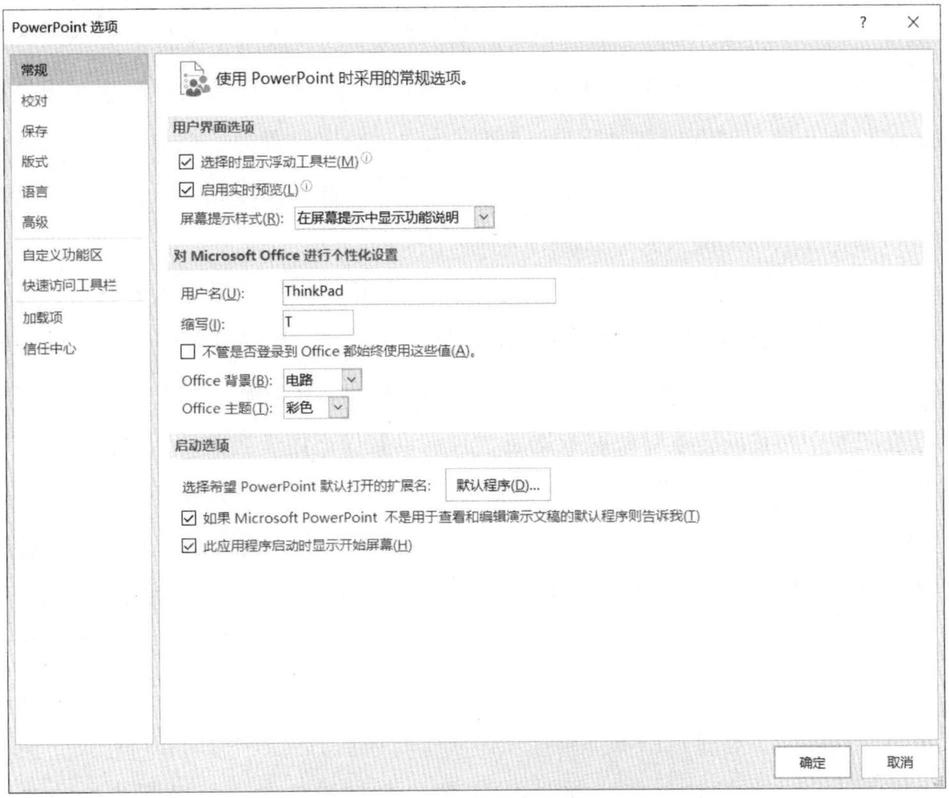

图 7-81 "PowerPoint 选项"对话框

"高级"对应的子窗口中提供了若干选项组，包括"编辑选项"、"剪切、复制和粘贴"、"图像大小和质量"、"图表"、"显示"、"幻灯片放映"、"打印"、"打印此文档时"和"常规"选项组。

在"编辑选项"选项组中，勾选"选定时自动选定整个单词"选项，用来在单击某个单词时选择整个单词，否则在单击某个单词时只选择单词中的单个字母。勾选"允许拖放文本"选项，可通过拖动文本将演示文稿中的文本或从 PowerPoint 复制到另一 Microsoft Office 程序。"自动切换键盘以匹配周围文字的语言"选项用在使用不同语言的文本时，此时 PowerPoint 将自动检测放置插入点的语言，并切换到正确的键盘语言。勾选"不自动超链接屏幕截图"选项，意味着在使用"插入/屏幕截图"以及捕获 Web 浏览器中的图像时，仅仅插入图像本身，而并不使图像成为指向屏幕截图的网页的超链接。在"最多可取消操作数"栏中输入数字可取消更改的次数。

在"剪切、复制和粘贴"选项组中，勾选"使用智能剪切和粘贴"选项时，PowerPoint将自动调整粘贴到演示文稿中的字词和对象的间距。勾选"显示粘贴选项按钮"选项，可显示"粘贴选项"按钮，否则将隐藏"粘贴选项"按钮。"粘贴选项"按钮是与粘贴的文本一起显示的按钮，使用这些按钮，可以快速选择是保留源格式还是仅粘贴文本。

"图像大小和质量"选项组中设置的选项仅适用于当时打开的演示文稿文件。勾选"放弃编辑数据"选项，不保存对插入图片信息做的任何更改，以减小文件的大小，否则将保存更改。勾选"不要压缩文件中的图像"选项，将不对图片进行压缩，一般在用户觉得图片质量比文件大小重要时选中此复选框。"将默认目标输出设置为"栏中预置了默认分辨率的PPI（每英寸像素），PPI是图像分辨率的度量，其值越高，图像越丰富。高保真分辨率可保留图片质量，但可能会增大演示文稿的文件大小。

"图表"选项组中，勾选"所有新演示文稿的属性都遵循图表数据点"选项，可让自定义格式和图表数据标签在图表中移动或更改时跟踪数据点，且该设置将用于此后创建的所有演示文稿。选中"属性遵循当前演示文稿的图表数据点"选项，则让自定义格式和图表数据标签在图表中移动或更改时跟踪数据点，且该设置仅适用于当前演示文稿。

"显示"选项组中，在"显示此数目的最近演示文稿"栏中输入要显示在"最近使用的文档"列表中的最近打开或编辑过的演示文稿的数量。选中"快速访问此数量的最近演示文稿"选项并设置数值时，将在"文件"菜单的最下面显示最近演示文稿的快速访问列表。在"显示此数目的取消固定'最近的文件夹'"栏中输入一个数值，则将在"打开"对话框的"最近"选项卡上显示对应数目的最近文件夹的快速访问列表。勾选"在屏幕提示中显示快捷键"选项卡，可显示所有屏幕提示中的键盘快捷方式。"显示垂直尺"选项可显示垂直标尺，如果不勾选该选项，则在PowerPoint的"视图/显示"功能组中，即使选中"标尺"复选框，也只显示水平标尺，不会显示垂直标尺。勾选"禁用硬件图形加速"选项，将关闭硬件图形加速的使用。勾选"禁用幻灯片放映硬件"选项，将禁止放映幻灯片时使用硬件图形加速功能。勾选"在笔记本电脑或平板电脑上演示时自动扩展显示"选项，将自动扩展计算机的桌面，在演示者的计算机上创建两个单独的监视器：一台监视器是演示者笔记本电脑或平板电脑上的内置屏幕；另一台监视器是连接到演示者的笔记本电脑或平板电脑的显示设备或投影仪。"用此视图打开全部文档"选项用于确定打开演示文稿的视图模式，从列表中选择一个选项，指定每次启动PowerPoint时，所有演示文稿都将在该特定的视图中打开。

"幻灯片放映"选项组中，勾选"鼠标右键单击时显示菜单"选项，将会在"幻灯片放映"视图中右键单击幻灯片时显示快捷菜单。勾选"显示快捷工具栏"选项，可在全屏演示文稿底部显示一个工具栏,允许用户在幻灯片之间导航并应用批注到演示文稿。勾选"退出时提示保留墨迹注释"选项,当在演示期间有绘制墨迹时,系统会提示是否保存更改。勾选"以黑幻灯片结束"选项,会在演示文稿末尾插入黑色幻灯片,否则观众看到的将是演示文稿最后一张幻灯片。

"打印"选项组中,勾选"在后台打印"选项,在打印演示文稿的同时 PowerPoint 仍然工作,清除此复选框可关闭后台打印。勾选"将 TrueType 字体打印为图形"选项,可将字体转换为矢量图形,便于以任何大小或缩放来清晰地打印字体,如果打印质量或可伸缩性对用户来说并不重要,则可清除此复选框。勾选"以打印机分辨率打印插入的对象"选项,允许使用打印机的分辨率来打印插入的对象。选中"高质量"选项,可获得最佳输出,但打印可能需要更长时间。勾选"以打印机分辨率对齐透明图形"选项,可确保透明内容与所有其他内容正确连接,PowerPoint 将使用打印机的分辨率进行打印,如果打印机的分辨率非常高,则可能会降低性能。

"打印此文档时"选项组中,首先需在列表中选择要设置应用到的演示文稿,针对该目标演示文稿进行操作设置。勾选"使用最近使用的打印设置"选项,可根据之前在"打印"对话框中使用的选项打印演示文稿。若勾选"使用以下打印设置",则可在下方为演示文稿选择新的打印设置,在"打印内容"中选择要打印的项;在"颜色/灰度"列表中选择想要的设置;"打印隐藏幻灯片"选项用于打印之前隐藏的幻灯片,若清除此复选框,则仅打印未隐藏的幻灯片;选中"根据纸张调整大小"选项,可缩放幻灯片、讲义或备注页的内容以适合打印的纸张大小,否则将打印默认纸张大小的默认字体和对象大小;勾选"给幻灯片加框"选项,可在每张幻灯片周围添加类似边框的框。

"常规"选项组中,勾选"提供声音反馈"选项,将在出现错误时发出声音。"显示加载项用户界面错误"选项可显示用户界面自定义代码中的错误。

7.3.3 幻灯片设计

设计良好的幻灯片往往需要既能够高效地组织和表达内容,又能够突出主题;整个演示文稿既具有一致的外观,又绚丽多姿,从而能够吸引观众注意力,获得良好的演示效果。幻灯片设计包括幻灯片主题设计、背景设计、母版设计、版式设计等内容。

1. 版面设置

幻灯片版式是一种版面蓝图,它告诉 PowerPoint 在特定幻灯片上使用哪些占位符及其摆放位置。幻灯片版式可包含文本占位符,也可包含图片、图表、表格、视频等其他元素占位符。创建带有占位符的新幻灯片后,可以单击一个占位符,打开插入该类对象所需的控件对占位符内容进行编辑。

创建新幻灯片时,用户可以从 PowerPoint 预先设计好幻灯片版式中进行选择,即从"开始/幻灯片/新建幻灯片"命令组中提供的版式中选择其一。也可以在创建幻灯片之后使用"开始/幻灯片/版式"命令修改其版式。当幻灯片应用一个新的版式时，原有文本和对象仍保留在幻灯片中，往往需要重新调整它们以适应新版式。应用某种版式后，用户也可按自己的需求对幻灯片中的占位符进行删除、添加、重新摆放位置等操作。

幻灯片版式是在幻灯片母版中添加和更改的。当在幻灯片母版中删除、增加或更改某版式时，在"开始/幻灯片/新建幻灯片"命令组中的版式以及在"开始/幻灯片/版式"中的版式都会随之更新。如果母版中的版式不能满足用户需求，用户可在幻灯片母版视图中添加自定义版式。

2. 幻灯片背景和大小设置

用户可按需求设置幻灯片背景和幻灯片大小。更改背景时，可以将这些改变应用于当前幻灯片、所有的幻灯片或幻灯片母版；更改大小时，该调整将应用于演示文稿中所有幻灯片，无法调整演示文稿中一张幻灯片的大小。

1）背景设置

通过更改幻灯片的颜色、阴影、图案或者纹理，可以改变幻灯片的背景。需要注意，每张幻灯片或者母版上只能使用一种背景类型。

选定需要设置背景的幻灯片，在"设计/自定义"命令组中，单击"设置背景格式"按钮，打开如图7-82所示的"设置背景格式"窗格。在该窗格中，可以进行纯色填充、渐变填充、图片或纹理填充等背景设置。另外需要注意，"隐藏背景图形"选项只有在幻灯片母版中添加了背景图形之后才起作用，此时，勾选此选项将隐藏背景图形，否则将显示背景图形。默认情况下，背景格式设置只应用于选定幻灯片，如果在此窗格中点击"全部应用"按钮，则该背景设置将应用于全部幻灯片。

单击"设计/变体"下拉按钮，从命令列表中选择"背景样式"，从列出的背景样式缩略图中选择其一作为背景，或执行其中的"设置背景格式"命令，也可打开如图7-82所示窗格，进行背景格式设置。

需要提醒的是，当改变当前的背景设置时，"重置背景"按钮将变为可用的，如果要返回原始背景，点此按钮即可重置。

2）大小设置

图7-82 "设置背景格式"窗格

设置幻灯片大小时，使用"设计/自定义/幻灯片大小"

命令，选择"标准"或"宽屏"之一，或者点击该组的"自定义幻灯片大小"命令，打开"幻灯片大小"对话框，在其中选择幻灯片大小、设置宽度和高度、设置幻灯片编号起始值，并可设置幻灯片、备注、讲义以及大纲的版面方向。

3. 主题设计

主题是一套统一的设计元素和配色方案，是为演示文稿提供的一套完整的格式集合，其中包括对幻灯片中的标题文字、正文文字、幻灯片背景、强调文字颜色以及超链接颜色等内容的设置。利用主题，可容易地创建出具有专业水准、设计精美、美观时尚的演示文稿。PowerPoint 预定义了 39 种主题，用户可以根据需要使用这些主题，也可在已有主题基础上修改现有的主题，并将修改结果保存为一个自定义的 Office 主题。

应用现有主题库中的主题时，使用"设计/主题"命令组右侧的下拉按钮，在弹出的列表主题样式中选择想要的主题即可。主题颜色包含四种文本和背景颜色、六种强调文字颜色和两种超链接颜色，主题字体则包含标题字体和正文字体。需要提醒的是，当光标移动到某主题缩略图时将显示该主题名称；若直接单击某主题缩略图，则该主题将"应用于所有幻灯片"；而如果右击某主题缩略图，则可以从快捷菜单上选择"应用于所有幻灯片"、"应用于选定幻灯片"、"设置为默认主题"等应用选项。

如果用户对主题颜色方案不满意，可以使用"设计/变体"命令从某个主题的变体方案中选择其一，或者自定义颜色方案。PowerPoint 2016 提供了多种颜色方案，用户单击"变体"命令组中的"颜色"命令，在颜色下拉列表中选择一款颜色方案，此时幻灯片的背景填充颜色、标题文字颜色以及内容文字的颜色将随之改变。需要注意，右键点击某个颜色方案时，可选择"应用于相应幻灯片"、"应用于所有幻灯片"以及"应用于所选幻灯片"选项。如果在颜色下拉列表中选择"自定义颜色"选项，则可打开如图 7-83 所示的"新建主题颜色"对话框自定义颜色方案。方法是，在对话框的"主题颜色"列表中单击某项右侧的下三角按钮，可打开颜色下拉列表，在列表中单击某种颜色或"其他颜色"对颜色进行设置，设置完成后在"名称"文本框中输入当前自定义主题颜色的名称，单击"保存"按钮，幻灯片将应用自定义的主题颜色，同时该颜色将保存在颜色下拉列表中。

如果用户对主题字体集不满意，可使用"设计/变体"命令组中的"字体"命令修改字体。点击下拉箭头，从字体集列表中选择新

图 7-83　"新建主题颜色"对话框

字体集来快速更改演示文稿中的文本字体。需要注意，右键点击某个字体集时，可选择"应用于相应幻灯片"、"应用于所有幻灯片"选项。当点击列表下方的"自定义字体"命令时，将打开如图7-84所示的"新建主题字体"对话框，设置中西文字体。需要注意，为使该设置正常工作，演示文稿中的文本必须使用"正文"或"标题"字体来设置格式。设置完成后在"名称"文本框中输入当前自定义主题字体的名称，单击"保存"按钮，幻灯片将应用自定义的主题字体，同时该字体将保存在字体下拉列表中。

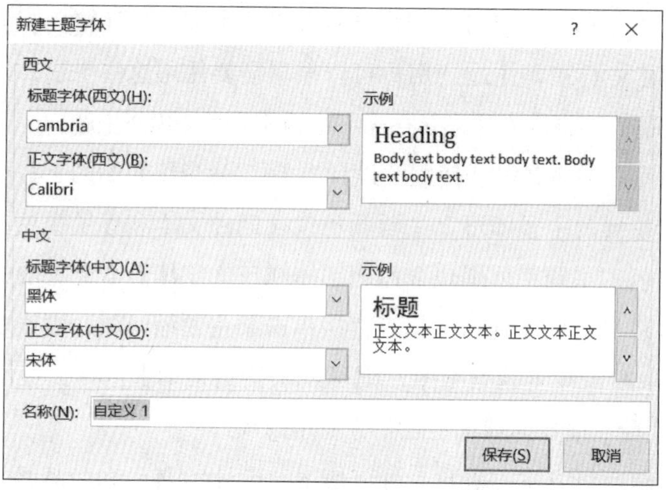

图7-84　"新建主题字体"对话框

　　如果用户对主题效果不满意，可使用"设计/变体"命令组中的"效果"命令修改演示文稿中对象的外观效果。点击下拉箭头，从打开的效果选项列表中选择某个效果方案。每个选项使用不同的边框和视觉效果，例如底纹和阴影，为对象应用不同的外观。需要注意，右键点击某个效果方案时，可选择"应用于相应幻灯片"、"应用于所有幻灯片"选项。

　　用户还可使用"设计/变体"命令列表的"背景样式"命令修改当前主题的背景样式。点击下拉箭头，从列出的背景样式缩略图中选择其一作为主题背景，需要注意，右键点击某个背景缩略图时，可选择"应用于相应幻灯片"、"应用于所有幻灯片"以及"应用于所选幻灯片"选项。或者，执行列表中的"设置背景格式"命令，也可打开如图7-82所示窗格，进行背景格式设置，以获得令人满意的幻灯片外观。

　　同理，还可使用"设计/主题"命令组右侧的下拉按钮，在弹出的列表中选择"浏览主题"，打开"选择主题或主题文档"对话框，找到想要应用的主题或主题文档，点击"打开"，即可导入并应用已有主题。导入的主题也可使用"设计/变体"命令更改其使用的颜色、字体、效果和背景样式等，对一个或多个这样的主题组件所做的更改将立即影响当前演示文稿中已经应用的样式。

　　如果要将这些更改应用到新文档，需要将它们另存为自定义文档主题，使用的命令是"设计/主题/保存当前主题"。

4. 母版编辑

通俗来讲，母版就是一种套用格式。PowerPoint 提供了是三种母版，包括幻灯片母版、讲义母版和备注母版，均收纳在"视图/母版视图"功能区中。

1）幻灯片母版

幻灯片母版是幻灯片层次结构中的顶层幻灯片，用于存储有关演示文稿的主题和幻灯片版式的信息，包括背景、颜色、文本样式、颜色主题、效果、占位符大小和位置等。幻灯片母版控制了应用该母版的所有幻灯片，因此便于整体风格的修改，节约设置格式的时间。每个演示文稿至少包含一个幻灯片母版，每个幻灯片母版都包含一个或多个标准的版式集或自定义的版式集。需要注意的是，若更改母版的版式，所有应用该母版版式的幻灯片都将随之改变。创建和编辑幻灯片母版或相应版式时，在"幻灯片母版"视图下操作，此时在"文件"菜单右边会出现"幻灯片母版"选项卡，有关该视图的命令和操作均收纳在此。完成幻灯片母版设置后，需要执行该选项卡上的"关闭/关闭母版视图"命令，返回到演示文稿视图进行相关操作。

新建一个空白演示文稿，此时将自动应用默认的 PowerPoint 母版。点击"视图/母版视图/幻灯片母版"进入"幻灯片母版"视图。在视图左侧的缩略图中，第一张为基础页，是母版中的母版，对它进行的设置，自动会显示在其余的版式幻灯片中，例如，在母版中插入图片作为背景图形，则其下的版式幻灯片中均会显示该背景图形；第二张一般用于封面，往往需要针对其进行特殊的背景和风格设置。

在"编辑母版"功能区中，"插入幻灯片母版"命令将在演示文稿现有母版的基础上再添加一个新的幻灯片母版，这意味着同一个演示文稿中可以添加多个母版供用户选择使用；"插入版式"命令在幻灯片母版中设置添加自定义版式；"删除"命令用来删除选中的幻灯片版式，注意，不能删除那些已经在演示文稿中应用的版式或者被保留的版式；"重命名"命令对版式进行重命名，方便用户可以在版式库中轻松地找到它；"保留"命令用来保留选择的母版，使其在未被使用的情况下也能留在演示文稿中，不会被删除。

在"母版版式"功能区中，"母版版式"命令将打开如图 7-85 所示的"母版版式"对话框，用来选择要包含在幻灯片母版中的元素，该命令只针对幻灯片母版使用，对于母版下属的幻灯片版式不起作用；"插入占位符"命令组用于在幻灯片版式中添加占位符，单击其下拉箭头可从列表中选择想要添加的特定类型的内容占位符，包括内容、内容（竖排）、文本、文本（竖排）、图片、图表、表格、SmartArt、媒体和联机图像；勾选"标题"选项可显示此版式幻灯片上的标题占位符，否则标题占位符所在位置空缺，用户可自由使用；勾选"页脚"选项可显示此版式幻灯片的页脚占位符，否则将不显示页脚占位

图 7-85　"母版版式"对话框

符，此时插入幻灯片编号、日期和时间或页脚文本元素时也不会显示，因为这些对象默认情况下都放置在页脚中。

在"编辑主题"功能区，"主题"命令组提供了应用主题的功能，使用方法与上述主题设计方法相同。值得注意的是，由于这里的主题设计是针对母版进行的，因此右键点选某主题缩略图时可选择"应用于所选幻灯片母版"和"添加为幻灯片母版"选项。

"背景"功能区提供了对当前主题风格进行自定义的相关命令组，可使用"颜色"、"字体"、"效果"以及"背景样式"命令组快速更改演示文稿外观，使用方法请参考前述相关内容。值得注意的是，由于这里的背景设置是针对母版进行的，因此右键点选某欲用方案时可选择"应用于幻灯片母版"和"应用于所有幻灯片母版"选项，将分别应用于当前母版或该演示文稿中的所有母版。另外，"隐藏背景图形"选项用来隐藏属于母版背景图形，选择某个与隐藏背景图形的版式幻灯片缩略图，选中该选项，则所有使用该版式的幻灯片均不显示母版背景图形。"隐藏背景图形"也可在幻灯片背景格式设置（图7-82）时进行，此时是针对某张幻灯片进行的隐藏背景图形操作。

在"大小"功能区，可使用"幻灯片大小"命令组更改幻灯片大小，其使用方法与上述幻灯片大小设置方法相同。

2）讲义母版

讲义是为了打印的目的，讲义母版的编辑相比幻灯片母版来说要简单。单击"视图/母版视图/讲义母版"命令可打开"讲义母版"视图，同时出现"讲义母版"选项卡。

在"页面设置"功能区中，"讲义方向"命令组用来选择讲义的页面方向是纵向还是横向；"幻灯片大小"命令组用来更改演示文稿中幻灯片大小；"每页幻灯片数量"命令组用来选择要在每个讲义页面上显示的幻灯片数量，点击下拉箭头后即可从选项列表中选择，还可选择"幻灯片大纲"，此时将为打印演示文稿大纲设定母版。

在"占位符"功能区，可勾选或取消四个对象的占位符，包括页眉、页脚、日期和页码。选中这些项时，打印的讲义中将包含这些对象信息，否则将不显示该信息。

在"背景"功能区，可分别使用"颜色"、"字体"、"效果"和"背景样式"命令组提供的功能为讲义设置颜色方案、字体集、对象效果和背景格式，操作方法请参考前述相关内容。

3）备注母版

制作演示文稿时，一般会把需要展示给观众的内容放在幻灯片里，不需要展示的写在备注里，以便用户对照幻灯片准备演讲，备注也可以打印出来。备注母版的编辑与讲义母版编辑类似，其具体操作可参考上述内容。值得注意的是，在"占位符"功能区，备注母版多了"幻灯片图像"和"正文"两个对象，选中时分别表示在备注页上包含幻灯片图片和文本的单独方框。需要提醒的是，放映演示文稿时，如果选中"使用演示者视图"，则包含有备注的演示者视图显示在计算机屏幕上，投影仪屏幕上只显示幻灯片，因此用户可在演示时查看备注，而观众只能看到幻灯片。

一个演示文稿在主题和母版均设计好之后，即形成了一定的风格，此时可将其保存为模板文件，以供重复使用。模板是主题与版式的统一体，它包含了默认样式、文本、布局和格式。保存时，在"保存类型"栏中选择"PowerPoint模板"，保存为模板后文件扩展名为 .potx。

7.3.4　动画设计

演示文稿设计动画方案的目的是让观众将注意力集中在要点上，提升观众的兴趣，同时控制演讲的逻辑顺序。动画设计包括片内动画和片间动画。片内动画是指通过设置幻灯片中对象的动画和声音效果，用来突出重点和控制信息的流程，增强演示文稿的趣味性；片间动画是指切换幻灯片时展示的动画和效果。将二者有机地结合起来，可达成最好的演示效果。

1. 设置片内动画

片内动画是针对幻灯片中的对象设置的，可对文本、图片、形状、表格、SmartArt图形及演示文稿中的其他对象进行动画处理，可使对象显示出现、消失或移动等动画效果，也可以更改对象的大小或颜色等视觉特征。使用"动画"选项卡中的功能区完成动画及其效果设计。动画设计完成后，可使用"预览"功能区中的"预览"命令播放此幻灯片上的动画，以随时查看设计的动画播放效果。为便于设计，可点击"动画/高级动画/动画窗格"命令，打开动画窗格以查看和编辑此幻灯片上的动画及其播放顺序。

1）添加动画

动画设计过程是：首先选择要制作成动画的对象或文本；从"动画"库中选择一种动画方案；使用"效果选项"命令组选择一种效果。

（1）动画设置和删除。

动画效果是选择幻灯片中的文本、图形、图像、图表和其他对象后，在"动画"选项卡的"动画"选项组中，从"动画"下拉列表中选择所需要的动画选项来设置的。Power-Point提供的动画方案及命令如图7-86所示。

选中对象后，即可从方案中选择其一，这些方案包括"进入"、"强调"、"退出"和"动作路径"四个类型。其中，"进入"类方案用来设置对象初次出现在演示屏幕时刻的动画，例如使对象从边缘飞入幻灯片或者浮入演示视图中；"强调"类方案用来展示强调效果的动画，例如使对象缩小或放大、更改颜色或沿着其中心旋转等；"退出"类方案用来设置对象从演示屏幕上消失时的动画，例如使对象飞出幻灯片或者从幻灯片旋出等；"动作路径"则用来指定对象或文本沿行的路径，用户可选用库中给出的路径，也可自行设计路径，它是幻灯片动画序列的一部分。

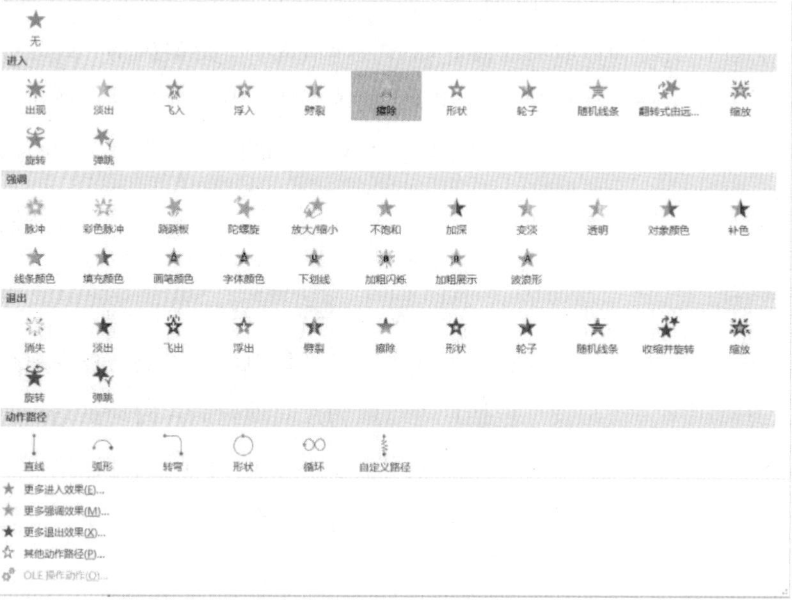

图7-86 动画扩展窗口

　　需要提醒的是，组合在一起的若干对象可作为一个对象进行动画的设置。选择对象并进行组合，可使用"开始/编辑/选择"命令组选择若干对象或按Ctrl的同时选择若干对象后，执行"开始/绘图/排列"中的"组合"命令组命令或执行右键菜单中的"组合"命令组命令；也可在插入对象后，打开出现的"格式"选项卡，选择若干对象后利用其"排列/组合"命令组命令。

　　为某个对象添加动画后，即在该对象左上角出现一个动画数字标识，该数字表示该动画的播放次序。当前动画数字标识以及选中的数字标识均表现为特殊的颜色，可使用Ctrl键或Shift键同时选中多个动画数字标识。选中动画数字标识后，按Delete键即可删除该动画。

　　（2）效果选项设置。

　　为某对象设置动画后，接下来可为其设置效果选项。单击"动画/动画/效果选项"右侧的箭头，从效果列表中选择所需的选项。需要注意的是，不同的动画方案可能对应不同的效果选项，而有的动画方案则不允许设置效果。图7-87所示为"擦除"和"轮子"的动画效果选项。

　　此外，点击"动画"功能区扩展箭头可打开如图7-88所示的其他效果选项。在其"效果"选项卡中，可设置该对象及其动画方案所对应的详细效果选项，例如在图7-88中，由于是文本框对象，因此可选择其"动画文本""是"整批发送"、"按字/词发送"，还是"按字母发送"；由于为该文本框设置的动画是"擦除"，因此可选择其擦除"方向"是"自底部"、"自左侧"、"自右侧"，或"自顶部"。

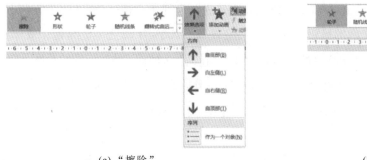

(a)"擦除"　　　　　　　　　　　　　　　　(b)"轮子"

图 7-87　动画效果选项

图 7-88　"擦除"对话框中的"效果"选项

为动画添加声音效果，在"声音"栏选择系统自带声音库中的某个声音，然后单击右侧的喇叭按钮，调节音量大小。如果需要插入外部声音，则选择"声音"栏的"其他声音"项，打开"添加声音"对话框，找到合适的声音文件，选中以后单击确定按钮即可。Power-Point 支持的外部声音文件包括 wav、mp3、mid、wma 等格式。

使用"动画播放后"栏选项，用户可以设置某对象动画播放结束后将处于什么状态。选项的最上面一行用来选择一种颜色效果；"其他颜色"选项可打开调色板，从中选择一种标准的或自定义的颜色方案；"不变暗"选项在动画播放结束后，对象不变化；"播放动画后隐藏"选项将在对象动画播放结束后自动隐藏；"下次单击后隐藏"选项则在对象动画播放结束后，单击一次鼠标之后才自动隐藏。设置了以上动画播放后效果的幻灯片对象，在相应的动画播放结束后，系统会自动地执行动画播放后的设置效果。

文本对象的动画效果既可以整体同时出现，也可以设置成一个字（母）一个字（母）地出现。默认情况下，是作为一个整体同时出现，即"整批发送"效果。"整批发送"选项将整个文本对象作为一个整体，同时播放每个字的动画效果；"按字/词"选项将整个文本对象分成若干个词或者词组，一次播放每个词或词组的动画效果；"按字母"选项将整个文本对象按一个字（母）一个字（母）的方式依次播放动画效果。选择了"按字/词"或"按字母"发送方式后，其下的"字母之间的延迟"项被激活。设置"100%字母之间的延迟"表示的意思是：前面一个字（母）或词动画全部显示后再开始播放后一个字（母）或词的动画。

当文本有多个段落时，如果希望正文文本能够分段播放，可打开"正文文本动画"选项卡，单击"组合文本"项右侧的下拉按钮，打开下拉列表，在列表中选择"按第二级段落"项，即可按段落分段播放。

在此对话框中还可使用"计时"选项卡设置动画播放"计时"效果，具体方法见后面动画播放设置部分内容。所有效果设置完成后，点击确定即可。

（3）添加多个动画。

要为同一对象添加多个动画，单击"高级动画/添加动画"命令，其扩展窗口与图7-86相仿，只是没有了"无"选项。使用该扩展窗口可为当前选中对象添加"进入"类动画、"强调"类动画、"动作路径"以及"退出"时动画。可添加多次同类型的动画，比如，可为某对象添加3个"进入"类型的动画，再添加3个"动作路径"类型的动画以及3个强调类型动画，放映时将按其先后顺序显示这些动画。需要注意的是，在为某对象设置"退出"类型动画后，在其后设置的"强调"、"动作路径"以及"退出"类型动画虽然被执行，但却不能显示出效果来，只有"进入"类型动画能够看到视觉效果。

（4）动画播放设置。

为对象设置动画以及效果后，可使用"动画/计时"功能区提供的命令设置动画的播放方案。使用时首先要选中已设置动画的一个或多个对象，如果只针对某对象的某个特定的动画进行播放设置，则需选中该对象的特定动画。

PowerPoint提供了多种启动动画的方法，在该功能区的"开始"栏进行选择："单击时"选项表示单击幻灯片时启动动画；"与上一动画同时"选项表示与序列中的上一动画同时播放动画；"上一动画之后"选项表示在上一动画出现后立即启动动画。"持续时间"栏用于输入动画持续的时间长度，用以延长或缩短动画展示效果。"延迟"栏用于输入动画运行之前需要增加的时间，即经过几秒后才播放动画。"对动画重新排序"区域的两个命令用来调整当前对象当前动画在所有动画序列中的播放次序，"向前移动"表示将当前动画的播放次序移至上一个动画之前进行播放；"向后移动"表示将当前动画的播放次序移至下一个动画之后进行播放。值得注意，动画播放次序向前或向后移动之后，该动画的动画数字标识也会相应地减小或增加，其上一个或下一个动画的数字标识则会相应地增加或减小。

也可为对象动画设置特殊的开始条件。利用"动画/高级动画/触发"命令组可设置当前对象的当前动画是通过单击某个对象播放，还是当媒体播放到达书签时播放。值得注意，当用单击某个对象的动作来出发另一对象的动画播放时，往往使用动作按钮；另外，只有在音频或视频中添加了书签之后，才能设置到达书签时播放，此时可以选择在播放至哪个书签处才触发另一对象的动画播放。

　　动画播放效果的设置还可利用图 7-88 所示的针对某个动画的效果选项对话框来完成。在其"计时"选项卡中，除了可进行上述内容设置之外，还包括两项额外设置："重复"选项表示动画会重复播放，设置该选项后，会反复播放对象动画，直至达到设置条件为止；"播放后快退"选项表示动画播放后该对象马上从屏幕中消失，如果不勾选此选项，则动画播放后对象不发生变化。

　　（5）复制动画。

　　如果要复制为某个对象设置的动画及播放效果，选中该对象后，使用"动画/高级动画/动画刷"命令即可完成动画复制，点击目标对象以应用复制的动画效果。如果要向多个对象应用相同的动画，双击动画刷即可实现多次复制，可多次点击多个目标对象应用相同的动画效果。

　　2）管理动画

　　使用"动画窗格"可快速高效地实现对幻灯片动画方案的管理。使用"动画/高级动画/动画窗格"命令即可打开如图 7-89 所示的动画窗格。其中显示了当前幻灯片中所有的动画、触发器以及动画序列的前后次序，将鼠标移至某个动画时，还将显示该动画内容和播放的具体信息。如果在此点击选中一个或若干个动画，则在幻灯片上会反映在这些动画所对应的动画数字标识中。

图 7-89　动画窗格

　　其中不同类型的动画使用不同的颜色标识。当需要修改某个动画设置时，可在此点击该动画，从"动画"功能区选择替代动画即可。为同一对象添加动画时，选中该对象的某个动画后，点击"高级动画/添加动画"命令，选择动画，新添加的动画将放在该对象动画序列的最后面。

　　播放时间的长短使用不同长度的矩形条表示，且该矩形条对应的长度可通过窗格右下角的标尺进行观察。如果要修改某个动画的播放长度，可直接拖动该动画后面的矩形条进行拉长或压缩。

图 7-90　动画设置扩展菜单

　　需要改变某动画的播放次序，可以使用鼠标将该动画直接拖动到新位置，也可使用序列列表右上方的向上或向下箭头来调整某个动画的次序位置。

　　点击序列列表左上方的"全部播放"按钮可从前到后预览动画播放效果。当单击序列中某个动画时，该按钮变为"播放自"，此时点击它可从当前动画开始往后预览动画播放效果。

　　点击序列中某个动画，在该动画的最右侧出现一个下拉箭头，单击该箭头将打开如图 7-90 所示动画设置扩展菜单。

在此，可点击"单击开始"、"从上一项开始"以及"从上一项之后开始"来设置动画启动方法；点击"效果选项"和"计时"来打开如图7-88所示的动画效果选项对话框进行动画效果选项设置；点击"隐藏高级日程表"来展开或隐藏动画序列列表详细信息；点击"删除"来删除当前动画。

2. 设置片间动画

幻灯片切换是在放映演示文稿期间，从一张幻灯片移至下一张幻灯片时出现的视觉效果。用户还可以控制速度、添加声音和自定义切换效果外观，使幻灯片在切换过程中显得更加流畅和自然。

"切换"选项卡提供了幻灯片切换的功能。使用"预览"功能区的"预览"命令播放幻灯片切换，观察切换效果。"切换到此幻灯片"功能区提供了三种类型若干切换效果，以供用户选择使用，包括"细微型"、"华丽型"以及"动态内容"；配合该功能区的不同换片效果，"效果选项"命令可用来对所选切换效果进行更改，比如更换运动方向等。在"计时"功能区中，"声音"栏用来设置换片播放时的声音效果，用户可以从系统给定的选项中选取，也可选择自己的声音文件；"持续时间"栏用来输入幻灯片切换的时间长度；"换片方式"区中的"单击鼠标时"选项指等到单击时再移至下一张幻灯片，而"设置自动换片时间"栏则可输入时长，经过设置的秒数后将自动移至下一张幻灯片；如果两个选项均被勾选，则哪个选项条件先达到就按哪个选项切换；"全部应用"命令将当前幻灯片的切换、效果和计时设置应用于整个演示文稿。

设置幻灯片切换时，首先选择要添加切换效果的幻灯片，使用"切换"选项卡各功能区中的命令来设置切换类型、切换效果、切换声音和换片方式，使用"预览"命令查看切换的效果。若要删除切换，点选"切换到此幻灯片"功能区中"细微型"类型中的"无"即可。

7.3.5 演示文稿放映

创作演示文稿的最终目的是为了放映给观众观看，用户可使用"幻灯片放映"选项卡中提供的功能区命令进行幻灯片放映、监视器设置以及放映设置。

"开始放映幻灯片"功能区中，点击"从头开始"命令，将从当前幻灯片跳转至第一张幻灯片开始放映；而"从当前幻灯片开始"命令则从当前幻灯片开始放映。"联机演示"命令是Microsoft Office附带提供的一项免费的公共服务，可以通过Internet将此演示文稿广播给远程受众，允许其他人在Web浏览器中查看此演示文稿的幻灯片放映。"自定义幻灯片放映"命令则仅显示用户选择的幻灯片进行放映，执行时将打开如图7-91所示的"自定义放映"对话框。

图7-91 "自定义放映"对话框

点击其中的"新建"按钮打开如图7-92所示的"定义自定义放映"对话框，在此给出自定义幻灯片放映的名称，并选择需要在自定义放映中的幻灯片，完成后点击"确定"即建立了一个自定义放映方案。该方案名称将显示在图7-91中。用户可新建多个自定义幻灯片放映方案，需要放映某个方案时，在放映方案列表中选中后点击"放映"即可。

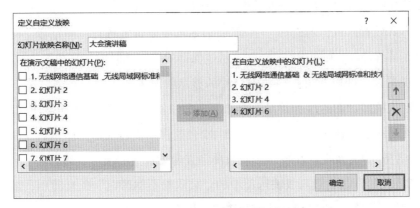

图7-92 "定义自定义放映"对话框

在"设置"功能区中，"设置幻灯片放映"命令将打开如图7-93所示的"设置放映方式"对话框。

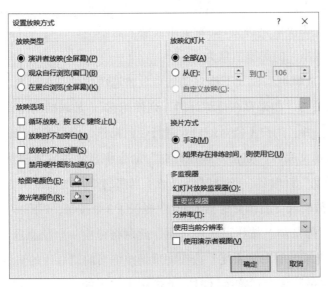

图7-93 "设置放映方式"对话框

其中，放映类型包括"演讲者放映"、"观众自行浏览"以及"在展台浏览"三种，根据不同的放映类型，幻灯片放映状态下的显示效果也有所不同。

在放映选项中，"循环放映，按Esc键终止"选项将循环放映，直至按Esc键为止；"放映时不加旁白"选项表示放映的时候不播放旁白；"放映时不加动画"选项将不播放片内的动画；"禁用硬件图形加速"选项用来确定是否使用硬件图形加速，如果片内和片间动画较多时，为了保障放映效果，往往需要确保未选中该复选框。另外，还可选择绘图笔和激光笔的颜色，供放映的时候选用。

在放映幻灯片设置中，默认为"全部"，指放映所有未隐藏的幻灯片。用户可以选择使用"从…到"单选框，以自行设计放映从第几张幻灯片到第几张幻灯片之间的所有未隐藏的幻灯片。如果用户执行过"自定义幻灯片放映"命令且生成了自定义放映方案，则可使用"自定义放映"单选框，从下拉列表中选择要放映的方案。

在换片方式设置区域，若选择"手动"，表示需要演讲者或自行浏览者手动换片；若选择"如果存在排练计时，则使用它"，则表示按保存的排练计时方案自动换片放映。

在多监视器设置区域，可为放映幻灯片的显示器设置分辨率，可通过降低分辨率的方法来提高演示文稿播放的速度和性能。如果用于放映演示文稿的设备支持使用多台监视器，则可勾选"使用演示者视图"复选框，并使用2台监视器进行演示：演示者在一台监视器播（可查看演讲者备注），而观众在另一台监视器上查看无备注的演示文稿。

"演讲者放映"方式一般与放映选项中的"放映时不加旁白"配合使用，放映时为全屏模式，且在幻灯片的左下角出现一排控制按钮，用于控制幻灯片的放映。

"观众自行浏览"方式一般与放映选项中的"循环放映，按Esc键终止"配合使用。如果此时换片方式设置为"手动"，则放映时将进入观众自行浏览放映窗口，用户手动换片，直至按Esc键退出放映；如果换片方式设置为"如果存在排练计时，则使用它"，那么观众将无须手动换片，只需决定是否按Esc键退出放映。需要注意，排练计时要放映到出现"放映结束，单击鼠标退出"的黑屏消息为止。

"在展台浏览"放映类型模式下将自动选中放映选项中的"循环放映，按Esc键终止"，换片方式一般应设置为"如果存在排练计时，则使用它"。放映时为全屏模式，幻灯片上并没有任何控制按钮，并且用户不能对幻灯片进行任何操作，但可按Esc键退出放映。

当用户排练演示文稿时，点击"排练计时"命令将自动进入放映状态，并打开一个如图7-94所示的"录制"计时器。该计时器记录了当前幻灯片的播放时长（左侧计时器）以及演示文稿的总播放时长（右侧计时器）。其中提供了3个按钮，"下一项"按钮表示切换到下一张幻灯片；"暂停录制"按钮可暂停录制，此时将弹出一个信息框，如果要重启录制，点击信息框上的"继续录制"；"重复"按钮将重新排练当前幻灯片的演示排练。

"录制幻灯片演示"是在"排练计时"上进一步扩展的功能，比起"排练计时"，该功能还可以录制旁白和激光笔，因此只要电脑麦克风功能正常，可以把演讲者的演讲语言和墨迹手势也录制下来，下次演示时可以脱离演讲者进行播放。该命令组提供了"从头开始录制"以及"从当前幻灯片开始录制"两个录制命令，它们均将打开如图7-95所示的"录制幻灯片演示"对话框，在此选择要录制的内容，默认两项均选择。

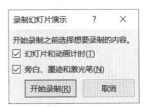

图7-94　"录制"对话框　　　　图7-95　"录制幻灯片演示"对话框

　　由于演示文稿只能保存一个演示方案，因此使用该功能录制的幻灯片演示能够取代使用"排练计时"命令录制的幻灯片演示，反之亦然。完成录制后，既可以在"幻灯片放映"中选择"如果存在排练计时，则使用它"选项为观众播放该录制的演示文稿，也可以将演示文稿另存为视频文件。"录制幻灯片演示"命令组提供的另一个子命令组是"清除"，用来对使用该命令组命令录制的演示方案或者使用"排练计时"命令录制的演示方案进行清除操作，该命令组包括"清除当前幻灯片中的计时"、"清除所有幻灯片中的计时"、"清除当前幻灯片中的旁白"以及"清除所有幻灯片中的旁白"。

　　在"设置"功能区提供的选项中，"播放旁白"表示在幻灯片放映的同时回放录制的音频旁白和激光笔势；"使用计时"表示在幻灯片放映时回放幻灯片和动画计时；"显示媒体控件"则表示在幻灯片放映期间，当鼠标悬停在剪辑上时，显示用于播放音频和视频剪辑的控件。

　　在"监视器"功能区，"监视器"栏用来让 PowerPoint 自动选择使用哪台监视器显示幻灯片放映，或者用户自行选择；勾选"使用演示者视图"选项时，演示者可在一个监视器上放映全屏幻灯片，而在另一个监视器上显示"发言人视图"，其中显示下一张幻灯片预览、演讲者备注以及计时器等。如果用户只有一个监视器，可使用"Alt+F5"切换至演示者视图。

7.3.6　其他演示文稿操作

　　除了以上介绍的功能和操作命令外，PowerPoint 还提供了演示文稿的导出、打印、审阅、保护等功能，其中大部分功能的使用方法均可参考前述 Word 或 Excel 中的相关内容，这里只针对 PowerPoint 中特殊的功能或操作进行讲解。

1. 另存为和导出其他文件类型

　　在 PowerPoint 中，可以将桌面演示文稿保存到本地驱动器、网络位置（如 OneDrive、SharePoint）、CD、DV 或闪存驱动器，也可以将其另存为其他文件格式。使用"文件/另存为"或"文件/导出/更改文件类型"命令均可将演示文稿另存为其他文件格式，其操作比较简单，不再赘述，这里仅对文件格式进行阐述，如表7-10所示。

表7-10 PowerPoint支持的文件格式

文件类型	扩展名	说明
PowerPoint演示文稿	.pptx	一个演示文稿，可在安装PowerPoint 2007及以上版本的计算机上打开，或在已安装演示文稿应用程序的任何移动设备上打开
启用宏的Power-Point演示文稿	.pptm	包含VBA（Visual Basic for Applications）代码的演示文稿
PowerPoint 97~2003演示文稿	.ppt	可用PowerPoint早期版本打开的演示文稿
PDF文档格式	.pdf	全称为Portable Document Format，是PostScript Adobe Systems开发的电子文档格式，由于它与应用程序、操作系统、硬件无关，因此成为Internet上电子文档发行和数字化信息传播的理想文档格式
XPS文档格式	.xps	微软公司开发的一种与PDF类似的电子文档格式，全称为XML Paper Specification
PowerPoint设计模板	.potx	PowerPoint演示文稿模板，可用于设置未来演示文稿的格式
启用宏的Power-Point设计模板	.potm	包含宏的模板，可将其添加到要用于演示文稿的模板集合中
PowerPoint 97~2003设计模板	.pot	可在PowerPoint早期版本上打开的PowerPoint模板
Office主题	.thmx	包含颜色主题、字体主题和效果主题定义的样式表
PowerPoint放映	.ppsx	始终在"幻灯片放映"视图而不是"普通"视图中打开的演示文稿
启动宏的Power-Point放映	.ppsm	一个幻灯片放映，其中包含可在幻灯片放映中运行的宏
PowerPoint 97~2003放映	.pps	可在PowerPoint早期版本上打开的PowerPoint幻灯片放映
PowerPoint加载项	.ppam	一个加载项，用于存储自定义命令、VBA代码和专用功能
PowerPoint 97~2003加载项	.ppa	可在PowerPoint早期版本上打开的PowerPoint加载项
PowerPoint XML演示文稿	.xml	支持XML标准文件格式的演示文稿
MPEG-4视频	.mp4	另存为视频的演示文稿。MP4文件格式在许多媒体播放器上均可播放
Windows Media视频	.wmv	另存为视频的演示文稿。WMV文件格式在许多媒体播放器上播放
GIF可交换的图形格式	.gif	用作图形的幻灯片，可用于网页。GIF文件格式支持256种颜色，因此，它对于扫描的图像（如插图）更有效。GIF还适用于线条图、黑白图像以及仅高几个像素的小文本。GIF还支持动画

续表

文件类型	扩展名	说明
JPEG 文件交换格式	.jpg	用作图形的幻灯片，可用于网页。JPEG 文件格式支持 1600 万种颜色，最适合用于照片和复杂图形
PNG 可移植网络图形格式	.png	用作图形的幻灯片，可用于网页。PNG 格式被万维网联合会批准为标准图形格式。PNG 不支持 GIF 动画，并且某些较旧的浏览器不支持此文件格式。PNG 支持透明背景
TIFF TAG 图像文件格式	.tif	用作图形的幻灯片，可用于网页。TIFF 是在个人计算机上存储位映射图像的最佳文件格式。TIFF 图形可以是任何分辨率，并且可以是黑白、灰度或颜色
设备无关位图	.bmp	用作图形的幻灯片，可用于网页。位图是由像素点阵构成的，每个像素点的值使用一位或多位存储单元存储
Windows 图元文件	.wmf	每张幻灯片可保存为一个图元文件，该格式为 16 位图形文件
增强型 Windows 元文件	.emf	每张幻灯片可保存为一个图元文件，该格式为 32 位图形文件
大纲/RTF 文件	.rtf	将演示文稿大纲保存为纯文本文档，该类型文件较小
PowerPoint 图片演示文稿	.pptx	PowerPoint 演示文稿，其中每张幻灯片已转换为图片。将文件保存为此格式将减小文件尺寸，但某些信息将丢失
Strict Open XML 演示文稿	.pptx	采用 ISO 严格标准版本的 PowerPoint 演示文稿文件格式
OpenDocument 演示文稿	.odp	使用该格式保存 PowerPoint 文件后，可在使用 OpenDocument 演示文稿格式的应用程序中打开这些文件，如 OpenOffice.org 和 Google Docs。注意，在保存和打开 .odp 文件时，某些信息可能会丢失

2. 打印演示文稿

在 PowerPoint 中，用户可以使用默认设置打印演示文稿的幻灯片、讲义或备注页，也可以自定义打印设置。

默认情况下，PowerPoint 演示文稿中的所有幻灯片均打印为整页幻灯片，即每页打印一张幻灯片。在演示文稿中，执行"文件/打印"命令或按"Ctrl+P"，则打开如图 7-96 所示的"打印"扩展菜单，点击"打印"按钮即可。

使用自定义设置打印演示文稿时，用户可以在上述"打印"扩展菜单上指定要打印的副本数、选择要打印的幻灯片范围、设置页面方向等。注意，可用选项取决于打印机类型和型号。若指定要打印的份数，在"份数"栏输入要打印的份数。若要选择打印机，点击"打

图 7-96　"打印"扩展菜单

印机"下拉列表,从中选择欲用的打印机名称,如果欲用的打印机不在列表中,可以使用下拉列表下方的"添加打印机"将新打印机添加到列表中。若要选择打印设置,在"设置"区域进行以下相关设置。

如果不想打印演示文稿中的所有幻灯片,则点击第一个下拉按钮选择要打印的幻灯片:"打印所有幻灯片"选项可打印演示文稿中的所有幻灯片;"打印所选内容"选项可打印当前所选内容(该选项仅在选择了一组幻灯片后才有效);"打印当前幻灯片"选项可仅打印当前幻灯片;"自定义范围"选项可指定要按幻灯片编号打印的幻灯片,此时 PowerPoint 焦点将放在"幻灯片"栏中,在此键入要打印的幻灯片区域,例如10-12或1,2,5等;"打印隐藏的幻灯片"选项可打印隐藏的幻灯片(只有在演示文稿中隐藏了幻灯片时,此选项才显示)。

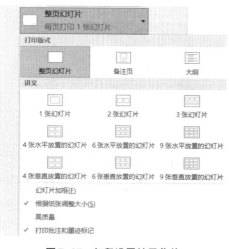

图7-97　打印设置扩展菜单

若要设置打印版式或每页讲义的幻灯片数目,则点击第二个下拉按钮,展开如图7-97所示的打印设置扩展菜单。在"打印版式"区域中,"整页幻灯片"选项可在页面上打印幻灯片;"备注页"选项可打印演讲者的幻灯片备注,每页打印一张幻灯片,其下方打印演讲者备注;"大纲"选项用来打印幻灯片中的文本而不打印图像。在"讲义"区域,可选择每页打印的幻灯片的数量及其排列方式。除此之外,还可选择打印幻灯片时是否加框,是否根据纸张调整幻灯片大小,是否高质量打印,以及是否需要打印批注和墨迹标记。

当打印机支持逐份打印时,可指定逐份打印设置的选项。点击第三个下拉按钮,选择打印时是按幻灯片顺序逐份打印多个副本,还是针对每张幻灯片打印多个副本,此时打印完成后需要手动整理幻灯片顺序。

当所用打印机支持双面打印时,可选择单面和双面打印。点击第四个下拉按钮,选择仅在纸张的一面打印幻灯片,或同时使用两面。

用户还可以按彩色模式、灰度模式和纯黑白模式打印整个演示文稿、幻灯片、大纲和备注页。点击第五个下拉按钮,打开选择颜色模式的菜单,其中,"颜色"选项用于彩色打印机,若没有彩色打印机,则打印输出将类似于灰度打印输出,但质量与之不同;"灰度"选项以灰色阴影打印页面上的所有对象,图表和表格等对象将比在非彩色打印机上选择"颜色"选项时更加清晰;"纯黑白"选项以黑白方式打印幻灯片,没有任何灰色阴影,因此,幻灯片设计主题中的某些对象(如浮影和投影)将不会打印,此时,即使原始文本颜色选为灰色,文本也会打印成黑色。

3. 导出演示文稿

1）打包演示文稿

当计算机上没有安装 PowerPoint，或者现场 PowerPoint 版本比较低的情况下，可将演示文稿打包并将其保存到 CD 或 U 盘，以便其他人可以在大多数计算机上观看该演示文稿。制作包可确保演示文稿的所有外部元素（如字体和链接文件）都传输到 CD 或闪存驱动器，这也称为"将演示文稿发布到文件"。

使用"文件→导出→将演示文稿打包成 CD"命令，打开如图 7-98 所示的

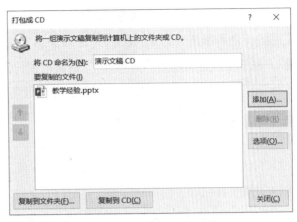

图 7-98　"打包成 CD"对话框

"打包成 CD"对话框，在其中的"将 CD 命名为"框中键入 CD 的名称。

若要将一个或多个演示文稿添加到一起打包，单击"添加"，选择要添加的演示文稿后再单击"添加"，对要添加的每个演示文稿均重复此步骤。需要提示的是，如果添加多个演示文稿，这些演示文稿将按它们在"要复制的文件"列表中列出的顺序播放，用户可使用对话框左侧的箭头按钮对演示文稿列表重新排序。

若要设置打开或修改演示文稿的密码，或者打包时要包括补充文件，例如 TrueType 字体或链接的文件等，单击对话框中的"选项"打开如图 7-99 所示的"选项"对话框。

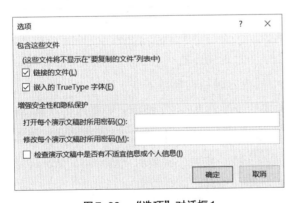

图 7-99　"选项"对话框 1

在"包含这些文件"区域，选中适用的复选框，确定是否要使用密码保护该打包文件，若要检查演示文稿中是否有隐藏数据和个人信息，需选中"检查演示文稿中是否有不适宜信息或个人信息"复选框，完成设置后单击"确定"按钮回到"打包成 CD"对话框中，单击"复制到 CD"命令将打包文件刻录在 CD 中。如果选择"复制到文件夹"命令，则打开"复制到文件夹"对话框，在此选择"浏览"会打开"选择位置"对话框，选择用户要保存到的位置，可以是硬盘、U 盘上的文件夹，确定后单击"选择"，则选择的文件夹和路径将添加到"复制到文件夹"对话框的"位置"框中。完成后点击"确定"按钮，将弹出询问有关链接文件的问题信息框，此处最好回答"是"，以确保演示文稿的所有必要的文件都包含在包中。随后，PowerPoint 便开始复制文件，完成后会打开一个窗口，显示打包到选定位置

的完整包。

2）导出视频

单击"文件/导出/创建视频"命令，在"创建视频"区域的第一个下拉框中，选择与待完成视频的分辨率相关的视频质量，选项包括"演示文稿质量"、"互联网质量"以及"低质量"。视频质量越高，文件就越大。"创建视频"区域的第二个下拉框指示演示文稿是否包括旁白和计时。如果用户拥有该演示文稿的录制计时，并想将其用于从演示文稿创建的视频，则需选中"使用录制的计时和旁白"选项；如果用户没有设置的计时，则默认值是"不使用录制的计时和旁白"，此时用户可以选择设置视频中每张幻灯片将持续的时间量。在"放映每张幻灯片的秒数"栏中，花费的时间默认为5秒，用户可以对其进行修改。设置完成后点击"创建视频"按钮即可到指定位置创建MPEG-4或Windows Media视频格式的文件并保存。

需要提醒的是，如果当前演示文稿中保存着录制的排练计时或幻灯片演示方案，则使用以上导出视频方法与使用"文件/另存为"命令保存为视频文件方法得到的结果一样；如果没有保存录制的演示方案，则需要使用上述导出视频的方法，而不是"另存为"视频的方法，因为此时需要设置每张幻灯片的播放时长，"另存为"视频方法中不提供视频选项相关设置。

3）创建讲义

创建讲义可将幻灯片和备注放在Word文档中，随后即可在Word中编辑内容和设置内容格式，当此演示文稿发生更改时，将自动更新讲义中的幻灯片。用户可以使用"视图/母版/讲义母版"命令编辑演示文稿讲义的外观，包括版式、页眉和页脚以及背景。注意，对讲义母版所做的更改将显示在打印讲义的所有页面上。

使用"文件/导出/创建讲义"命令，将打开"发送到Microsoft Word"对话框，在其中"MicroSoft Word使用的版式"区域单击所需的页面布局；在"将幻灯片添加到Microsoft Word文档"区域，若要在更新原始演示文稿中的内容时粘贴保持不变，则单击"粘贴"选项；若要确保原始演示文稿的任何幻灯片都实时地反映在Word文档中，则需单击"粘贴链接"。设置完成后单击"确定"按钮，则演示文稿将在新窗口中打开Word文档并粘贴内容，可以在Word文档中编辑、打印或另存为任何其他文档。注意，将演示文稿导出到Word将经历使用大量内存的过程。

4）创建PDF/XPS文档

PDF和XPS文件格式旨在提供具有最佳打印质量的只读文档，它们还嵌入所有需要的布局、格式、字体、图像保留元数据，并且可以包含超链接，因此不需要任何其他软件或加载项。将演示文稿保存为PDF和XPS文件格式后，文件小巧，其中的公式等内容将不再变形，Web上提供了免费查看器，且其内容不能够被轻易更改。

单击"文件/导出/创建PDF/XPS文档"，然后单击"创建PDF/XPS"按钮打开"发布为PDF或XPS"对话框，在此选择要保存该文件的位置并输入文件名。如果要在保存文件后以选定格式打开该文件，则选中"发布后打开文件"复选框。在"优化"区域，选择"标准"选项用于较高的质量（例如要打印）；选择"最小文件大小"可以减小文件大小（例如要将该文件作为电子邮件附件发送时）。单击"选项"可打开如图 7-100 所示的"选项"对话框，在此设置演示文稿将如何作为 PDF/XPS 页面显示，例如选择是否应打印标记、确定保存为 PDF/XPS 文件的幻灯片都有哪些，等等。设置完成后点击"确定"按钮返回至"发布为 PDF 或 XPS"对话框，点击"发布"即可。

4. 审阅演示文稿

PowerPoint 没有提供像 Word 那样的修订功能，但可以通过先将演示文稿保存至计算机，然后将第二个副本发布到共享位置（如 OneDrive 或 Share-

图 7-100　"选项"对话框 2

Point）来接收审阅者的评论和反馈。在此可与审阅者进行交互，并添加对共享副本的批注。完成后，将共享副本与计算机上保存的原始副本进行比较和合并。有关与他人共享文档的信息，请参阅 MicroSoft Office 支持文档和视频（请参见右边的二维码）。

审阅者可使用"审阅/新建批注"命令向幻灯片添加批注。用户可使用比较命令来比较审阅者审阅的演示文稿与原始版本之间的异同。首先打开演示文稿的原始版本，执行"审阅/比较/比较"命令，在"选择要与当前演示文稿合并的文件"对话框中，找到要比较的演示文稿审阅版本，单击该版本，然后单击"合并"按钮。此时，"修订"任务窗格随即打开，显示审阅者进行的所有批注和更改。

如果审阅者在演示文稿中留下批注，用户将在"修订"任务窗格的"幻灯片更改"下看到对该幻灯片所做的所有批注。若要阅读批注的详细信息，单击 PowerPoint 窗口底部的状态栏上的"批注"按钮即可。用户可使用"审阅/批注"功能区的命令来阅读、查看上一条或下一条批注、删除批注等，也可在"修订"任务窗格中完成。

用户可在"修订"任务窗格的"演示文稿更改"区域下看到审阅者对演示文稿所做的更改。若要接受或拒绝审阅者所做的更改，可利用"审阅/比较"功能区提供的相关命令实现，也可在幻灯片缩略图中进行。

5. 演示文稿共享

"与人共享"是通过将演示文稿保存到云并将其发送给他人来共享演示文稿的。选择

"文件/共享/与人共享"命令，点击"保存到云"按钮，选择要保存演示文稿至云的位置，接下来选择权限级别后点击"应用"按钮，随后即可输入要与之共享演示文稿的人员邮件地址，完成后点击"发送"按钮即可。有关与他人共享文档的信息，请参阅 MicroSoft Office 支持文档和视频（请参见右边的二维码）。

如果不想与其他人共享文档以进行协作处理，则只需使用传统的电子邮件附件将演示文稿发送给其他人。可选择将演示文稿或其 PDF/XPS 格式文件作为附件直接发送给其他人，或者将演示文稿保存在共享位置后使用邮件发送其链接，亦或以 Internet 传真形式发送。

如果用户拥有 Microsoft 账户，则可使用 Office 提供的"联机演示"服务进行远程演示。单击"共享/联机演示"命令，如果允许观众下载演示文稿文件的副本，则需选中"允许远程查看者下载演示文稿"复选框，再单击"连接"。若要发送会议邀请给与会者，可复制链接并将其粘贴到其他人可以访问的地方，比如微信。单击"启动演示文稿"即可启动演示文稿联机演示，若要结束联机演示文稿，则先按 Esc 键退出"幻灯片放映"视图，然后在"联机演示"选项卡上单击"结束联机演示文稿"。

通过"发布幻灯片"可将幻灯片发布到幻灯片库或 SharePoint 网站，此时可跟踪并审阅更改的最新版本、当发生更改时接收电子邮件，通过这种方式与他人共享演示文稿可达到与他人协作修改幻灯片的目的。

7.4 其他 Office 应用软件简介

1. Office 2016 软件包其他应用程序简介

Microsoft Office 软件包提供了强大的服务，可帮助用户充分利用最佳创意、完成事项并随时保持联系。除了前述介绍的 Word、Excel 和 PowerPoint 之外，还包括 OneNote、Outlook、Publisher、Access、Skype、Visio 等应用软件。

Microsoft OneNote 是一款格式笔记记录程序。当用户需要在统一的空间中管理信息资源，如文本信息、表格数据、图片信息、手写信息、各种图形符号、来自网络中的各种信息，甚至要涉及音频、视频、影像资料等时，可使用 OneNote 来对这些信息进行综合管理。OneNote 提供了高效的信息管理功能，包括随时随地查找所需信息、团队之间的高效协作与信息共享、信息的安全权限等。简单来讲，OneNote 提供了形式自由的"画布"，可以在画布的任何位置以任何方式键入笔记，书写或绘制文本、图形和图像，使用它的方法无所谓正确或错误，完全可以按照自己的风格组织和管理信息。OneNote 的具体使用方法请参考 Microsoft 提供的网上教程（请参见右边的二维码）。

Microsoft Outlook是一款电子邮件客户端程序，可用来整理收发电子邮件、整理日历、联络人等。使用Outlook首先要拥有至少一个电子邮件账户，使用该邮件地址设定好Outlook账户后，即可开始接收和传送电子邮件、使用日历、建立联络人，以及处理Outlook工作等。Outlook的具体使用方法请参考Microsoft提供的网上教程（请参见右边的二维码）。

Microsoft Publisher是一款桌面出版应用程序，一种能够建立具有丰富视觉效果与专业外观的出版物。使用其提供的多种预先设计的模板，用户既可制作贺卡、标签等简单项目，也可以制作期刊、报纸及专业电子新闻稿等较为复杂的出版物。Publisher的具体使用方法请参考Microsoft提供的网上教程（请参见右边的二维码）。

Microsoft Access是一款用于Windows操作系统的数据库管理系统（DBMS），它将关系Microsoft Jet数据库引擎与图形用户界面和软件开发工具结合在一起，易学易用，但需要先掌握数据库和编程的基本知识。感兴趣的用户可参考w3cschool提供的网上教程（请参见右边的二维码）。

Skype for Business是一款即时通信软件，具备IM所需的功能，比如视频聊天、多人语音会议、多人聊天、传送文件、文字聊天等功能。它可以实现与其他用户的高清晰语音对话，也可以拨打国内国际电话，无论固定电话、手机等均可直接拨打，并且可以实现呼叫转移、短信发送等功能。Skype的具体使用方法请参考Microsoft提供的网上教程（请参见右边的二维码）。

Microsoft Visio是一款绘制流程图和示意图的软件，利用它可对难以理解的复杂信息、系统和流程进行可视化处理、分析和交流，一目了然地传达信息。Visio提供了多种工具模板，包括组织结构、网状图表、工作流程，以及家用或办公室方案等。Visio的具体使用方法请参考Microsoft提供的网上教程（请参见右边的二维码）。

2. 最新动态

上述介绍了Office 2016版本中集成的各种软件，随着Office版本的不断升级，目前已经进化到Office 2021版本，但功能与本书讲授的内容大同小异。现在，市场上流行的版本包括Microsoft 365、Office 2021以及Office网页版。

Microsoft 365是一种订阅服务，它提供针对家庭和个人、中小型企业、大型企业、学校以及非营利组织的Microsoft 365计划，可确保用户始终拥有最新的Office工具。其中，适用于家庭和个人的Microsoft 365计划允许最多7位家庭成员共享订阅，并在多台计算机、Mac、平板电脑和手机上使用应用程序。其除了包括用户所熟悉的Office桌面应用，如

Word、PowerPoint 和 Excel，还可获得额外的网盘和云功能，可让用户实时协作处理文件。大多数适用于企业、学校和非营利组织的 Microsoft 365 计划包括完整安装在桌面上的应用，同时还提供具有联机版本的 Office、文件存储和电子邮件的基本计划。通过订阅，可以获得最新功能、修补程序和安全更新以及潜在的技术支持，不需要支付额外费用。

Office 2021 是一次性购买出售的套装，购买之后即可在一台计算机上获取 Office 应用。该产品适用于 PC 和 Mac 计算机，但其没有提供免费升级的选项。

Office 网页版是一个可以在网络浏览器中使用的免费 Office 版本，用户只需使用一个新的或现有的电子邮件地址注册一个 Microsoft 账户即可使用 Office 网页版的各个应用程序。

7.5 小结

Microsoft Office 提供了功能强大、易学易用的办公软件套装，其中 Word 文字处理软件用来创建所见即所得的精美文档，轻松实现图文混排以及与他人合作编辑和修改；Excel 电子表格软件用来轻松输入并管理数据，同时也能够对数据进行直观显示、处理和分析；PowerPoint 演示文稿软件用来设计并呈现效果丰富的演示文稿，助力演讲、产品展示、辅助教学等交流活动。除此之外，Office 套装还包括 Outlook 电子邮件软件、Publisher 专业级桌面出版应用软件、Access 桌面数据库管理系统软件、Onenote 记笔记应用软件、Visio 流程可视化处理软件等。

学好办公软件不仅是学习其他应用软件的基础，也是求职、就业的基本要求，熟练掌握办公软件，有利于读者更有效地管理信息，提高读者的学习效率和工作效率。按照我国"以信息化带动工业化，以工业化促进信息化"的方针，在学习使用国内外优秀应用软件的同时，还应不断强化自主创新意识。正是在国家正确的政策引导下，WPS Office 应运而生，WPS 是完全自主知识产权的国产软件，目前虽然在套装应用软件数量上还不及 Microsoft Office，但在有些方面已经赶上或超过 Microsoft Office，且对个人用户永久免费，它无疑是国产软件的骄傲之一。随着国家信息化战略的推进，WPS 还将继续成长，其他领域的应用软件也将发展壮大起来。

思考题

一、选择题

1.在 Word 中，新文档的默认模板为_____。

A.通用模板   B.标准商务信函模板

C.传真封面模板   D.备忘录模板

2.在 Word 中，下列不属于段落格式的是_____。

A.字体 B.缩进 C.对齐方式 D.制表符

3.段落的标记是在输入_____之后产生的。

A.Tab B.Enter C.Shift+Enter D.Alt

4.用鼠标复制文本的方法是首先选中文本，然后_____的位置。

A. 按住 Ctrl 键，用鼠标将选中的文本拖到要复制目标

B. 用鼠标将选中的文本拖到要复制

C. 按住 Shift 键，用鼠标将选中的文本拖到要复制

D. 按住 Alt 键，用鼠标将选中的文本拖到要复制

5.在没选择任何范围的前提下，关于 Word 中行距的设置，下列说法正确的是_____。

A. 对光标所在的段落各行间距起作用

B. 对光标所在的行及下行的间距起作用

C. 对光标所在的行及上行的间距起作用

D. 对整个文档的间距起作用

6.在 Word 中，有关查找与替换的说法，错误的是_____。

A. 查找替换时可以区分大小写字母

B. 可以对段落的标记和分页符进行查找与替换

C. 只能从文档的光标处向下查找与替换

D. 查找与替换时可以使用通配符"*"和"?"

7.对纯粹由数字0至9组成的字符串，Excel 将它们识别为_____型。

A.数值 B.字符 C.日期 D.文本

8.在 Excel 中，清除命令_____。

A. 不可以清除单元格的内容，只可以清除单元格的格式

B. 只可以清除单元格的内容，不可以清除单元格的格式

C. 既可以清除单元格的内容，也可以清除单元格的格式

D. 既不可以清除单元格的内容，也不可以清除单元格的格式

9.Excel 中，进行公式复制时，所引用的数据不发生变化的是_____。

A.B$3:E$3 B.B3:E3 C.$B3:$E3 D.$B$3:$E$3

10.表示一个单元格 A1 到 B10 的矩形区域，用_____号分隔。

A.. B.空格 C.: D.,

11.在 Excel 中，在 A1 单元格中输入=SUM(8，7，8，7),则其值为_____。

A.15 B.30 C.7 D.8

12.Excel 中最适合反映某个数据在所有数据构成的总和中所占比例的图表类型的是____

____。

A.散点图　　　　　B.折线图　　　　　C.柱形图　　　　　D.饼图

13.PowerPoint中，在幻灯片页眉和页脚设置中，有一项是讲义或备注的页面上存在的，而在用于放映的幻灯片页面上无此选项，该项是下列哪一项设置？_____。

A.日期和时间　　　B.幻灯片编号　　　C.页脚　　　　　D.页眉

14.*.POTX文件是_____文件类型。

A.演示文稿　　　　B.模板文件　　　　C.其他版本文稿　　　D.可执行文件

15.想在一个屏幕上同时显示两个演示文稿并进行编辑，如何实现_____。

A.无法实现

B.打开一个演示文稿，选择插入菜单中"幻灯片（从文件）"

C.打开两个演示文稿，选择窗口菜单中"全部重排"

D.打开两个演示文稿，选择窗口菜单中"缩至一页"

16.如果将演示文稿置于另一台不带PowerPoint系统的计算机上放映，那么应该对该演示文稿进行_____。

A.复制　　　　　　B.打包　　　　　　C.移动　　　　　　D.打印

17.在演示文稿中，在插入超级链接中所链接的目标，不能是_____。

A.另一个演示文稿　　　　　　　　B.同一演示文稿的某一张幻灯片

C.其他应用程序的文档　　　　　　D.幻灯片中的某个对象

18.幻灯片中占位符的作用是_____。

A.表示文本长度　　　　　　　　　B.限制插入对象的数量

C.表示图形大小　　　　　　　　　D.为文本、图形预留位置

二、思考题

1.比较Word 2016版本和Word 365版本在界面与功能方面的异同。

2.比较Excel 2016版本和Excel 365版本在界面和与功能方面的异同。

3.比较PowerPoint 2016版本和PowerPoint 365版本在界面与功能方面的异同。

第8章
程序设计基础

　　程序设计基础涉及设计程序所遵循的工程指导方法、程序设计语言以及具体的程序设计方法等内容。本章对程序设计所涉及的主要知识进行简要介绍，以引导读者对程序设计有总体的了解和认知。

8.1　软件工程概念

　　软件工程是用来指导计算机软件开发和维护的工程学科，研究如何使用工程化方法来构建和维护有效、实用及高质量的软件。它涉及程序设计语言、数据库、软件开发工具、系统开发平台、标准、软件设计模式、软件开发方法等多方面的学科知识和技术，是一门综合性的交叉学科。我们日常使用的软件，如电子邮件、操作系统、办公软件、游戏、浏览器等，无一例外都是应用软件工程开发的产品。

8.1.1　什么是软件工程

　　计算机系统发展的早期，软件规模较小，不需要系统化的软件开发方法。然而，随着计算机应用的日益普及，软件数量不断增长，软件的可靠性问题越来越突出，程序设计的复杂程度也越来越高，软件危机开始爆发出来。1968年，NATO（北大西洋公约组织）的科技委员会召集了一流编程人员、计算机科学家和工业界巨头近50名一起讨论与制定摆脱"软体危机"的对策，首次正式提出了"软件工程"这一名词，其定义为：软件工程就是为了经济地获得可靠的且能在实际机器上有效运行的软件而建立和使用完善的工程原理。这个定义提出了软件开发要在给定成本的前提下，开发出具有可靠性、有效性、适用性的软件产品，并强调软件工程应建立和使用完整的工程原理。

　　1993年，IEEE对软件工程这一概念给出了更加全面的定义。软件工程是：（1）将系统化的、严格约束的、可量化的方法应用于软件的开发、运行和维护，即将工程化应用于软件；（2）对（1）中所述方法的研究。这个定义提出了可修改性、可维护性的目标要求。

1998年，《计算机科学技术百科全书》中给出了软件工程的定义：利用计算机科学理论与技术还有工程管理原则及方法，根据预算与进度，达到满足软件使用者需求的软件产品的定义和开发以及发布与维护的工程，或者把它当成是研究对象的学科。这个定义强调软件工程要有自己的目标、活动和原则。

近些年，不同的学者、机构对于软件工程的定义，使用的语句不同，强调的重点也有所不同。目前比较认可的定义为：采用工程化思想，系统性的、规范化的、可定量的过程化方法去开发和维护软件，将经过时间考验而证明正确的管理技术和当前能够得到的最好的技术方法结合起来。总之，软件工程对生产具有正确性、可用性以及开销合宜的产品至关重要，是指导计算机软件设计、开发和维护的一门综合性工程学科。

8.1.2 软件生命周期

软件从定义、开发、使用和维护所经历的时期，称为软件生命周期。软件生命周期可以分为软件定义、软件开发和软件维护三个阶段，每个阶段都有明确的任务，并产生一定规格的文档，以作为下一个周期的依据。在软件定义阶段，具体任务包括问题定义、可行性分析以及需求分析。在软件开发阶段，具体任务包括系统设计和系统实现，系统设计又可分解为总体设计和详细设计，系统实现又可细化为编码和单元测试以及综合测试。在软件维护阶段，根据维护的目的可细分为改正性维护、完善性维护、适应性维护以及预防性维护。图8-1给出了软件生命周期各阶段的任务组成。

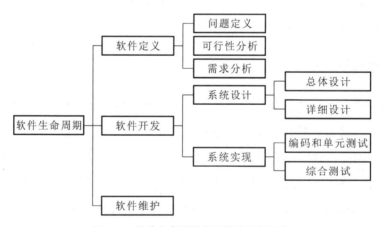

图8-1 软件生命周期各阶段的任务组成

1. 软件定义

软件定义集中于"做什么"，即明确软件工程开发必须完成的功能；确定工程的可行性；考虑功能需求、业务需求和用户需求。功能需求表示开发者必须完成的软件功能。业务需求能够体现某机构或者客户对软件产品高层次的目标要求。用户需求表示满足用户使用的产品必须完成的任务。软件定义阶段通常分为问题定义、可行性分析、需求分析三个阶段。其中，软件定义阶段中的需求分析是软件开发和维护的前提，它直接决定软件项目的成败。

1）问题定义

问题定义阶段需要回答：解决什么样的问题。其主要内容包括以下几点。

（1）问题的背景。

（2）提出系统总体要求。

（3）明确问题内容。

（4）明确系统的实现目标。

（5）明确系统的功能。

（6）提出系统开发的条件和环境要求。

问题定义阶段需要系统分析员深入现场，明确用户对系统的要求，撰写问题定义报告，与用户负责人反复讨论和修改，确保最终报告得到用户确认。

2）可行性分析

可行性分析阶段需要回答：问题定义阶段所确定的问题是否有可行的解决办法。目的是用最小的代价在尽可能短的时间内确定问题是否能够解决。对软件采用的技术、取得的经济效益等进行分析预测，具有预见性、公正性、可靠性、科学性。

（1）技术可行性。技术可行性需要考虑技术要求、产品环境依赖性、技术风险及规避方法、易用性及用户使用门槛。

（2）经济可行性。经济可行性要考虑支出和收益。其中，支出表现在人力成本、软硬件成本、市场开拓及运营成本、后期维护升级成本；收益表现在一次性销售、服务费收益、投资回报周期、产品生命周期、使用人数及用户规模等。

（3）社会环境可行性。社会环境可行性是在特定环境下对项目的开发与实施，包括使用可行性、法律可行性和社会因素可行性等。在系统开发之前，对其法律可行性进行分析，是避免违法和获得法律保护的有效措施。

3）需求分析

需求分析需要明确：为了解决问题，系统开发必须做什么；明确目标系统必须具备的功能。在这个过程中，系统分析员必须与用户进行充分交流，得到用户确认的系统逻辑模型。需求分析具体分为功能性需求、非功能性需求与设计约束三个方面。

（1）功能性需求。功能性需求是指软件必须实现的功能，以及为向其用户提供有用的功能所需执行的动作。开发人员应明确用户的需求，确定软件系统中要实现的软件功能，确保用户可以利用这些功能来完成任务，满足用户的业务需求。

（2）非功能性需求。非功能性需求是指根据一些条件判断系统运作特性，而不是针对系统特定行为的需求。其主要包括软件使用时对性能方面的要求、运行环境要求等。

（3）设计约束。设计约束也称设计限制条件，通常是对一些设计或实现方案的约束说明。

2. 软件开发

软件开发集中于"如何做",对前一时期定义的软件进行具体的设计和实现。软件开发阶段通常分为总体设计、详细设计、编码和单元测试、综合测试四个阶段。其中,总体设计和详细设计统称为系统设计,编码和单元测试、综合测试则统称为系统实现。

1)总体设计

总体设计阶段的任务是要从总体上解决问题,概括地回答"怎样实现系统"。总体设计分为两个阶段:一是系统设计阶段,用来确定系统的实现方案,主要包括设计系统的结构,即划分每个程序的组成模块,确定模块之间的相互关系;二是结构设计阶段,用来确定软件的结构。

2)详细设计

详细设计阶段的任务是回答"应该怎样具体地实现系统"这个关键问题,需要设计出程序的详细规格说明,包括各部分实现细节、局部数据结构和算法等。

3)编码和单元测试

编码的任务是写出正确、易于理解、易于维护的程序模块,单元测试则是针对程序模块甚至代码段进行正确性检验的测试工作。在系统设计阶段,整个系统最终被细分为许多模块(单元),为了测试单元是否符合设计要求,必须跟踪到单元的内部,因此,单元测试采用白盒测试方式。

白盒测试又称结构测试、透明盒测试、逻辑驱动测试或者基于代码的测试。白盒测试是一种测试用例设计方法,盒子指的是被测试的软件,白盒指的是盒子是可视的,即清楚盒子内部的东西以及里面是如何运作的。"白盒"法用于全面了解程序内部的逻辑结构,对所有逻辑路径进行测试。

4)综合测试

综合测试阶段的任务是为了确保软件达到预定的要求,对软件进行各种类型的测试,如功能测试、性能测试、界面测试。

(1)功能测试。功能测试也称黑盒测试,是指在对软件的各功能进行测试时,不需要考虑整个软件的内部结构及代码。功能测试会根据功能设计测试用例,逐项测试,通过对系统的所有特性和功能进行测试以确保符合需求与规范。

(2)性能测试。性能测试是通过自动化的测试工具模拟多种正常、峰值以及异常负载条件来对系统的各项性能指标进行测试。性能测试的目的是验证软件系统是否能够达到用户提出的性能指标,发现系统中的弱点并进行调优。

(3)界面测试。界面测试是测试用户界面的功能模块布局是否合理、界面操作是否便捷、界面设计是否符合用户的使用习惯等。界面设计时应尽可能地确保界面的整体风格统一,导航简单易懂。

3. 软件维护

软件维护是软件生命周期的最后一个阶段，其主要任务是保证软件的正常运行和持久性地满足用户的需求。提高软件的可维护性，可有效降低软件系统的总成本。根据维护的内容和目标不同，软件维护包括以下几点。

（1）改正性维护。软件测试阶段无法暴露出软件的所有潜在错误。在软件使用期间，用户发现程序错误时将自己遇到的问题报告给维护人员，这个过程称为改正性维护。

（2）完善性维护。在软件的使用过程中，用户可能会提出增加新功能和修改已有功能的需求，维护人员进行维护活动，这个过程称为完善性维护。

（3）适应性维护。随着操作系统出现修正版本等问题，会使软件产生增加或者修改系统部件的需求，为了配合环境变化而进行的软件修改的过程称为适应性维护。

（4）预防性维护。为了进一步改善软件系统的可维护性和可靠性，并为以后的改进奠定基础，这个维护过程称为预防性维护。

8.1.3　软件设计方法

软件设计是根据需求分析阶段确定的功能来设计软件系统的整体结构、划分功能模块、确定每个模块的实现算法以及编写具体的代码，最终形成软件的具体设计方案。软件设计阶段结束时形成软件设计说明书。软件设计是后续开发步骤及软件维护工作的基础，是将需求准确地转化为完整的软件产品或系统的唯一途径。

软件设计的目标是用比较抽象的、概括的方式确定目标系统如何完成预定的任务。从不同的角度分析，软件设计可划分为不同的方面。

从工程管理的角度来看，软件设计可以分为总体设计和详细设计两个方面。总体设计是指将软件需求转换为数据结构和软件的系统结构；详细设计是指通过对结构进行表示，得到软件详细的数据结构和算法。

从技术观点来看，软件设计可以分为数据设计、系统结构设计和过程设计。数据设计是将需求分析阶段创建的信息模型转变为实现软件需要的数据结构；系统结构设计需要确定程序的组成模块以及模块之间的相互关系；过程设计是指将结构成分转变成软件的过程性描述。

软件设计方法的过程主要包括：制定规范、软件系统结构的总体设计、处理方式设计、数据结构设计、可靠性设计、编写总体设计阶段的文档和总体设计评审。

（1）制定规范。进入软件开发阶段前，为开发组制定设计时应遵守的标准。在制定规范时，阅读软件需求说明书，明确用户需求，确立设计目标。根据目标确定出最合适的设计方法并制定设计文档的编制标准。

（2）软件系统结构的总体设计。基于功能划分出模块的层次结构，在软件系统结构的总体设计阶段需要明确模块功能、模块间的接口及模块之间的关系，如调用关系。建立与软件需求相对应的关系，并评估模块划分的质量。

（3）处理方式设计。处理方式设计主要包含三个方面，一是确定实现软件系统功能需求所需的算法，并评估算法的性能；二是确定满足软件系统性能需求所需的算法和模块之间的控制方法，如吞吐量、响应时间、周转时间等；三是确定信号的接收和发送的形式。

（4）数据结构设计。在数据结构设计过程中，需要确定数据库的模式、子模式并对数据进行完整性和安全性设计；确定输入、输出文件的数据结构；确定算法必需的逻辑数据结构及其对应的操作；对数据进行保护性设计，主要是防卫性设计、一致性设计和冗余性设计。其中，防卫性设计是指插入自动检错、报错和纠错功能。

（5）可靠性设计。在软件系统运行过程中，经常要对软件进行修改和维护，如用户提出新的需求或操作环境的变化等。在软件设计阶段考虑采取相应措施，确定软件的可靠性和其他质量指标，便于后期修改和维护，大大降低了后期维护的成本。

（6）编写总体设计阶段的文档。总体设计阶段的文档包括数据库设计说明书、概要设计说明书、用户手册和初步的测试计划。

（7）总体设计评审。总体设计评审要有一定的可追溯性，以确保软件系统的每个功能都可以追溯到某项需求；确定设计对需求解决方案的实用性和系统未来的可维护性；明确定义软件的内部接口和外部接口，确保模块满足高内聚、低耦合的要求；预估软件在现有技术条件和预算范围内按时实现的风险；确认设计是否具有良好的质量特征。

软件设计原则主要包括：模块化、抽象、逐步求精和模块独立性。

（1）模块化。将整个程序划分成一个个可独立访问的模块，每个模块完成一个子功能。将所有的模块集成一个整体，完成用户需要的功能，这个过程就是模块化。使用模块化原理可以使软件易于测试和调试，提高软件的可修改性。模块化方式易于设计、阅读和理解，有助于软件开发工程的组织管理。

（2）抽象。抽象是指抽出事物的本质特征而暂时不考虑细节。在软件工程过程中，每一步都是对软件解法的抽象。在可行性研究阶段，软件是系统的一个完整部件；在需求分析阶段，使用问题环境内熟悉的方法描述软件解法；从总体设计到详细设计时，抽象的程度也随之减少了；最后完成程序的编写达到抽象的最底层。

（3）逐步求精。逐步求精是软件工程技术的基础，可以确保每个问题在适当的时候被解决。

（4）模块独立性。模块独立性是指每个模块只完成系统要求的独立子功能，并且与其他模块的联系最少且接口简单。模块独立程度的度量标准一般有两个，分别为模块间耦合和模块内聚。在软件设计中应该追求设计出高内聚、低耦合的模块。

耦合是衡量不同模块之间相互依赖的紧密程度。模块间的耦合低，表示每个模块和其他模块之间的关系简单。两个模块之间的联系只通过主模块的控制来实现，它们之间没有直接关系，这种情况称为非直接耦合模块。非直接耦合模块的独立性最强。除上述非直接耦合，还有内容耦合、数据耦合、标记耦合、控制耦合等。内容耦合可以是一个模块直接访问另一个模块的内部数据，也可以是两个模块中有部分程序代码重叠或一个模块中存在多个入口。数据耦合是指两个模块之间通过数据参数来交换输入信息和输出信息。标记耦合是指模块通过参数表传递记录某一数据结构的子结构。控制耦合是指一个模块传送名字、开关等信息来控制选择另一个模块的功能。

内聚是衡量一个模块内部各元素之间结合的紧密程度。模块内的内聚高，表示每个模块可以完成相对独立的子功能。内聚有功能内聚、信息内聚、过程内聚、逻辑内聚、时间内聚、通信内聚等。功能内聚是指模块中为完成一项具体功能，模块中的所有部分都是协同工作、紧密联系、不可分割的，这种模块被称为功能内聚模块。信息内聚是指模块的所有功能都基于同一个数据结构，每一项功能有一个唯一的入口点。也可以将信息内聚模块看成是把某个数据结构、设备或资源隐蔽在一个模块内。过程内聚是指把流程图中的某一部分划分出来组成模块，从而得到的内聚模块。流程图中的循环、判断、计算部分都属于过程内聚模块。逻辑内聚模块将多种相关功能组合起来，每次调用时，由判定参数来确定模块应执行的功能。时间内聚是指模块的各个功能执行时与时间相关。通常情况下，要求所有的功能在同一时间段内执行。通信内聚是指模块内的各功能都使用了相同的输入数据或产生了相同的输出数据。

8.2　程序设计语言概述

程序设计语言是指用来编译、解释、处理各种程序时所使用的语言，包括机器语言、汇编语言及高级语言等，如 Visual Basic（简称 VB）、Visual C++（简称 VC）、Delphi 等。

8.2.1　程序和程序设计

1. 程序

程序是一组操作的指令或语句的序列，是计算机执行算法的操作步骤。其具有以下特征。

（1）有穷性。算法中的操作步骤是有限的，不能陷入无限循环。

（2）确定性。算法中的每个步骤都应有明确的定义和执行方式，不会产生歧义。

（3）可行性。算法中的每个步骤都应能被有效执行。

（4）输入。执行程序应有输入，无论是算法流程中的输入还是内嵌在算法中的输入。

（5）输出。执行程序应有输出，无输出的算法没有意义。

程序是由若干个基本结构组成的，一个基本结构可以包含一条或若干条语句。程序的基本结构有以下三种。

（1）顺序结构。按照语句的前后顺序逐条执行，如图8-2所示。

（2）选择结构。根据条件p判断是否成立，若成立，则执行分支语句A，否则执行另一分支语句B，如图8-3所示。

（3）循环结构。根据条件p判断是否成立，若成立，则执行语句A，进入循环体，若条件不成立，则退出循环结构，如图8-4所示。

使用以上三种基本结构可以实现任何复杂问题的求解。解决问题的步骤和过程称为算法，程序设计即是给出解决特定问题程序的过程。

2. 程序设计

程序设计是软件构造活动中的重要组成部分，也称编写程序的过程。该过程包括：分析问题、建立模型、设计算法、编写和修改程序。针对不同的问题领域，求解的方法和过程也不尽相同，此时设计程序时需要具备专门的问题领域知识。

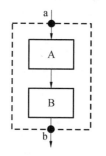

图8-2　顺序结构示意图

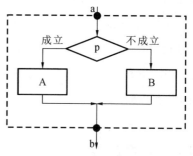

图8-3　选择结构示意图

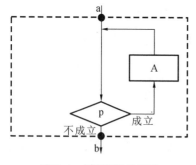

图8-4　循环结构示意图

程序设计往往以某种程序设计语言为工具，并给出这种语言下的程序。程序设计过程包括分析、设计、编码、测试、调试等不同阶段。在计算机技术发展的早期，由于机器资源比较昂贵，程序的时间和空间代价往往是程序设计关心的主要因素；随着硬件技术的飞速发展和软件规模的日益庞大，程序的结构、可维护性、可复用性、可扩展性等因素日益重要。

程序设计方法主要包括面向过程的程序设计、面向对象的程序设计以及面向切面的程序设计。

1）面向过程的程序设计

面向过程的程序设计利用以上三种基本结构来实现，即顺序结构、选择结构及循环结构。设计的原则如下。

（1）自顶向下：指从问题的全局下手，从顶层到底层一步步地解决问题。

（2）逐步求精：把一个复杂的任务分解成许多个易于控制和处理的子任务，子任务还可能进行进一步分解，如此重复，直到每个子任务都容易解决为止。

（3）模块化：指解决一个复杂问题是自顶向下逐层把软件系统划分成一个个较小的、相对独立但又相互关联的模块的过程。

具体来讲，面向过程的程序设计就是把一个大问题拆分成一个个函数和方法，每个函数（方法）解决一个小问题，然后按照一定的顺序去执行这些函数（方法）。在这里，每个方法可看成一个过程，因此称为面向过程的程序设计。

2）面向对象的程序设计

面向对象的程序设计是指在解决一个问题的时候，会把事物抽象成对象，即分析问题空间中有哪些对象，然后根据需要给对象赋予属性和方法，再通过设计让每个对象去执行自己的方法，以解决问题。在这种解决问题的过程中，分析对象、设计对象的属性和方法是至关重要的，因此称为面向对象的程序设计。面向对象程序设计的三大基本特性包括封装、继承和多态。

所谓封装，就是把客观事物封装成抽象的类，并且类可以把自己的数据和方法只让可信的类或者对象操作，对不可信的类或对象则进行信息隐藏。一个类就是一个封装了数据以及操作这些数据的代码的逻辑实体。在一个对象内部，某些代码或某些数据可以是私有的，不能被外界访问。通过这种方式，对象为内部数据提供了不同级别的保护，以防止程序中无关的部分意外地改变或错误地使用对象的私有部分。

所谓继承，是指可以让某个类型的对象获得另外一个类型的对象的属性的方法。它支持按级分类的概念。通过继承创建的新类，称为子类或派生类，被继承的类称为基类、父类或超类。继承是指这样一种能力：子类可以使用父类现有的所有功能，并可对这些功能进行扩展。继承的过程就是从一般到特殊的过程。

所谓多态，是指一个类实例的相同方法在不同的情况下有不同的表现形式。多态机制使具有不同内部结构的对象可以共享相同的外部接口。这意味着虽然针对不同对象的具体操作不同，但通过一个公共的类，它们（那些操作）可以通过相同的方式予以调用。

面向对象程序设计的优点在于，它更加符合人们认识事物的规律，改善了程序的可读性，同时，它使人机交互更加贴近自然语言。

3）面向切面的程序设计

面向切面的程序设计（Aspect Oriented Programming，AOP）的主要目的是提取业务处理过程中的切面，以获得逻辑过程中各部分之间低耦合性的隔离效果。形象来讲，AOP就是把程序在某个方面的功能抽取出来，与一批对象进行隔离，这样它与一批对象之间降低了耦合性，因此可以就某个功能进行单独编程。

8.2.2 程序设计语言的发展

计算机要通过程序或指令控制来完成各项任务，而程序设计语言是用于编写程序的计算机语言，是人与机器交换信息的语言。程序设计语言的发展历程如图8-5所示。

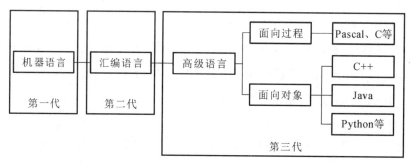

图8-5 程序设计语言的发展历程

1. 第一代机器语言

机器语言是计算机能直接识别和执行的一组机器指令的集合。一条机器指令就是机器语言的一条语句，它是一组有意义的二进制0、1代码。

机器指令一般由两部分构成：操作码字段和地址码字段，其中，操作码字段表征指令的操作特性与功能；地址码字段通常用于指定参与操作的操作数地址。

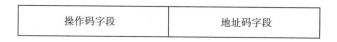

【例1】 计算X+Y=Z。其中X存储在地址为1的内存单元，Y存储在地址为2的内存单元，Z的内存单元为16。请用机器语言进行描述。

解 0000,0000,000000000001

0010,0000,000000000010

0001,0000,000000010000

其中：第一部分：第一行中的前四位0000代表"加载"；第二行中的前四位0010代表"加法"；第三行中的前四位0001代表"存储"。

机器语言程序都是由0和1构成的二进制数字串，难编写、易出错、难修改、难维护。可见，机器语言编程的思维及表达方式与人的日常思维及表达方式差距较大，用机器语言编写程序需要熟记所用计算机的全部二进制指令代码及其对应的含义。编程人员需要处理每条指令和每个数据的存储分配和输入/输出，清楚了解编程过程中每步所使用的工作单元处在何种状态，因此程序的开发周期长、可靠性差。

另外，不同的CPU具有不同的指令系统，机器语言程序设计严重依赖于具体计算机的指令集，编写出的程序可移植性差、重用性差。

2. 第二代汇编语言

为解决机器语言编程中的各种问题，20世纪50年代中期，人们开始用助记符代替机器指令中的操作码，用地址符号或标号代替机器指令中的地址码。由此，第二代汇编语言诞生。

汇编语言指令是机器指令的符号化。在不同的设备中，它对应着不同的机器语言指令集，通过汇编过程转换成机器指令。汇编语言用助记符（容易理解和记忆的字母）代替机器指令的操作码，比如用ADD代替加法运算。

【例2】　计算X+Y=Z。其中X存储在地址为1的内存单元，Y存储在地址为2的内存单元，Z的内存单元为16。请用汇编语言进行描述。

解　LOAD A,1

　　ADD A,2

　　STORE A,16

　　其中，LOAD A,1对应0000,0000,000000000001

　　　　　ADD A,2对应0010,0000,000000000010

　　　　　STORE A,16对应0001,0000,000000010000

计算机不能直接识别用汇编语言编写的程序，需要将汇编语言翻译成机器语言的程序，这种程序称为汇编程序，汇编程序把汇编语言翻译成机器语言的过程称为汇编。经汇编得到的目标程序占用的内存空间少，运行速度快，因此，汇编语言常用来编写系统软件和过程控制软件。

汇编语言指令与机器指令存在着直接的对应关系，所以汇编语言同样存在着难学难用、容易出错、维护困难等缺点。从软件工程的角度来看，只有在高级语言不能满足设计要求时，汇编语言才被应用。汇编语言通常应用在底层硬件操作和程序优化等场合。

3. 第三代高级语言

汇编语言和机器语言都与具体的机器有关，被称为面向机器的语言，也称低级语言。语言对机器的过分依赖要求用户必须对硬件结构及其工作原理都十分熟悉，编程人员使用低级语言编程的劳动强度大。而与人类自然语言相接近且能为计算机所接受的规则明确、自然直观和通用易学的计算机语言，被称为高级语言。

高级语言是独立于机器、面向过程或面向对象的语言，高级语言的可读性好，它在形式上接近于自然语言，用高级语言编写的程序可以在机器上运行。高级语言易学易用，通用性强，应用广泛。随着计算机技术的不断发展，目前有许多种高级程序设计语言，包括面向过程的高级语言和面向对象的高级语言。

1）　面向过程的高级语言

20世纪70年代，随着结构化程序设计和软件工程的发展，出现了面向过程的高级语言，即结构化程序设计语言，最具有代表性的就是C语言。

C语言是一门面向过程的、抽象化的通用程序设计语言，1972年由美国贝尔研究所推出。C语言具有高级语言特点，有丰富的运算符和数据类型，使用灵活、方便，应用面广，移植能力强，编译质量高，目标程序效率高。同时，C语言也可以直接访问物理地址，能进行位操作，能实现汇编语言的大部分功能，可以直接对硬件进行操作。

以下是C语言程序示例：

```
# include<stdio.h>
int main()
{
    printf("hello world");        //在屏幕上输出: hello world
}
```

2）面向对象的高级语言

以"对象+消息"程序设计范式构成的程序设计语言，称为面向对象的高级语言。目前较为流行的面向对象的高级语言主要有C++语言、Java语言、Python语言等。

C++语言是从C语言发展而来的。C语言不支持代码重用机制和面向对象等。这些导致使用C语言开发大规模软件系统时，扩充和维护困难。1980年，美国贝尔研究所开始改进C语言，加入面向对象特性，这种语言被称为"带类的C"。1983年，加入引用、虚函数等概念之后，被正式命名为"C++"。1985年，C++程序设计语言第一版正式发布。

C++语言的主要特点表现在两个方面：一是兼容C语言，绝大多数C语言程序可以不经修改直接在C++环境中运行，用C语言编写的大多数库函数也可以用于C++程序中。二是在C语言基础上引入了面向对象的机制。C++既支持面向过程的程序设计，也支持面向对象的程序设计。相比C语言，C++程序在可重用性、可扩充性和可靠性等方面得到提升，适用于各种应用软件、系统软件的开发设计。

C++有三大特性：继承、封装、多态。继承是指一个对象直接使用另一个对象的属性和方法，如一个类B继承自另一个类A，就把这个类B称为A的派生类，而把A称为B的父类。封装是将抽象得到的数据和行为相结合，形成有机的整体。封装可以隐藏实现细节，使得代码模块化。多态是指为不同数据类型的实体提供统一的接口，简单概括为"一个接口，多种方法"。多态性在C++中是通过虚函数实现的。

以下是C++语言程序的示例。

```
#include<iostream.h>
void main()
{
    int a=10;
    cout<<a<<endl;        //在屏幕上输出: 10
}
```

Java语言是一种不依赖于特定平台的程序设计语言，可用于开发Internet应用软件的程序设计语言。1990年，Sun Microsystems公司推出Java语言，是一种跨平台应用软件的面向对象的程序设计语言。伴随互联网的迅猛发展，Java语言逐渐成为重要的网络编程语言。Java语言具有简单性、面向对象、安全性、分布性、可移植性和动态性等特点。

（1）简单性。Java语言的语法与C、C++语言的语法相近，且取消了指针，使用接口代替复杂的多重继承，并提供了第三方开发包和基于Java的开源项目，便于编程人员参考。

（2）面向对象。Java语言是一种面向对象的程序设计语言。

（3）安全性。Java的存储分配模型可以实现防御恶意代码，Java语言中删除了类似于C语言中的指针和内容释放等语法，有效避免了非法操作内存。

（4）分布性。Java是一种分布式语言，支持Internet应用的开发。

（5）可移植性。Java语言并不依赖平台，用Java编写的程序可以运用到其他操作系统上。

（6）动态性。Java语言适应于动态变化环境。Java程序需要的类能够动态地被载入运行环境，也可以通过网络载入所需要的类，有利于软件的升级。

以下是Java语言程序的示例。

```
package hello;
public class Hello
{
    public static void main(String[] args)
    {
        System.out.println("hello world");
    }
}
```

20世纪90年代初，Python语言是由Guido van Rossum在荷兰的Stiching Mathematisch Centrum设计的。Python语言是一种面向对象的解释型脚本语言，相比C++语言和Java语言，Python语言以简单方式来实现面向对象的编程。Python语言易于扩展，扩展可以添加函数、变量和对象类型。

以下是Python语言程序的示例。

```
print("hello world")
```

计算机的指令系统只能执行自己的指令程序，因此，用汇编语言或高级语言编写的程序（称为源程序）需被转换成机器语言程序（称为目标程序）才能使用；这种转换程序分为编译方式和解释方式两种。编译方式是指用户把高级语言编写的源程序输入计算机后，编译程序将源程序翻译成用机器语言表示的目标程序，然后计算机执行目标程序，获得源程序处理的运算结果。解释方式是指用户把由高级语言编写的源程序输入计算机后，由解释程序边扫描边解释，逐句输入逐句翻译、执行，不产生目标程序，解释程序的工作结果即得到源程序的执行结果。

在以上列举的几种高级程序设计语言中，C语言、C++语言等高级语言是编译执行，Python语言是解释执行，而Java语言是先编译后解释执行。

8.3 程序设计方法

了解了程序设计和程序设计语言的基本内容后，本节将对程序设计过程中所涉及的相关概念和方法进行介绍。下面将采用C++语言进行程序设计方法描述，便于读者上机进行实验。

8.3.1 算法和程序控制结构

在程序设计过程中，算法设计对如何控制程序解决特定问题进行了分析和实现，是程序设计中极为重要的组成部分。因此，下面将对算法和程序控制结构的基本内容进行介绍。

1. 算法的概念和特性

算法（Algorithm）是对特定问题求解步骤的一种描述，是为了解决一个或一类问题而给出的一个操作序列。算法具有有穷性、确定性、可行性、输入和输出等功能。

算法有多种表示方式，包括自然语言描述、流程图和伪代码等。其中，流程图表示方式通过图形来表示算法，相较于其他方式更为直观、形象，易于被人们理解。流程图中的常用符号如图8-6所示。

起止框　　　　输入/输出框　　　　判断框　　　　处理框　　　　流程线

图8-6　流程图中的常用符号

【例3】　使用流程图表示"输出数字绝对值"的算法。

解　算法流程如图8-7所示。

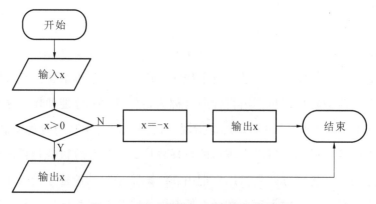

图8-7　"输出数字绝对值"算法流程图

2. 程序控制结构

为了规范算法的编写，提升算法质量，提出了结构化的程序设计理念，即通过基本程序控制结构来完成算法的设计。1966 年，Bohra 和 Jacopini 提出了三种基本程序控制结构，包括顺序结构、选择结构（分支结构）、循环结构，具体内容请参考第 8.2 节。在实际的算法设计中，应当灵活使用上述三种基本程序控制结构，以实现复杂的功能。

3. 算法的复杂度

在程序设计过程中，算法的运行效率是重要因素；时间复杂度和空间复杂度是说明算法运行效率的两个重要指标。

（1）时间复杂度（Time Complexity）。一个算法的时间复杂度通常使用大写 O 表示。时间复杂度具体可定义如下：令 $f(n)$ 为问题规模 n 的一个函数，若问题规模 n 趋向无穷大时，算法执行时间的增长率与函数 $f(n)$ 的增长率相同，则称这一算法的时间复杂度为 $T(n)=O(f(n))$。例如：时间复杂度为 $O(n)$ 的算法执行所需的时间随问题规模 n 的增长呈线性增加，而时间复杂度为 $O(n^2)$ 的算法执行所需的时间则随问题规模 n 的增长呈指数增加。

（2）空间复杂度（Space Complexity）。一个算法的空间复杂度通常使用大写 O 表述，是对一个算法在运行过程中临时占用存储空间大小的量度，记做 $S(n)=O(f(n))$。例如：直接插入排序算法的时间复杂度是 $O(n^2)$，空间复杂度是 $O(1)$。

8.3.2　数据结构基础

随着计算机在社会生产和日常生活中的运用越来越广泛，计算机所处理的对象也从数值数据发展到具有一定结构的文本、图形、图像、音频和视频等数据。计算机应该如何组织这些数据以及如何表示数据之间的关系尤为重要，数据结构解决了这一问题。

数据结构（Data Structure）是计算机中存储、组织数据的方式，是相互之间存在一种或多种特定关系的数据元素及其关系的集合。数据结构研究的内容主要包括数据的逻辑结构和数据的物理结构两大方面。

1. 数据的逻辑结构

数据的逻辑结构（Logical Structure）是对数据的抽象描述，是从数据元素以及它们的相互关系中抽象出来的数学模型。数据的逻辑结构作为一种抽象概念独立于计算机外，但是可以通过程序设计语言在计算机中实现。通常来说，数据的逻辑结构包含以下四类基本结构。

（1）集合（Set）。如图 8-8 所示，集合包含数据元素自身而不包含数据元素间的相互关系，是最基本的逻辑结构。

（2）线性结构（Linear Structure）。如图 8-9 所示，线性结构中的各数据元素间存在一对一的相互关系，即除了首、尾元素不存在前驱或后继元素外，结构中的各数据元素均具有唯一的前驱元素和后继元素。

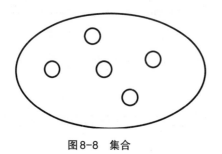

图8-8　集合　　　　　　　　　　　　　图8-9　线性结构

（3）树形结构（Tree Structure）。如图8-10所示，树形结构中的各数据元素间存在一对多的相互关系，即除了根元素不存在前驱元素外，结构中的各数据元素均具有唯一的前驱元素和任意数量的后继元素。

（4）图结构（Graph Structure）。如图8-11所示，图结构中的各数据元素间存在多对多的相互关系，即结构中的各数据元素均具有任意数量的前驱元素和后继元素。

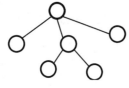
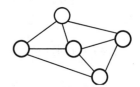

图8-10　树形结构　　　　　　　　　　图8-11　图结构

2. 数据的物理结构

数据的物理结构（Physical Structure）则是数据的逻辑结构在计算机物理存储硬件中的表示形式，因此也被称为存储结构（Storage Structure）。为了完整存储数据的逻辑结构，存储结构需要在存储数据元素的同时，隐式或显式地存储数据元素间的相互关系。在计算机中，数据的存储结构包含以下两类。

（1）顺序存储结构（Sequential Storage Structure）。顺序存储结构隐式地通过数据元素在存储器中的相对位置来表示数据元素间的逻辑关系。

【例4】　将下面的线性逻辑结构用顺序存储结构来表示（每个数据元素占2个字节）。

解　顺序存储结构如下：

地址	存储内容
0100	数据元素 1
0102	数据元素 2
0104	数据元素 3
0106	数据元素 4

其中，顺序存储结构中各元素的前驱和后继关系即代表了各元素在线性逻辑结构中的前驱和后继关系。

（2）链式存储结构（Linked Storage Structure）。链式存储结构显式地通过指示数据元素在存储器中存储地址的指针来表示数据元素间的逻辑关系。

【例5】　将下面的树形逻辑结构用链式存储结构来表示（每个数据元素占 2 个字节）。

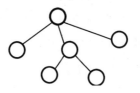

解　链式存储结构如下：

地址	存储内容
0100	数据元素 1
0102	0152
0104	0198
0106	0256
	...
0152	数据元素 2
	...
0198	数据元素 3
0200	0338
0202	0412
	...
0256	数据元素 4
	...
0338	数据元素 5
	...
0412	数据元素 6

其中，链式存储结构中各元素后存储的地址指针指向了各元素在树形逻辑结构中的后继元素，存储了数据元素间的逻辑关系。

总的来说，数据的逻辑结构与物理结构是密不可分的。在程序设计过程中，算法的设计取决于选定的逻辑结构，而算法的实现依赖于存储结构。

8.3.3 数据库基础

1. 数据库的基本概念

数据、数据库、数据库管理系统以及数据库系统是与数据库技术相关的四个基本概念。

数据（Data）是数据库中存储的基本对象，用于描述现实世界各种事物或抽象概念的符号记录，是信息的载体。数据的形式不是仅指狭义的数值数据，也可以是文字、声音、图形、语言、动画等。它们都可以经过数字化后存入计算机，数据经过加工后就成为可感知、可存储、可加工、可传递和可再生的信息。

数据库（DataBase，DB）是事务处理、信息管理等应用系统的基础，可以按照某种数据结构对数据进行有结构的存储和管理。严格来说，数据库是长期储存在计算机内、有组织、相关联、可共享且有规则的数据集合。这些数据具有较小的数据冗余度和较高的数据独立性和易扩展性。

数据库管理系统（DataBase Management Systems，DBMS）是位于用户与操作系统之间的数据管理软件，可以科学地组织和存储数据，高效地获取和维护数据，统一管理数据库的操作，帮助用户创建、维护和使用数据库。DBMS主要具有以下几个方面的功能。

（1）数据定义功能。用户可以通过数据库管理系统提供的数据定义语言对数据库中的数据对象进行定义。

（2）数据组织、存储和管理功能。数据库管理系统提供各种数据的分类组织、存储和管理等功能，以提高存储空间的利用率和存取效率。

（3）数据操纵功能。用户可以通过数据库管理系统提供的数据操纵语言来实现对数据库中数据的基本操作，如插入、删除、修改及查询等。

（4）数据库的事务管理和运行管理功能。能够保证数据的安全性、完整性、多用户对数据的并发使用及发生故障后的系统恢复。

（5）数据库的建立和维护功能。能够实现对数据库的初始化、运行维护等，通常由一些实用程序或管理工具完成。

数据库系统是由数据库、数据库管理系统、应用程序、支持数据库运行的硬件、数据库管理员和用户构成的存储、管理、处理和维护数据的系统。

2. 数据管理技术的发展

随着计算机软件、硬件技术的发展，计算机数据管理技术经历了人工管理阶段、文件系统阶段和数据库系统阶段。20世纪50年代的人工管理阶段还没有数据管理方面的软件，数据处理方式基本是批处理，数据不保存、共享性差且没有文件的概念。20世纪50年代后期到60年代中期，文件概念形成，操作系统中的文件系统专用于管理外存的数据。数据处理方式既有批处理，又有联机实时处理，但文件之间缺乏联系，数据冗余度高，数据独立性差。20世纪60年代后期，数据库技术得到巨大发展，关系型数据库系统的出现和发展使得数据库管理的性能得到提升。20世纪80年代后期的分布式数据库系统、多媒体数据库系统、知识型数据库系统和面向对象数据库系统等相继出现，使得当前数据库可以处理更复杂的数据结构。

随着互联网的发展，传统的关系型数据库处理超大规模和高并发的Web 2.0纯动态网站已经出现很多难以克服的困难，而非关系型数据库NoSQL（Not Only SQL）由于自身的特点得到迅速发展，解决了大规模数据集合和多重数据类型面临的问题，特别是大数据应用难题。

在存储方式上，NoSQL数据库通常按列垂直存储大量数据，或者根据数据本身的键-值存储非关系特征、文档特征和图形结构特征；在存储结构方面，NoSQL数据库基于动态结构，数据存储结构可以根据需要灵活变化，不需要所有行的数据属性结构一致；在存储规范方面，为了支持大数据的高性能访问，NoSQL数据存储大多采用以空间换取时间的方式；在查询方法方面，NoSQL查询以块的形式操作数据，并使用非结构化查询语言；在存储扩展方面，NoSQL数据库采用水平扩展模式，其存储集群部署体系结构自然支持分布式，通过向资源池中添加更多通用数据库服务器，分布式可以分担负载。总之，NoSQL的突出优势是灵活性、可扩展性、高性能和强大的功能。

在移动互联网时代下，数据库的设计面临数据类型多、数据规模大、价值密度低等问题，针对这些问题也发展了新型数据库系统，如表8-1所示。

表8-1　新型数据库系统

新型数据库系统	代表性数据库系统	主要解决问题
分布式数据库系统	MongoDB、Redis、Cassandra、Spanner、Oceanbase	数据规模大
图数据库系统	Pregel、Giraph、PowerGraph、GraphChi、Xstream	数据种类多
众包数据库系统	CrowdDB、CDB、Deco、Qurk、DOCS、gMission	数据价值密度低
流式数据库系统	STREAM、Aurora、TelegraphCQ、NiagaraCQ	数据变化快
时空数据库系统	spatialHadoop、simb、OceanRT、DTTA、SECONDO	数据种类多

3. 关系型数据库

关系型数据库是应用比较广泛的一种基础数据库，在关系型数据库中，数据被看成是一个二维表格，数据被细分成多个单独的表（Table），其通过唯一的标识（关键字）关联，数据通过行号、列号来唯一确定。关系模型中的常用术语如下。

（1）关系（Relation）：通常一个关系对应一张表。

（2）元组（Tuple）：表中的一条记录即为一个元组。

（3）属性（Attribute）：表中的一个字段或列即为一个属性，每个属性的名称即属性名。

（4）主码、主键（Primary Key）：也称码键，表中的某个属性组（一个或多个）可以唯一确定一个元组。例如，可根据学生学号找到某个具体的学生。

（5）外键（Foreign Key）：如果公共关键字在一个关系中是主关键字，那么这个公共关键字被称为另一个关系的外键。如学号在学生表中为主键，在成绩表中为外键。

（6）域（Domain）：一组具有相同数据类型值的集合，属性的取值范围来自某个域。

（7）分量：元组中的一个属性值，一条记录中的一个列值。

（8）关系模式：对关系的描述，一般形式为：关系名（属性1，属性2，…，属性n）。

为了更好地理解关系型模型，以学生宿舍信息为例，一个宿舍的学生信息可以用一个二维表格存储，定义如表8-2、表8-3所示。

（1）Student表。

表8-2　Student表

StudentID	Name	DormitoryID
1	小张	1
2	小红	2
3	小明	1

（2）Dormitory表。

表8-3　Dormitory表

DormitoryID	DormitoryNUM	Manager
1	311	张老师
2	312	王老师
3	313	张老师

以上面表中的每一行为一条记录，每一列为一个字段。在Student表中，第一个字段StudentID作为这个表的主键关键字，是每个学生的唯一属性，可以唯一标识一个学生。主键可以由一个表中的一个或多个字段组成，但是必须保证在各条记录中的唯一性。一个表中可以有零个或一个主键。通过给定DormitoryID，可以查到宿舍记录，根据DormitoryID，又可以查到多条学生记录，这样两张表格就通过DormitoryID映射建立了"一对多"关系，Student表和Dormitory表是通过DormitoryID建立关系的，其中DormitoryID既是Student表中的一个字段，也是Dormitory表中的一个字段，在Student表中DormitoryID被称为外键，指向Dormitory表中的主键DormitoryID。数据库服务器能够维护任何数据库中的引用完整性，保证了外来关键字列的每一项数据在对应表的主关键字中都有记录。目前，常用的关

系数据库包括MySQL、Oracle、SQL Server、DB2等。

SQL是结构化查询语言的缩写，用于访问、操作和管理关系数据库管理系统。SQL语句可进行数据插入、查询、更新与删除、数据库模式创建和修改以及数据访问控制。不同的关系型数据库都支持SQL语句，可实现对各种不同的数据库操作。

SELECT语句的作用是从数据库中检索行并从数据库中选择指定数据，选取的数据集可以包含数据库中表的一列、几列或所有列，其结果被存储在一个结果表中，称为结果集。使用SELECT语句时，数据库服务器会进行检查并确认所选择的表中是否包含所指定的字段。SELECT语句功能丰富，可以附加子句。其最基本的用法是从一个表中选择某个字段名并导出一个结果表，其形式为：SELECT <columns> FROM <table>。

例如，从Student表中检索出所有的列，可以使用如下SELECT语句：

SELECT StudentID，Name，DormitoryID FROM Student

SELECT语句的基本语法格式如下：

SELECT [ALL | DISTINCT] 字段列表FROM 表名

[WHERE 条件表达式]

[GROUP BY 字段名]

[HAVING 条件表达式]

[ORDER BY 字段名[ASC | DESC]

[LIMIT [行号,] 行数]

关键字及参数说明如下。

SELECT：指定由查询返回的列。

ALL：指定在结果集中包含重复行，ALL是默认值。

DISTINCT：指定在结果集中只包含唯一行，去掉查询结果重复记录。

FROM子句：用于指定数据源，指定字段列表所在的表或视图。

WHERE子句：用于指定记录的查询条件。

GROUP BY子句：用于对查询的数据进行分组。

HAVING子句：通常与GROUP BY子句一起使用，用于查询分组后数据的二次筛选。

ORDER BY子句：用于对查询结果的数据进行排序，ASC为升序，DESC为降序，默认为升序。

LIMIT子句：用于显示查询结果集的记录数。

聚合函数用来对一组值执行计算并返回单一值。除COUNT(*)外，聚合函数忽略空值。聚合函数经常与SELECT语句的GROUP BY子句一起使用。

例如，使用聚合函数统计Student表中的总人数语句如下：

SELECT COUNT(*) FROM Student

常用的聚合函数如下。

COUNT：返回表达式组中找到的项数量。

MAX：返回表达式组中的最大值。

MIN：返回表达式组中的最小值。

AVG：返回组中各值的平均值。

SUM：返回表达式中所有值的和或仅非重复值的和。

除SELECT外，SQL还包括其他一些数据操作语句，具体如下。

INSERT语句：将行（记录）插入表中。

DELETE语句：删除表中的行（记录）。

UPDATE语句：修改数据库中的现有数据。

8.3.4　程序设计步骤

程序设计包含问题分析、算法设计、数据结构设计、程序编码和调试、软件发布和维护五个步骤。

1. 问题分析

针对需要解决的问题，首先应收集相关信息，整理任务流程，明确问题的输入与输出；将任务抽象分解为独立函数模块，将任务中的各类数据抽象为结构化的数据表等。

2. 算法设计

在问题分析的基础上，结合三种基本算法结构和模块化设计理念，设计解决问题的方法和具体步骤。例如：在完成学生信息管理任务时，需要设计"读取学生信息"、"增加学生信息"、"修改学生信息"等模块，并设计各模块流程；可通过算法流程图进行算法设计。

3. 数据结构设计

在问题分析的基础上，结合数据库和数据结构的相关知识设计与存储相关的数据结构。例如，在求解学生信息管理问题时，需要设计存储学生信息的数据表，包括数据表的字段和字段数据类型等。

4. 程序编码和调试

根据上述算法设计结果，选择程序设计语言编写源程序以实现算法的功能；在编码完成后，进行编译，执行程序并检查是否存在语法错误并进行修正。同时，进一步分析程序的输出是否达到目标。应使用多组测试输入对程序进行测试（Test），对照输出的标准来检查编码或算法设计中的错误。针对错误对程序进行调试（Debug），定位并修正代码中存在的问题。

5. 软件发布和维护

确认程序功能后，生成可执行文件并发布。发布软件的同时还需发布详细的用户文档，包含程序名称、程序功能、运行环境、启动方式、输入数据，以及注意事项等内容，便于用户使用。发布软件还应制定版本管理机制，以便后续软件维护。

8.3.5 程序编码和调试

程序编码和调试过程是程序设计过程中的核心步骤，它决定了程序是否能够完成预期的目标。本节将以C++程序设计语言为例，介绍程序的编码和调试过程。

1. 集成开发环境介绍

集成开发环境（Integrated Development Environment，IDE）是用于提供程序开发环境的应用程序，一般包括代码编辑器、编译器、调试器和图形用户界面等工具。本节中使用的C++集成开发环境为Dev-C++ 5.11版本，其中使用的C++编译器（Compiler）为GCC 4.9.2版本。下载安装Dev-C++后，点击图标 [Dev-C++] 运行，即可进入Dev-C++的主界面，如图8-12所示。

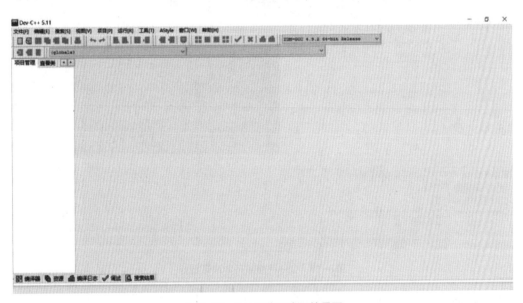

图8-12　C++集成开发环境界面

点击左上角的新建□按钮，选择源代码 □源代码[S] 选项，即可创建空白的C++源代码文件，在此文件中进行编码。

2. 程序编码

编写程序时需要遵守特定规则，即程序设计语言的语法。在这里，我们依照C++语言的语法编写程序来实现两个数相除并与第三个数相加。具体代码如下：

```
#include<iostream>
using namespace std;
int main(){
    double a,b,c,d;
    a = 5;
    b = 2;
    c = a / b;
    d = c + 10;
    cout << d << endl;
    return 0;
}
```

在代码编辑器中输入上述代码后，点击上方工具栏中的编译运行 ⊞ 按钮（等价于依次点击编译 ⊞ 按钮和运行 ⊟ 按钮），即可实现对这段代码的编译和运行。一个命令行窗口将会在运行后弹出，并显示此程序运行的结果，如图8-13所示。

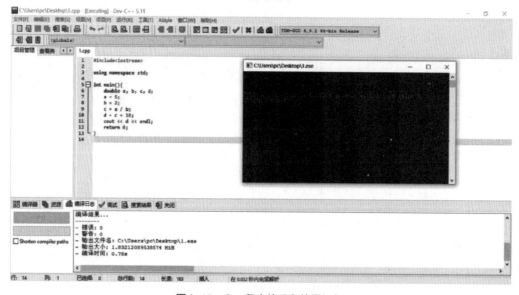

图8-13　C++程序编码和编译运行

3. 程序调试

在编写程序过程中，若编写代码中存在语法错误或漏洞，编译器会发出警告。例如，修改前面的示例代码，删除主程序第2行"a=5;"的分号后，代码如下：

```
#include<iostream>
using namespace std;
int main(){
    double a,b,c,d;
```

```
a = 5
b = 2;
c = a / b;
d = c + 10;
cout << d << endl;
return 0;
}
```

此时编译运行程序，编译器会提示出现错误，标红出错位置并在下方显示[Error] expected ';' before 'b'字样来说明详细的错误信息，如图8-14所示。

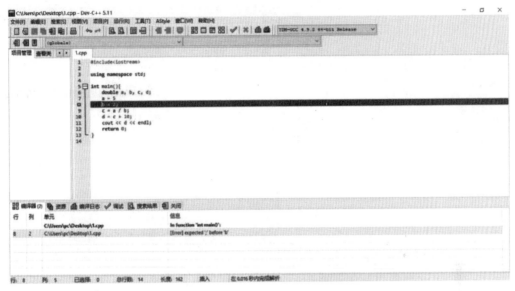

图8-14　C++集成开发环境Dev-C++错误提示

注意：即使编写程序时没有报语法错误，能够正常进行编译和运行，程序仍可能无法实现预期的功能。例如，修改前述代码，将a、b、c、d的数据类型由double修改为int后，如下：

```
#include<iostream>
using namespace std;
int main(){
    int a, b, c, d;
    a = 5;
    b = 2;
    c = a / b;
    d = c + 10;
    cout << d << endl;
    return 0;
}
```

编译运行程序后输出结果为12，而实际期望结果为12.5，可见此程序并没有完成预期的功能。这种情况下，可以使用Dev-C++的断点调试功能对程序进行调试。如图8-15所示，通过设置"工具→编译器选项→代码生成/优化→连接器→产生调试信息"选项为"Yes"，即可开启Dev-C++的调试功能。

点击代码左侧的行号10，可以在第10行设置断点。此时点击上方工具栏中的调试✔按钮，就会进入调试模式，并执行到第10行时暂停。如图8-16所示，通过点击下方调试窗格中的"添加查看"按钮，可以在左侧的调试窗格中查看各变量的实时数值。点击"下一步"按钮则可以使程序继续向下执行。

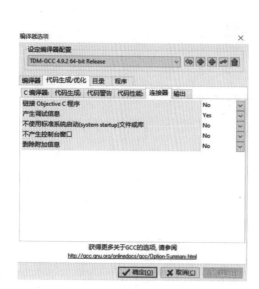

图8-15　C++集成开发环境Dev-C++的调试设置　　图8-16　C++集成开发环境Dev-C++的调试界面

通过调试界面可以发现，由于不正确的类型，a÷b的结果由2.5变为了2，最终导致了结果与预期目标不相符。因此，掌握正确的调试方法，将会大幅提高代码编写和调试的效率。

8.3.6　程序设计和开发实例

通过以上内容的学习，相信读者已对程序设计过程中所涉及的相关概念和方法有了一定的了解。本节将在前述内容的基础上，通过C++程序设计语言编写的"学生成绩管理系统"实例来进一步说明程序设计的完整流程。

1.问题分析

"学生成绩管理系统"应包括以下基本功能：学生成绩查询、学生成绩增加、学生成绩修改、学生成绩删除和学生成绩统计；基本功能又可以进一步分解。例如：学生成绩查询功能可以分解为按照"姓名"查询、按照"学号"查询等。

2. 算法设计

在分析了"学生成绩管理系统"任务需求的基础上，结合三种基本算法结构和模块化设计理念，可以得到一系列的功能函数，通过流程图可以展现出来。

具体功能函数主要包括menu()、findmenu()、statisticsMenu()、update()等功能分支模块和findByName()、findByNum()、findByCourse()、insert()、del()、statistics()、updateName()、updateNum()、updateGrade()等功能实现模块。学生成绩管理系统的具体算法流程如图8-17所示。

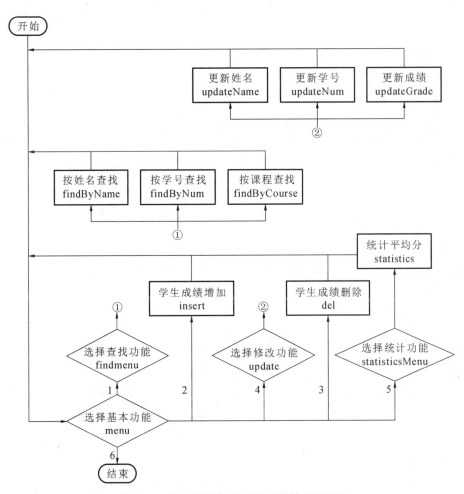

图8-17 学生成绩管理系统的具体算法流程图

3. 数据结构设计

在分析了"学生成绩管理系统"任务需求后，结合学生成绩数据的特点，可以设计出包含学号、姓名、课程、年级和学期等字段的基本数据元素。考虑到后续需要对这些数据元素进行增、删、改、查等操作，可以使用顺序结构作为数据的逻辑结构、使用链式存储结构中的链表作为数据的物理结构。

4. 程序的编码和调试

根据上述算法设计和数据结构设计的结果，编写C++代码。

（1）数据结构定义。定义存储学生成绩数据的链表结构。代码包含在utility.h头文件中，如下：

```
struct Node {
  public:
    Node():num(""),name(""),course(""),grade(""),term(""),next(NULL) {}
    Node(string _num,string _name,string _course,string _grade,string _term,
    Node* _next) :
      num(_num),name(_name),course(_course),grade(_grade),term(_term),next
      (_next) {}


  public:
    string num,name,course,grade,term;         //链表存储的信息
    Node* next;                                //下一个链表指针
};
```

（2）功能函数定义。定义第2部分中设计的各类功能函数。代码包含在utility.h头文件中，如下：

```
class StudentGradeSystem {
  public:
    StudentGradeSystem():node(new Node()) {}


  public:
    void menu();                        //系统菜单
    void displayAllGrade();             //展示所有学生的所有成绩
    void findByName();                  //按姓名查找
    void findByNum();                   //按学号查找
    void findByCourse();                //按课程查找
    void findmenu();                    //查询界面
    void insert();                      //添加信息
    void del();                         //删除记录
    void statistics();                  //统计信息
    void statisticsMenu();              //统计页面
    void updateName();                  //更新姓名
    void updateNum();                   //更新学号
```

```
    void updateGrade();                //更新成绩
    void update();                     //更改页面
    void openfile();                   //系统以文件形式管理数据，因此需要进行文件读/写
    void saveUpdate();                 //保存更新
  private:
    Node* node;
};
```

（3）功能函数实现。实现第2部分中设计的各类功能函数。代码包含在utility.cpp源代码文件中，如下：

```cpp
#include <iomanip>
#include <iostream>
#include <fstream>
#include <string>
#include <cstdlib>
#include <windows.h>

#include "utility.h"
using namespace std;


//系统菜单
void StudentGradeSystem::menu() {
    cout << endl;
    cout << "******************************************"        << endl;
    cout << "*" << "        " << "学生成绩管理系统 v1.0" << "   " << "*" << endl;
    cout << "*" << "                                       " << "*" << endl;
    cout << "*" << "                                       " << "*" << endl;
    cout << "*" << "     " << "1.查询" << "   " << "2.增加" << "  "<<
        "3.删除" << "   " << "*" << endl;
    cout << "*" << "                                       " << "*" << endl;
    cout << "*" << "                                       " << "*" << endl;
    cout << "*" << "     " << "4.修改" << "   " << "5.统计" << "  "<<
        "6.退出" << "   " << "*" << endl;
    cout << "*" << "                                       " << "*" << endl;
    cout << "******************************************"        << endl;
    cout << "----其他输入无效-----" << endl;
    cout << "请选择功能:";

}
```

```cpp
//展示所有学生的所有成绩
void StudentGradeSystem::displayAllGrade() {
    system("cls");
    cout << "---------以下是所有成绩单---------" << endl << endl;
    cout << left << setw(12) << " 学号" << setw(8) << " 姓名" << setw(12) <<
        " 科目" << setw(6) << " 成绩" << setw(6) << " 学期" << endl;
    Node* temp = node;
    while (temp) {
        cout << left << setw(12) << temp->num << " " << setw(8) <<
            temp->name << " " << setw(12) << temp->course << " " <<
            setw(6) << temp->grade << " " << setw(6) << temp->term << endl;
        temp = temp->next;
    }
    cout << endl << "---------成绩单输出完毕---------" << endl;
    findmenu();
}
//按姓名查找
void StudentGradeSystem::findByName() {
    string name = "";
    cout << "按姓名查询,请输入姓名:";
    cin >> name;
    system("cls");
    cout << "----以下是学生 " << name << " 的成绩单----" << endl << endl;
    cout << left << setw(12) << " 学号" << setw(12) << " 科目" << setw(6) <<
        " 成绩" << setw(6) << " 学期" << endl;

    Node* temp = node;
    while (temp) {
        if (temp->name == name) {
            cout << left << setw(12) << temp->num << " " << setw(12)
                << temp->course << " " << setw(6) << temp->grade << " "
                << setw(6) << temp->term << endl;
        }
        temp = temp->next;
    }
    cout << endl << endl << "----查询完毕,若成绩单为空,则表示无此学生----"
        << endl;
```

```
        findmenu();
    }
    //按学号查找
    void StudentGradeSystem::findByNum() {
        Node* temp = node;
        string num = "";
        cout << "按学号查询，输入学号:";
        cin >> num;
        system("cls");
        cout << "---以下学号为 " << num << " 的学生的成绩单----" << endl << endl;
        cout << left << setw(8) << " 姓名" << setw(12) << " 科目" << setw(6)
            << " 成绩" << setw(6) << " 学期" << endl;
        while (temp) {
            if (temp->num == num) {
                cout << left << setw(8) << temp->name << " " << setw(12)
                << temp->course << " " << setw(6) << temp->grade << " "
                << temp->term << endl;
            }
            temp = temp->next;
        }
        cout << endl << endl << "---查询完毕，若成绩单为空，则表示无此学号----" << endl;
        findmenu();
    }
    //按课程查找
    void StudentGradeSystem::findByCourse() {
        Node* temp = node;
        string course, term;
        cout << "输入科目:";
        cin >> course;
        cout << "输入学期:";
        cin >> term;

        system("cls");
        cout << "---以下是第 " << term << " 学期 " << course << " 课的成绩单----"
            << endl << endl;
        cout << left << setw(12) << " 学号" << setw(8) << " 姓名" << setw(6)
            << " 成绩" << endl;
```

```cpp
    while (temp) {
        if (temp->course == course && temp->term == term) {
            cout << left << setw(12) << temp->num << " " << setw(8) <<
                temp->name << " " << setw(6) << temp->grade << endl;
        }
        temp = temp->next;
    }
    cout << endl << endl << "----查询完毕----" << endl << endl;
    findmenu();
}


//查询界面
void StudentGradeSystem::findmenu() {
    cout << endl;
    cout << "*****************************************" << endl;
    cout << "*" << "        " << "学生成绩管理系统 v1.0" << "    " << "*" << endl;
    cout << "*" << "        " << "-查询功能-" << "        " << "*" << endl;
    cout << "*" << "                                     " << "*" << endl;
    cout << "*" << "                                     " << "*" << endl;
    cout << "*" << "        " << "1.按照姓名查询" << "        " <<
        "2.按照学号查询" << "    " << "*" << endl;
    cout << "*" << "                                     " << "*" << endl;
    cout << "*" << "        " << "3.按照科目查询" << "        " << "*" << endl;
    cout << "*" << "                                     " << "*" << endl;
    cout << "*" << "        " << "4.显示所有成绩" << "        " <<
        "5.返回系统界面" << "    " << "*" << endl;
    cout << "*" << "                                     " << "*" << endl;
    cout << "*****************************************" << endl;


    cout << "----其他输入无效-----" << endl;
    cout << "请选择：";


    char choice = '\0';
    cin >> choice;
    switch (choice) {
    case '1':
        findByName();
```

```
            break;
        case '2':
            findByNum();
            break;
        case '3':
            findByCourse();
            break;
        case '4':
            displayAllGrade();
            break;
        case '5':
            system("cls");
            menu();
            break;
        default:
            system("cls");
            findmenu();
            break;
    }
}


//添加信息
void StudentGradeSystem::insert() {
    system("cls");
    cout << endl;
    cout << "*******************************************" << endl;
    cout << "*" << "      " << "学生成绩管理系统 v1.0" << "    " << "*" << endl;
    cout << "*" << "      " << "-增加记录-" << "            " << "*" << endl;
    cout << "*" << "                                    " << "*" << endl;
    cout << "*******************************************" << endl;
    string tempNum, tempName, tempCourse, tempGrade, tempTerm;
    Node* tempNode = node;
    cout << "输入学号: ";
    cin >> tempNum;
    cout << "输入姓名: ";
    cin >> tempName;
    cout << "输入科目: ";
```

```
            cin >> tempCourse;
            cout << "输入成绩: ";
            cin >> tempGrade;
            cout << "输入学期: ";
            cin >> tempTerm;

            while (tempNode) {
                if (tempNum == tempNode->num && tempName == tempNode->name &&
                    tempCourse == tempNode->course && tempTerm == tempNode->term) {
                    system("cls");
                    cout << endl << "你所输入的学号、姓名、科目、学期已存在!" << endl;
                    cout << "----系统返回主界面----" << endl;
                    menu();
                }
                else {
                    tempNode = tempNode->next;
                }
            }
            Node* head = new Node();                 //插入头节点
            head->next = node;
            head->num = tempNum;
            head->name = tempName;
            head->course = tempCourse;
            head->term = tempTerm;
            head->grade = tempGrade;

            system("cls");
            cout << endl << "操作: 录入新的成绩记录 " << tempNum << " " << head->name
            << " " << head->course << " " << head->grade << " " << head->term << endl;
            node = head;
            saveUpdate();
            menu();
}
//删除记录
void StudentGradeSystem::del() {
    if (!node) {
        cout << endl << "----无成绩记录，无法进行删除操作----" << endl;
```

```
            return;
    }


    string tempName, tempCourse, tempTerm;
    Node* p, * q;
    int isOrNot = 0;                        //0表示系统中找不到待删除信息
    system("cls");
    cout << endl;
    cout << "*****************************************" << endl;
    cout << "*" << "        " << "学生成绩管理系统 v1.0" << "    " << "*" << endl;
    cout << "*" << "       " << "-删除成绩-" << "              " << "*" << endl;
    cout << "*" << "                                   " << "*" << endl;
    cout << "*****************************************" << endl;
    cout << "输入姓名:";
    cin >> tempName;
    cout << "输入科目:";
    cin >> tempCourse;
    cout << "输入学期:";
    cin >> tempTerm;


    //删除的是第一个节点
    while (node->name == tempName && node->course == tempCourse &&
        node->term == tempTerm) {
        node = node->next;
        isOrNot = 1;
    }


    //删除的不是第一个节点
    p = q = node;
    q = q->next;
    while (q) {
        if (q->name == tempName && q->course == tempCourse &&
            q->term == tempTerm) {
            p->next = q->next;
            isOrNot = 1;
        }
        p = q;
```

```
        q = q->next;
    }
    system("cls");
    if (isOrNot == 0) {
        cout << endl << "----输入的信息有误，返回系统主界面----" << endl;
        menu();
    }
    else {
        cout << "操作：删除学生 " << tempName << " 的 " << tempCourse <<
            " 成绩" << endl;
        saveUpdate();
        menu();
    }
}


//统计信息
void StudentGradeSystem::statistics() {
    Node* temp = node;
    string term, course;
    double grade;
    int count = 0;
    double sum = 0;

    system("cls");
    cout << endl;
    cout << "*******************************************" << endl;
    cout << "*" << "        " << "学生成绩管理系统 v1.0" << "   " << "*" << endl;
    cout << "*" << "         " << "-统计平均分-" << "            " << "*" << endl;
    cout << "*" << "                                         " << "*" << endl;
    cout << "*******************************************" << endl;
    cout << "输入学期：";
    cin >> term;
    cout << "输入课程：";
    cin >> course;

    while (temp) {
        if (temp->term == term && temp->course == course) {
```

```
                count++;
                grade = atof((temp->grade).c_str());
                sum = sum + grade;
            }
            temp = temp->next;
        }
        system("cls");
        if (count == 0) {
            cout << endl << "----输入有误，无法统计----" << endl;
        }
        else {
            cout << endl << "----平均分统计----" << endl << endl;
            cout << "第 " << term << " 学期 " << course << " 课程的平均分是:"
                << endl;
            cout << "        " << sum / count << endl << endl;
            cout << "----统计完毕----" << endl;
        }
        statisticsMenu();
    }


//统计页面
void StudentGradeSystem::statisticsMenu() {
    if (!node) {
        cout << endl << "----无成绩记录，无法统计----" << endl;
        menu();
    }
    else {
        cout << endl;
        cout << "*******************************************" << endl;
        cout << "*" << "   " << "学生成绩管理系统 v1.0" << "    " << "*" << endl;
        cout << "*" << "   " << "-统计功能-" << "                " << "*" << endl;
        cout << "*" << "                                      " << "*" << endl;
        cout << "*" << " " << "1.统计平均分" << "              " << "2.返回系统"
                << "     " << "*" << endl;
        cout << "*" << "                                      " << "*" << endl;
        cout << "*******************************************" << endl;
        cout << "其他输入无效，请选择功能:";
```

```cpp
        char choice = '\0';

        cin >> choice;

        switch (choice) {

        case '1':

            statistics();

            break;

        case '2':

            system("cls");

            menu();

            break;

        default:

            system("cls");

            statisticsMenu();

            break;

        }

    }

}


//更新姓名
void StudentGradeSystem::updateName() {

    cout << endl;

    cout << "*****************************************" << endl;

    cout << "*" << "       " << "学生成绩管理系统 v1.0" << "    " << "*" << endl;

    cout << "*" << "        " << "-修改姓名-" << "              " << "*" << endl;

    cout << "*" << "                                     " << "*" << endl;

    cout << "*****************************************" << endl;


    int isOrNot = 0;

    Node* temp = node;

    string originalName, newName;

    cout << "输入原姓名:";

    cin >> originalName;

    cout << "输入新姓名:";

    cin >> newName;

    while (temp != NULL) {

        if (temp->name == originalName) {
```

```
                temp->name = newName;

                isOrNot = 1;

            }

            temp = temp->next;

        }

        system("cls");

        if (isOrNot == 0) {

            cout << endl << "----待删除姓名不存在，返回修改界面----" << endl;

            update();


        }

        else {

            cout << endl << "操作：把学生 " << originalName << " 的姓名更改为："

                << newName << endl;

            saveUpdate();

            update();

        }

}


//更新学号
void StudentGradeSystem::updateNum() {

    cout << endl;

    cout << "*****************************************" << endl;

    cout << "*" << "       " << "学生成绩管理系统 v1.0" << "    " << "*" << endl;

    cout << "*" << "         " << "-修改学号-" << "              " << "*" << endl;

    cout << "*" << "                                     " << "*" << endl;

    cout << "*****************************************" << endl;


    int isOrNot = 0;

    string originalNum, newNum;

    Node* temp = node;

    cout << "输入原学号:";

    cin >> originalNum;

    cout << "输入新学号:";

    cin >> newNum;

    while (temp != NULL) {

        if (temp->num == originalNum) {
```

```
            temp->num = newNum;
            isOrNot = 1;
        }
        temp = temp->next;
    }
    system("cls");
    if (isOrNot == 0) {                           //修改学号失败
        cout << endl << "----待修改学号不存在，返回修改界面----" << endl;
        update();

    }
    else {
        cout << endl << "操作:学号 " << originalNum << " 更改为:" <<
            newNum << endl;
        saveUpdate();
        update();
    }
}


//更新成绩
void StudentGradeSystem::updateGrade() {
    system("cls");
    cout << endl;
    cout << "*********************************************" << endl;
    cout << "*" << "      " << "学生成绩管理系统 v1.0" << "   " << "*" << endl;
    cout << "*" << "       " << "-修改成绩-" << "           " << "*" << endl;
    cout << "*" << "                                     " << "*" << endl;
    cout << "*********************************************" << endl;

    string numOrName, course, term, grade;
    cout << "输入姓名或学号:";
    cin >> numOrName;
    cout << "输入课程：";
    cin >> course;
    cout << "输入学期:";
    cin >> term;
```

```cpp
    Node* p = node, * temp = NULL;
    while (p) {
        if ((p->num == numOrName || p->name == numOrName) && p->course ==
            course && p->term == term) {
            temp = p;
            break;
        }
        p = p->next;
    }
    if (!temp) {
        system("cls");
        cout << endl << "----待修改信息不存在, 返回修改界面----" << endl;
        update();
    }
    else {
        cout << "此人原来分数是:" << temp->grade << endl;
        cout << "输入新的分数:";
        cin >> grade;
        temp->grade = grade;
        system("cls");
        cout << endl << "操作: 把学生 " << temp->num << " 第 " << term <<
            " 学期 " << course << " 课的成绩改为: " << grade << endl;
        saveUpdate();
        update();
    }
}


//更改页面
void StudentGradeSystem::update() {
    cout << endl;
    cout << "*******************************************" << endl;
    cout << "*" << "        " << "学生成绩管理系统 v1.0" << "        " << "*" << endl;
    cout << "*" << "        " << "-修改功能-" << "                    " << "*" << endl;
    cout << "*" << "                                       " << "*" << endl;
    cout << "*" << "        " << "1.修改姓名" << "                " << "2.修改学号"
        << "        " << "*" << endl;
    cout << "*" << "                                       " << "*" << endl;
```

```
        cout << "*" << "        " << "3.修改成绩" << "                " << "4.返回系统"
            << "      " << "*" << endl;
        cout << "*" << "                                          " << "*" << endl;
        cout << "*******************************************" << endl;
        cout << "其他输入无效，请选择功能:";


        char choice;
        cin >> choice;
        switch (choice) {
        case '1':
            system("cls");
            updateName();
            break;
        case '2':
            system("cls");
            updateNum();
            break;
        case '3':
            updateGrade();
            break;
        case '4':
            system("cls");
            menu();
            break;
        default:
            system("cls");
            update();
            break;
        }
}


//系统以文件形式管理数据，因此需要进行文件读/写
void StudentGradeSystem::openfile() {
    ifstream fin("./database.dat");
    if (!fin) {
        cout << endl << "----不存在记录文件，系统将创建一个新的记录文件----"
            << endl << endl;
```

```
        ofstream fout("./database.dat");

        fout << "**";

        fout.close();

        Sleep(5000);

        node = NULL;

        return;

    }


    //若文件内容为空，则链表置空，否则读取数据创建链表
    string headNum = "";

    fin >> headNum;

    if (headNum == "**") {

        node = NULL;

        return;

    }


    node->num = headNum;

    fin >> node->name >> node->course >> node->grade >> node->term;


    Node* p = node, * q = node;                    //用于创建链表的辅助节点


    string tempNum;

    fin >> tempNum;

    while (tempNum != "**") {

        q = new Node();

        q->num = tempNum;

        fin >> q->name >> q->course >> q->grade >> q->term;

        p->next = q;

        p = q;

        fin >> tempNum;

    }


    fin.close();

}


//保存更新
void StudentGradeSystem::saveUpdate() {
```

```
        ofstream fout("./database.dat");
        if (!fout) {
            cout << "文件更新失败,将退出系统" << endl;
            system("pause");
            exit(1);
        }

        Node* temp = node;
        while (temp != NULL) {
            fout << temp->num << " " << temp->name << " " << temp->course <<
                " " << temp->grade << " " << temp->term << endl;
            temp = temp->next;
        }
        fout << "**";
        cout << "----更新成功----" << endl;
}
```

（4）算法逻辑实现。实现第2部分中设计的算法流程。代码包含在main.cpp源代码文件中，如下：

```
#include <iostream>
#include <string>

#include "utility.h"

using namespace std;

int main() {
    StudentGradeSystem cau;
    cau.openfile();
    cau.menu();
    char choice;
    cin >> choice;
    while (choice != '6') {
        switch (choice) {
        case '1':
            system("cls");
            cau.findmenu();
            break;
        case '2':
```

```
            cau.insert();
            break;
        case '3':
            cau.del();
            break;
        case '4':
            system("cls");
            cau.update();
            break;
        case '5':
            system("cls");
            cau.statisticsMenu();
            break;
        default:
            system("cls");
            cau.menu();
            break;
        }
        cin >> choice;
    }

    system("cls");
    cout << endl << "已安全退出系统" << endl << endl;;
    system("pause");
    return 0;
}
```

（5）程序运行调试。运行和调试编写完成的代码，部分运行截图如图8-18所示。

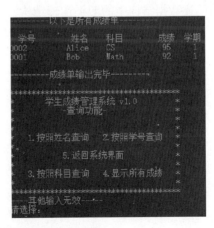

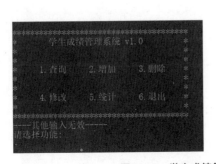

图8-18 学生成绩管理系统的部分运行截图

5. 软件发布

在确认"学生成绩管理系统"程序功能无误后，即可生成可执行文件并发布。发布软件的同时编写包含程序名称、程序功能、运行环境、启动方式等内容在内的用户文档，便于用户使用。学生成绩管理系统发布的软件内容如图8-19所示。

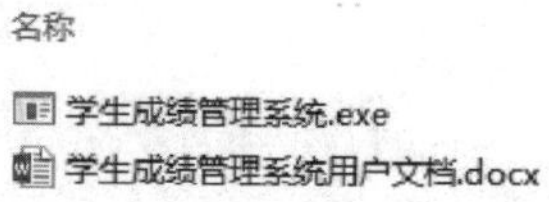

名称

學生成绩管理系统.exe

學生成绩管理系统用户文档.docx

图8-19　学生成绩管理系统发布的软件内容

8.4　小结

程序设计是一项工程，涉及软件工程、程序设计语言、数据库、软件设计方法等内容，本章只对关键内容进行了知识性介绍和总结，有意深入学习的读者可以从本章介绍的几个方面进行进一步的系统学习。程序设计的学习对于培养严密的思维和精益求精的精神都具有不可低估的作用，鼓励读者积极学习，努力成为具有国际视野、有使命和担当的国家建设接班人。

思考题

1. 计算机能够直接识别和执行的语言是什么语言？
2. 编写C++程序一般需要经过几个步骤？
3. 软件工程中，软件生命周期可以分为几个阶段？
4. 程序设计中，三种基本程序控制结构是什么？
5. 请简述算法的时间复杂度和空间复杂度。
6. 请简述数据结构中的四类逻辑结构。

参考文献

[1] 黄国兴，陶树平，丁岳伟. 计算机导论[M]. 3 版. 北京：清华大学出版社，2013.

[2] （美）贝赫鲁兹 A. 佛罗赞（Behrouz A. Forouzan）. 计算机科学导论（原书第 3 版）
   [M]. 北京：机械工业出版社，2015.

[3] 常晋义，高燕. 计算机科学导论[M]. 3 版. 北京：清华大学出版社，2018.

[4] 龚沛曾，等. 大学计算机基础[M]. 5 版. 北京：高等教育出版社，2009.

[5] 李暾，毛晓光，刘万伟，陈立前，周竞文，等. 大学计算机基础[M]. 3 版. 北京：清
   华大学出版社，2018.

[6] 翟萍，王贺明. 大学计算机基础[M]. 5 版. 北京：清华大学出版社，2018.

[7] https://www.sensorexpert.com.cn/article/102042.html.

[8] https://www.secrss.com/articles/11938.

[9] 百度百科：https://baike.baidu.com.

[10] 维基百科：https://zh.wikipedia.org/wiki/Wikipedia.

[11] Wikipedia：https://www.wikipedia.org.

参考答案

第1章：（1）(1010100)$_2$ （2）01000100011011110001000000000000 （3）略 （4）略 （5）11110110，即42＋204＝246 （6）0101，即171－166＝5 （7）B<C<A

第2章：一、选择题 （1）B（2）C（3）D（4）C（5）A 二、思考题 略

第3章：一、选择题 （1）B（2）D（3）A（4）C（5）C 二、思考题 略

第4章：一、选择题 （1）D（2）C（3）C（4）B（5）A 二、思考题 略

第5章：一、选择题 （1）B（2）A（3）A（4）A（5）D 二、思考题 略

第6章：一、选择题 （1）C（2）A（3）C（4）A（5）A 二、思考题 略

第7章：一、选择题 （1）A（2）A（3）B（4）A（5）A（6）C（7）A（8）C（9）D（10）C（11）B（12）D（13）D（14）B（15）C（16）B（17）D（18）D 二、思考题 略

第8章：

（1）机器语言

（2）编辑、编译、连接、运行。

（3）问题定义、可行性分析、需求分析、总体设计、详细设计、编码和单元测试、综合测试、软件维护。

（4）顺序结构、选择结构、循环结构

（5）在程序设计的过程中，算法的运行效率是重要因素；时间复杂度和空间复杂度是说明算法运行效率的两个重要指标。

算法的时间复杂度通常使用大O符号表述。时间复杂度具体可定义如下：令f(n)为问题规模n的一个函数，若问题规模n趋向无穷大时，算法执行时间的增长率与函数f(n)的增长

率相同，则称这一算法的时间复杂度为 T(n)=O(f(n))。

算法的空间复杂度通常使用大 O 符号表述，是对一个算法在运行过程中临时占用存储空间大小的量度，记做 S(n)=O(f(n))。

（6）集合、线性结构、树形结构、图结构。